全国特种作业人员安全技术培训考核统编教材（新版）

制冷与空调作业

《全国特种作业人员安全技术培训考核统编教材》编委会

内容提要

本书介绍了制冷的基本原理，制冷与空调的基础知识、相关设备及安全装置与仪表，制冷与空调作业安全技术、设备的安全操作、事故与故障处理和安全管理等内容，最后对制冷与空调作业的典型事故案例进行分析。本书针对制冷与空调作业人员培训与复审的特点编写，通俗易懂，例题实用，每章后都附有思考题，适合制冷与空调作业人员培训使用。

图书在版编目(CIP)数据

制冷与空调作业/《全国特种作业人员安全技术培训考核统编教材》编委会编著. —北京：气象出版社，2011.1

全国特种作业人员安全技术培训考核统编教材：新版

ISBN 978-7-5029-5159-7

Ⅰ. ①制… Ⅱ. ①全… Ⅲ. ①制冷-安全技术-技术培训-教材②空气调节设备-安全技术-技术培训-教材 Ⅳ. ①TB657.2

中国版本图书馆 CIP 数据核字(2011)第 010740 号

出版发行：气象出版社

地　　址：北京市海淀区中关村南大街 46 号　　**邮政编码**：100081

总 编 室：010-68407112　　**发 行 部**：010-68408042

网　　址：http://www.cmp.cma.gov.cn　　**E-mail**：qxcbs@cma.gov.cn

责任编辑：张盼娟　彭淑凡　　**终　　审**：章澄昌

封面设计：燕　彤　　**责任技编**：吴庭芳

印　　刷：北京奥鑫印刷厂

开　　本：850 mm×1168 mm　1/32　　**印　　张**：12.5

字　　数：325 千字

版　　次：2011 年 1 月第 1 版　　**印　　次**：2011 年 1 月第 1 次印刷

定　　价：25.00 元

前　言

特种作业是指容易发生人员伤亡事故，对操作者本人或他人的安全健康及设备、设施的安全可能造成重大危害的作业。特种作业人员是指直接从事特种作业的从业人员。国内外有关统计资料表明，由于特种作业人员违规违章操作造成的生产安全事故，约占生产经营单位事故总量的80%。目前，全国特种作业人员持证上岗人数已超过1200万人。因此，加强特种作业人员安全技术培训考核，对保障安全生产十分重要。

为保障人民生命财产的安全，促进安全生产，《安全生产法》、《劳动法》、《矿山安全法》、《消防法》、《危险化学品安全管理条例》等有关法律、法规做出了一系列的强制性要求，规定特种作业人员必须经过专门的安全技术培训，经考核合格取得操作资格证书，方可上岗作业。1999年，原国家经贸委发布了《特种作业人员安全技术培训考核管理办法》(国家经贸委主任令第13号)，对特种作业人员的定义、范围、人员条件和培训、考核、管理作了明确规定，提出在全国推广和规范使用具有防伪功能的IC卡《中华人民共和国特种作业操作证》，并实行统一的培训大纲、考核标准、培训教材及资格证书。本套教材是与之相配套并由原国家经贸委安全生产局直接组织编写的。

2001年，原国家经贸委安全生产局的职能划入国家安全生产监督管理局，这套教材的有关工作随之转入新的机构，并在2002年经国家安全生产监督管理局《关于做好特种作业人员安全技术培训教材相关工作的通知》中加以确认。近年来，国家安全生产监督管理总局相继颁布实施了《特种作业人员安全技术培训考核管理规定》(国家安全生产监督管理总局第 30 号令,自 2010 年 7 月 1 日起施行)等一系列规章和规范性文件,重申了“特种作业人员必须接受专门的安全技术培训并考核合格,取得特种作业操作资格证书后,方可上岗作业”这一基本原则,同时对特种作业的范围、培训大纲和考核标准进行了必要的调整。

为了适应新的形势和要求,在总结经验并广泛征求各方面意见的基础上,我们根据国家安全生产监督管理总局第 30 号令,对这套教材进行了全新改版。新版的教材基本包括了全部的特种作业,共 30 余种教材,具有广泛的适用性。本次改版既充分考虑了原有教材的体系和完整性,保留了原有教材的特色,又根据新的情况,从品种和内容方面做了必要的修改和补充,力争形式新颖,技术先进,如增加了冶金煤气安全作业、危险化学品安全作业、烟花爆竹生产安全作业等新的品种,对于一些在新的特种作业目录中没有提到的原有品种及特种设备作业人员的培训教材,也予以保留。为了便于各地特种作业人员的培训和考核,还开发与之相配套的复审教材和考试题库供各地选用。本套教材不仅可供特种作业人员、特种设备作业人员及有关的管理人员、维修人员培训选用,也可供有关职业技术学校教学参考。

本套教材历经多次修订、编审和改版,以曲世惠、王红汉、徐晓航、张静等为代表的一大批作者和以闪淳昌、杨富、任树奎、罗音宇等为代表的一大批专家为此套教材的出版作出了重大贡献。本书修订改版由郑州轻工业学院时阳主编完成,参加编写的人员为张文慧(第 1～5 章)、时阳(第 6～9 章)。限于篇幅这里恕不一一列举,谨表衷心的谢意。

本书编委会

2010 年 10 月

致　谢

本书在编写和修订改版的过程中，先后得到了以下单位（排名不分先后）的大力支持，在此表示衷心的感谢。

中国机械工业安全卫生协会

上海柴油机股份有限公司

一汽解放汽车有限公司

东风汽车有限公司

太原重型集团公司

上海安科企业管理有限公司

兰州通用机电技术研究所

武汉钢铁公司

齐重数控装备股份有限公司

福田重型机械股份有限公司

武汉起神起重机有限公司

邯郸新兴重型机械有限公司

厦门 ABB 开关有限公司

安徽合力股份有限公司

福田雷沃国际重工股份有限公司

斗山工程机械（中国）有限公司

山东普利森集团有限公司
安徽江淮汽车股份有限公司
石家庄强大泵业股份有限公司
武汉安全环保研究院
天津市劳动保护教育中心
河南省劳动保护教育中心
北京市事故预防中心
河南省安全生产监督管理局
青岛市安全生产监督管理局
武钢矿业公司
大冶有色金属公司
鲁中冶金矿业公司
淮南矿务局
大冶铁矿
铜录山铜矿
梅山铁矿
马钢南山铁矿
南芬铁矿
鸡冠咀金矿
……

目 录

第一章 基础知识

第一节 热工基础知识

热工基础知识是各种制冷装置和空调装置工作原理的理论基础，各种制冷空调装置的运行管理、故障分析判断、维护与维修都离不开必要的热工知识。

一、温度、压力与比体积

液体和气体物质的状态随外界条件的变化而变化，在一定条件下，可以相互转化。为了描述液体和气体当前的状态，需要用一些物理量，这些物理量称为状态参数。其中最基本的状态参数是温度和压力，称为基本状态参数。另一个常用的状态参数是比体积。

（一）温度与温标

温度是表示物体冷热程度的参数。而物体温度的高低，则是物质内部分子热运动程度的表现。温度愈高，表示物质内部分子热运动愈剧烈。

温度标准的标志方法称为温标，工程上也俗称温度，本书以后也将温标称为温度。由于规定和划分的方法不同，常用的有摄氏温度、华氏温度和绝对温度。

摄氏温度规定，在标准大气压下水结成冰的温度为 0 度，水沸腾的温度为 100 度，在 0 度和 100 度之间平均分成 100 份，每一份称为 1 度，所以又称为百分度。摄氏温度用符号 t 表示，单位用符号℃表示。当温度低于 0℃时，称为零下多少摄氏度，书写时在数值前加负号即(—)表示。摄氏温度是国际单位制允许使用的单位，也是我国采用的温标。

北美和西欧习惯上采用华氏温度，用符号 F 表示。摄氏温度换算成华氏温度按下式计算：

$$F=\frac{9}{5}t+32$$

华氏温度换算成摄氏温度按下式计算：

$$t=\frac{5}{9}(F-32)$$

绝对温度又称热力学温度，用 K(开尔文，简称开)表示，以物质内部分子运动速度为零时作为起点，在标准大气压下水结成冰的温度为 273.15 K。绝对温度用符号 T 表示。绝对温度的数值都是正值，现有技术条件，只有尽可能地接近绝对零度。绝对温度与摄氏温度的关系为：

$$T=t+273.15$$

绝对温度换算成摄氏温度的计算式为：

$$t=T-273.15$$

测量温度的方法很多，液体或气体的压力和体积、金属或半导体的电阻、热电偶的电动势等均随温度的变化而不同，可以利用这些性质来制成各种不同的温度计，来测量不同温度范围的温度。在制冷和空调工程中，常用的温度计有水银玻璃棒温度计、有机液体玻璃棒温度计、压力式温度计、以热敏电阻为感温元件的数字温度计等。工程实际工作中应用的温度计，精度并不需很高，通常精度 2.5 级、分度值为 0.5℃即可。在使用中，温度计的误差会逐步加大，需要进行校验才能继续使用。

(二)压力与真空

压力与真空是制冷和空调工程中经常接触的物理量,与制冷和空调装置的安全有密切关系。

垂直作用在物体表面上的力称为压力,用符号 F 表示。垂直作用在物体表面单位面积上的压力称为压强,用符号 P 表示。压力与压强的关系为:

$$P=F/S$$

式中 S 为压力在物体表面的作用面积。

在工程中,习惯将压强称为压力,本书以后也称压强为压力。

在国际单位制中,力的单位是牛顿,用符号 N 表示,面积的单位是平方米,用 m^2 表示,压力的单位是帕斯卡,简称帕,也就是牛顿每平方米,用符号 Pa 表示:

$$1\ \text{Pa}=1\ \text{N/m}^2$$

在实际应用中,有时 Pa 这个单位太小,还经常采用千帕和兆帕,即 kPa 和 MPa:

$$1\ \text{kPa}=1000\ \text{Pa}$$

$$1\ \text{MPa}=10^6\ \text{Pa}$$

过去在工程应用中采用工程单位制,压力的单位是千克力每平方厘米,用符号 kgf/cm^2 表示,它与国际单位之间的关系为:

$$1\ \text{kgf/cm}^2=98.07\ \text{kPa}=0.09807\ \text{MPa}$$

$$1\ \text{MPa}=10.2\ \text{kgf/cm}^2$$

在制冷与空调应用中,过去也有时采用液柱高度作为压力单位,常用的是毫米汞柱和毫米水柱,分别用符号 mmHg 和 mmH_2O 表示,它们与国际单位之间的关系分别为:

$$1\ \text{mmHg}=133.3\ \text{Pa}$$

$$1\ \text{Pa}=7.5\times10^{-3}\ \text{mmHg}$$

$$1000\ \mathrm{mmH_2O} = 9.807 \times 10^3\ \mathrm{Pa}$$
$$= 0.009807\ \mathrm{MPa}$$
$$1\ \mathrm{Pa} = 0.102\ \mathrm{mmH_2O}$$

在北美和西欧习惯上采用英制单位。我国目前在制冷与空调实际工作中应用的压力计，也有部分是英制单位。这时压力的单位是磅力每平方英寸，用符号 psi 表示，它与国际单位之间的关系为：

$$1\ \mathrm{psi} = 6891.4\ \mathrm{Pa}$$
$$1\ \mathrm{Pa} = 1.4504 \times 10^{-4}\ \mathrm{psi}$$

由于大气存在压力，在许多场合所测得的压力是实际压力与大气压的差值，因此在工程上，压力有绝对压力、表压力与真空度之分。

绝对压力是液体或气体作用于密闭容器内表面的真实压力，用符号 p_j 表示。用弹簧管式压力表、U 型管压力计等压力计测量压力得到的压力读数称为表压力，用符号 p_b 来表示。当密闭容器内的绝对压力低于大气压时，大气压力与容器内绝对压力之差在工程习惯上称为真空度，用符号 p_z 来表示。

用于测量高于大气压的压力的测量仪表称为压力计，用于测量低于大气压的压力的测量仪表称为真空计。有的压力表既可用来测量高于大气压的压力，又可用来测量低于大气压的压力，这种压力表称为真空压力计或称为压力真空计。在制冷与空调工程实际工作中，常使用弹簧管式压力计或真空压力计来测量压力的大小，实际应用中常称为压力表和压力真空表，本书以下也用这样的称呼。弹簧管式压力表的构造如图 1-1 所示。

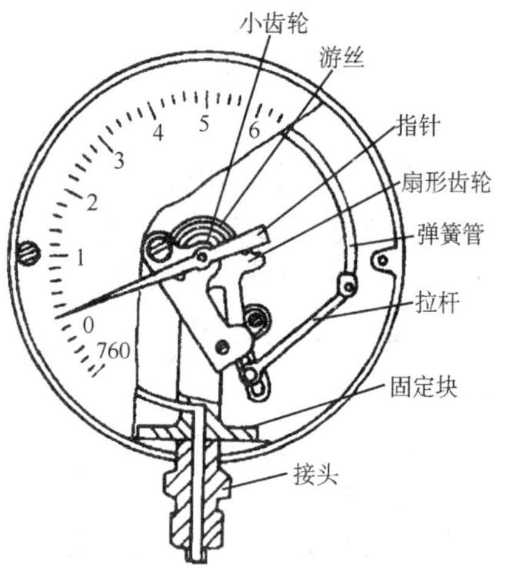

图 1-1　弹簧管式压力表

在弹簧管式压力表壳体内有一根具有弹性的弯管，即弹簧管；其一端封焊密封，并与拉杆铰接在一起，称为自由端；另一端与接头相通，并固定在接头上，称为固定端。测压时，弹簧管外为大气，压力为大气压力；弹簧管内为被测气体或液体，其压力为被测气体或液体的实际压力。当弹簧管内外有压力差时，弹簧管会发生变形，其自由端产生位移。如弹簧管内压力高于大气压时，弹簧管会被拉直一些，拉杆带动杠杆齿轮，使指针向顺时针方向偏转，在压力表表盘面的压力刻度盘上指示出压力的读数。这个读数就是表压力，它是绝对压力与大气压力(B)之差，即：

$$p_b = p_j - B$$

或写成：

$$p_j = p_b + B$$

当弹簧管内压力低于大气压时，弹簧管会被压弯一些，拉杆带动杠杆齿轮，使指针向逆时针方向偏转，在压力表表盘面的压力刻度盘上指示出真空度的读数。它是大气压力与绝对压力之差，即：

$$p_z = B - p_j$$

或写成：

$$p_j = B - p_z$$

制冷与空调工程实际工作中应用的压力表，精度不需要很高，通常用精度 2.5 级即可。常用压力表的测压范围为－0.1～1.6 MPa 和 0～2.4 MPa 两种。同温度计一样，在使用中压力表的误差也会逐步加大，需要进行校验才能继续使用。

(三)比体积和密度

比体积是气体或液体物质的重要参数，它可以由温度和压力导出，因此它不是基本状态参数。

气体或液体物质所占有的容积与它自身质量的比值称为该物质的比体积，也称比容，或者说比体积是单位质量气体或液体物质所占有的容积。比体积用符号 v 表示，常用的单位是立方米每千克，用符号 m^3/kg 表示。

若某物质所占的容积是 V m^3，它的质量是 G kg，它的比体积为：

$$v = V/G$$

气体或液体物质自身质量与它所占有的容积的比值称为该物质的密度，或者说密度是单位容积气体或液体物质所具有的质量。密度用符号 ρ 表示，常用的单位是千克每立方米，用符号 kg/m^3。

密度与比体积互为倒数，即：

$$\rho = 1/v$$

二、热量与机械功

制冷与空调设备都是进行热量与机械功的转换和转移的装置，所以热量与功是制冷与空调中常用的热工参数。

(一)热量

物体温度升高，我们说物质从外界吸收了热能；如物体温度降低，则说物质向外界放出了热能。热量是能量的一种表现形式，是表示物质吸收或放出热能多少的物理量，热量只有在热能转移的过程中才有意义。

在制冷与空调中，热量用符号 Q 表示。热量是能量的一种形式，单位与功相同，其国际单位制单位是焦耳，用符号 J 表示。有时焦耳这个单位太小，采用千焦作为热量单位，符号为 kJ，二者的关系是：

$$1\ \text{kJ}=1000\ \text{J}$$

过去在工程应用中采用工程单位制，热量的单位是卡和千卡（又称大卡），分别用符号 cal 和 kcal 表示。千卡的意义是把 1 kg 水的温度升高 1℃所需要的热量。它们与国际单位之间的关系为：

$$1\ \text{cal}=4.1868\ \text{J}$$

$$1\ \text{kcal}=4.1868\ \text{kJ}$$

或写成：

$$1\ \text{J}=0.2388\ \text{cal}$$

$$1\ \text{kJ}=0.2388\ \text{kcal}$$

目前在我国，制冷与空调实际工作中遇到的制冷空调装置，有一部分是就用英制热量单位。热量的英制热量单位，用符号 Btu 表示，它与国际单位以及工程单位之间的关系为：

$$1\ \text{Btu}=1.055\ \text{kJ}$$

$$1\ \text{Btu}=0.2520\ \text{kcal}$$

或写成：

$$1\ \text{kJ}=0.9479\ \text{Btu}$$

$$1\ \text{kcal}=3.9685\ \text{Btu}$$

（二）物质的比热容

物质在被加热或被冷却时，单位物质量的物质温度每升高一度或下降一度，所吸收或放出的热量，就叫做此物质的比热容。按物质量度量单位的不同，比热容分为质量比热容、体积比热容和摩尔比热容。在工程上，常用的是质量比热容，可以简称比热。不同的物质，比热不同，水的比热较大，而钢和铜的比热较小。通常来说，液体的比热大于气体。

质量比热表示 1 kg 物质的温度变化 1℃时，所吸收或放出的热量，用符号 c 表示。比热的单位是千焦耳每千克开，用符号 kJ/(kg·K) 表示。

对于气体，比热不仅与气体的种类有关，还随加热或冷却条件的不同而变化。在压力不变的加热或冷却条件下，气体的比热称为定压比热，用符号 c_p 表示；在容积不变的加热或冷却条件下，气体的比热称为定容比热，用符号 c_v 表示；定压比热的数值较大。在实际工作中，对于水等液体，不需要区别对待定压比热和定容比热。

在制冷与空调实际工作中，最经常遇到的物质是水和干空气。水的比热可取为 4.18 kJ/(kg·K)，干空气定压比热可取为 1.01 kJ/(kg·K)。

（三）显热与潜热

如果物体吸收或放出热量后，只改变了物体的温度，物质的形态并没有改变，原来是液体现在仍是液体，原来是气体现在仍是气体，则将这种热量称为显热。把 1 kg 水的温度从 12℃降低到 7℃，要从水中放出 20.934 kJ 的热量，水的形态并未有任何变化，这 20.934 kJ 的热量就是显热。

如果物体吸收或放出热量后，只改变了物体的形态，物质的温度并没有改变，则将这种热量称为潜热。物体形态的改变，是指物体由固态改变成液态、由固态改变成气态、由液态改变成气态、或是相反的改变。把质量为 1 kg、温度为 100℃的水加热成为水蒸气，水吸收了 2257.2 kJ 的热量。由于水的温度并没有改变，只是水由液态改变成了气态，这 2257.2 kJ 的热量就是潜热。

（四）制冷量、制热量

制冷量和制热量的概念与热量的概念不同，热量是能量，而制冷量是单位时间内制冷机和空调器所吸收的热量，制热量是单位时间内制冷机和空调器所放出的热量。

在国际单位制中，制冷量和制热量的单位是瓦，也就是焦耳每秒，用符号 W 表示。以瓦做单位数值太大时，用千瓦表述，符号为 kW。

在过去所用的工程单位制中，制冷量和制热量的单位是大卡每小时，其符号是 kcal/h。它与国际单位的关系为：

$$1\ \text{kcal/h}=1.163\ \text{W}$$

或写成：

$$1\ \text{W}=0.8598\ \text{kcal/h}$$

目前在我国，仍有一部分制冷空调装置采用英制单位标注制冷量和制热量。此时，制冷量和制热量的单位是英制热量单位每小时，其符号是 Btu/h。它与国际单位的关系为：

$$1\ \text{Btu/h}=0.2931\ \text{W}$$

或写成：

$$1\ \text{W}=3.412\ \text{Btu/h}$$

另一个英制制冷量单位是美国冷冻吨，其符号是 USRT，它与国际单位的关系为：

$$1\ \text{USRT}=3.517\ \text{kW}$$

或写成：

$$1\ \text{kW}=0.2843\ \text{USRT}$$

（五）机械功

功和功率的概念经常在制冷空调中出现，功是分析制冷循环的重要参数，功率是任何一台制冷机或空调器的重要性能指标。

一个物体在外力的作用下改变了位置、运动方向或速度，是外力对物体做机械功的结果。与热量相同，机械功只有在能量转移的过程中才有意义。

机械功是系统进行工作时，与外界交换的机械能。如气缸、活塞和气体组成一个系统，当推动活塞使气缸中气体的容积减小时，气体被压缩，此时外界对系统做功；当气体中混合的燃料燃烧，加热气体使气体膨胀，容积增大推动活塞向外移动，系统对外界做功。

机械功是功的一种形式，与电功一样，机械功也是能量的一种形式，电功可以转化为机械功，机械功也可以转化为电功。与电功率一样，单位时间内对外输出或消耗的机械功称为功率。

三、热量的传递形式

两种温度不同的物体相接触，就会产生热量的转移，热量由温度较高的物体转移到温度较低的物体。这种物质（系统）内热量转移的过程叫做热传递。热传递过程进行的必要条件是存在温差，没有温差就不能传热。在制冷空调装置中，我们希望一部分设备或部件，如冷凝器、蒸发器等的热量传递速度快，而另一部分设备或部件，如箱体、系统管路等的热量传递速度慢。

根据热量传递的机理不同，热传递可分为三种方式，即传导、对流和辐射。

（一）传导

传导又称导热、热传导，指热量由物体内部的一个部分传递到另一个部分或是在两个相接触的固体物体之间的热传递现象。

在固体物质内部，热传递只能依靠导热方式进行。在液体或气体物质内部，导热通常与对流同时发生。

制冷与空调技术中，遇到的导热问题一般是热量通过一个间壁进行的导热。即一种流体将热量传递给一个壁面，通过间壁内部导热，到达另一个壁面，再传递给第二种流体。如图 1-2 所示，有一个单层平

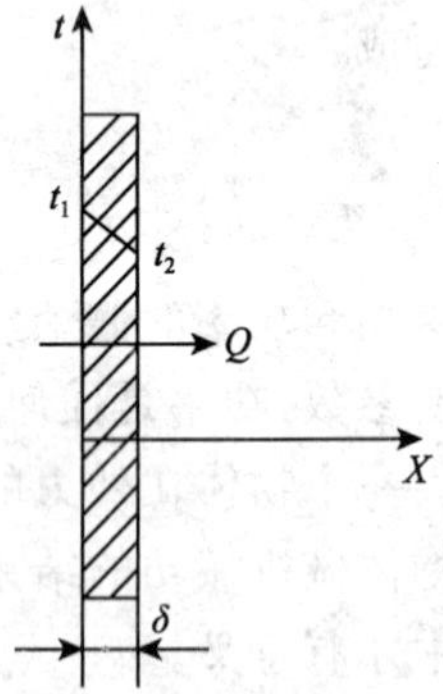

图 1-2　单层平壁的导热

壁，两个壁面的温度不同，则热量从温度较高的壁面由导热作用通过平壁内部传递给温度较低的壁面。

在产生导热的温差不变的条件下，导热量 Q 与间壁材料的导热能力和温差成正比，与间壁的厚度成反比，即：

$$Q=\lambda(t_1-t_2)F/\delta \quad (\mathrm{W})$$

式中 λ——材料的导热系数(W/(m·℃))；

t_1——高温壁面的温度(℃)；

t_2——低温壁面的温度(℃)；

F——间壁的表面积(m^2)；

δ——间壁的厚度(m)。

导热系数是表示材料导热能力的一个热物理性质，其大小与材料的种类、温度和湿度有关。一般来说，金属材料的热导系数大于非金属材料；液体的导热系数大于气体；材料的含湿量愈大，导热系数也愈大。在表1-1中，列出了制冷与空调装置中部分常用材料的导热系数。

表 1-1　部分常用材料的导热系数(W/(m·℃))

材料	导热系数	材料	导热系数
铜	398	聚苯乙烯泡沫塑料	0.048
黄铜	109	聚氨酯泡沫塑料	0.027
铝合金	197	空气	0.026
铸铁	39.2	R22 液体	0.07～0.01
低碳钢	36.7	R22 气体	0.01～0.012
砖墙	0.87	R134a 液体	0.046～0.075
混凝土	0.30	R134a 气体	0.016～0.035
玻璃	0.52～0.11	R717 液体	0.41～0.55
泡沫混凝土砖	～0.01	R717 气体	0.018～0.03

（二）对流

对流换热是指在气体或液体内部由于温度不同而进行的热传

递，或是由于气体、液体与固体表面相接触，因两者的温度不同而进行的热传递。

在气体、液体这样的流体内，如各部分温度不同，会导致各部分密度不同。温度较低的气体或液体密度较大，因重力作用向下流动；温度较高的气体或液体密度较小，被向下流动的流体排挤而上升。因流体各部分密度不同而产生的对流称为自由对流换热。直冷式电冰箱冷藏室内蒸发器与箱内空气的换热、电冰箱冷凝器与环境空气的换热均是自由对流换热。

气体或流体受外力或机械作用，在压力差的推动之下受迫流动，与固体进行换热，称为受迫对流换热。电冰箱中制冷剂与蒸发器的换热，电冰箱中制冷剂与冷凝器的换热，空调器中制冷剂与室内、外侧换热器的换热，均是依靠压缩机产生的压力差进行的；空调器室内、外侧换热器与空气的换热，是依靠风机推动进行的；这些换热情况都是受迫对流换热。

对流换热时的传热量 Q 与流体流动时所接触的壁面面积、流体与壁面的温度差以及流体与壁面的对流换热能力成正比，即：

$$Q=\alpha F\Delta t \quad (\mathrm{W})$$

式中 α——对流换热系数（$\mathrm{W/m^2 \cdot ℃}$）；

F——流体流动时所接触的壁面面积（$\mathrm{m^2}$）；

Δt——流体与壁面的温度差（℃）。

对流换热系数又称放热系数或给热系数，是表示流体与壁面之间对流换热能力的物理量。对流换热时，不仅依靠流体的流动作用，同时也存在流体分子之间的导热作用，对流换热是一个很复杂的过程。影响对流换热系数的因素很多，主要有流体的种类和性质、流速的大小、换热壁面的形状和粗糙程度等。当流体的导热系数较大、流速较大、换热壁面的形状造成流体有较大扰动时，对流换热系数较大。在制冷与空调装置中，常见的对流换热情况下的对流换热系数见表 1-2。

表 1-2 常用的对流换热系数(W/(m^2·℃))

流体种类与换热情况	对流换热系数	流体种类与换热情况	对流换热系数
气体自由对流	10	气体受迫对流	20～40
液体自由对流	70～330	液体受迫对流	200～1200
R22 在管内冷凝	1600～2000	R22 在管内蒸发	1200～1800

(三)辐射

辐射换热是指在两个物体或系统不直接接触的情况下,将热量由一个物体或系统直接传递给另一个物体或系统的热量传递方式。辐射换热是依靠电磁波来传递能量的,不依靠任何介质,因此在真空中也能进行辐射换热。辐射换热的强度与物体的温度和表面情况有关,物体的温度愈高、表面愈黑,辐射出去的热量就愈多;物体的温度愈低、表面愈黑,接收的辐射热量就愈多。

在制冷与空调装置的各种热传递过程中,导热和对流换热起主要作用,很少单独考虑辐射换热。

四、物质的气液变化

物质是具有质量、占据一定空间、并具有一定形态的物体。在一般条件下,物质以固态、液态和气态三种形态中的任何一种或多种存在。

(一)物质的三态转化

随着外部条件的不同,物质可以在三态之间相互转化,如图1-3所示。其中气体与液体之间的相互转化对制冷和空调具有特殊意义,蒸气压缩式制冷就是利用制冷剂在不同条件下气体与液体之间的相互转化,实现了从较低温的物体吸热,向较高温的物体放热。

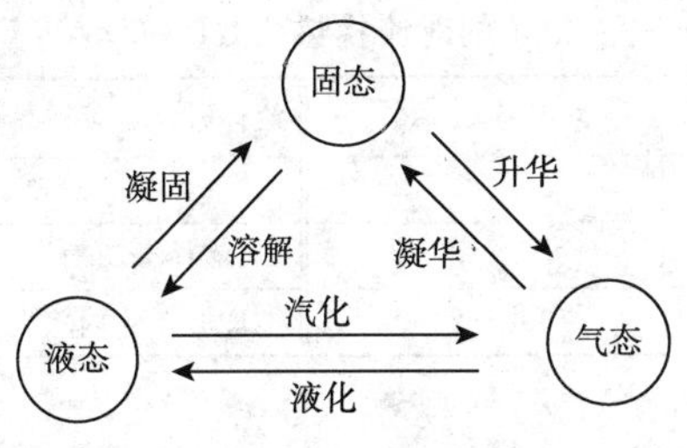

图 1-3　物质的三态转化

(二)饱和、过冷与过热

如果我们取 1 kg 液态制冷剂 R22,注入一个气缸中,在活塞上加上砝码,如图 1-4 所示。当我们将压力维持在 1.32 MPa 不变的条件下,从 0℃开始加热,温度上升到 30℃以前,R22 一直是液体(Ⅰ)。在 30℃时继续加热,液体开始气化(Ⅱ),气体逐步增多,液体逐步减少,温度不发生改变,一直到完全气化(Ⅲ)。全部成为气体后,温度又开始上升(Ⅳ)。如果对温度在 30℃以上的 R22 气体进行冷却,则过程进行的方向完全相反,当温度下降到 30℃时,开始有液体出现,在 30℃时继续冷却,液体逐步增多,气体逐步减少,一直到完全液化,全部成为液体后,温度又开始下降。

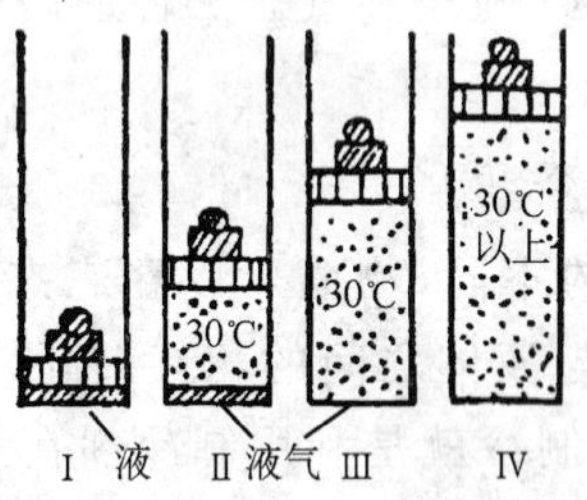

图 1-4　等压下加热或冷却

在不同压力的等压条件下,对 R22 进行加热或冷却,可以得到一组相似的曲线如图 1-5 所示,这组曲线称为定压条件下的 t-v

关系。

从图中可以看出，无论压力有多高，只要是在等压的条件下，制冷剂温度与比体积曲线走势相同。由于液体的比体积几乎不因压力的变化而变化，液态制冷剂被加热或冷却时的曲线重合在一起。而其他部分的变化曲线则是压力愈高，比体积愈小，于是曲线愈向上方。

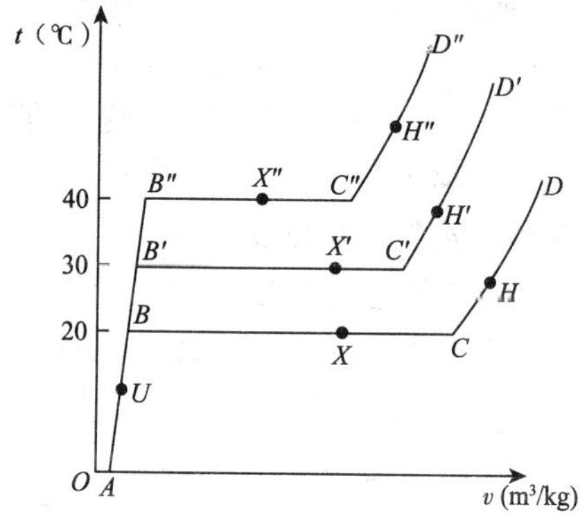

图 1-5　定压条件下的 t-v 关系

在图 1-5 中的 BC、$B'C'$、$B''C''$段，同时存在着液态和气态制冷剂，如果继续向制冷剂中加入热量，则一部分液态制冷剂就会成为气体；如制冷剂向外界放出热量，则一部分气体又会成为液体。像这样制冷剂液体与气体共存，液体和气态的制冷剂温度相同，液态与气态可以相互转变，处于一种动态平衡时，就称为饱和状态。处在饱和状态下的液体称为饱和液体，处在饱和状态下的气体称为饱和蒸汽。

饱和液体与饱和蒸汽的温度称为饱和温度，其压力称为饱和压力。对于同一种物质，饱和温度与饱和压力是一一对应的关系，一个饱和温度一定对应有一个饱和压力，一个饱和压力也一定对应有一个饱和温度。饱和温度与饱和压力都是针对制冷剂处于饱和状态而言，这是它的特定含义，而不是一般的温度与压力的意义。同时，饱和温度与饱和压力是同步变化的，当温度或压力中的任一个发生变化，另一个也发生变化。

不同种类的制冷剂，其饱和温度与饱和压力有着不同的特定变化关系。这种关系就是此种制冷剂饱和温度与饱和压力的关系。

以图 1-5 中的线段 $ABCD$ 为例，在 AB 段，制冷剂的温度低于饱和温度，这样的液体称为过冷液体。过冷液体的温度可称为过冷温度，处在同一压力下制冷剂的饱和温度与过冷液体的温度之差称为此过冷液体的过冷度。

在 CD 段，制冷剂的温度高于饱和温度，这样的气体称为过热蒸气。过热蒸气的温度可称为过热温度，其与同一压力下制冷剂的饱和温度之差称为此过热蒸气的过热度。

在 C 点，制冷剂仅存在饱和蒸汽，我们称之为干饱和蒸汽，而在 B 点制冷剂是饱和液体。图 1-5 的 BC 段中的任何一点，制冷剂是饱和蒸汽与饱和液体的混合物，我们称之为湿蒸汽。湿蒸汽中饱和蒸汽质量 M_v 与湿蒸汽总质量 M 的比值称为湿蒸汽的干度，用符号 x 表示，即：

$$x=M_v/M$$

由此可知，干饱和蒸汽是 $x=1$ 的情况，饱和液体是 $x=0$ 的情况。

（三）蒸发与沸腾

蒸发是制冷与空调中经常遇到的物态改变，每一台蒸气压缩式制冷与空调装置，都要用到蒸发过程。

物质由液态转变成气态叫做气化，气化过程有蒸发和沸腾两种形式。在液体表面进行的气化现象称为蒸发，此时液体的上方是其他物质的气体，通常是空气。湖泊中的水在大气中气化、衣服上的水在大气中晾干和酒精在空气中挥发都是蒸发过程。蒸发过程进行的快慢与环境温度、与空气接触面积的大小以及液体周围空气流动速度的快慢有关。在液体表面和内部同时进行的气化现象称为沸腾，此时液体的上方是自身气化形成的蒸气。沸腾是在饱和压力下进行的,此时液体及其所产生蒸气的温度是饱和温度。

在制冷技术中所说的蒸发,经常将蒸发与沸腾都叫做蒸发,后面本书所说的蒸发也是这样。制冷剂在制冷机的蒸发器中的气化实质上是沸腾现象,但习惯上把制冷剂在蒸发器中的沸腾称为蒸发,这种换热器称为蒸发器也是来源于此。

我们知道饱和压力越低,饱和温度也越低。由于蒸发是在饱和压力下进行的,因此只要能保持较低的制冷剂压力,就可以使制冷剂在较低的温度下蒸发。液态制冷剂在蒸发时,需要从外界吸收气化潜热,当蒸发器周围是被冷却物体或被冷却空间时,所吸收的热量就来自这样的被冷却对象,从而起到降温冷却作用。制冷与空调装置正是运用这一原理,来获取低温,达到制冷目的。

蒸发现象进行时的压力称为蒸发压力,蒸发现象进行时的温度称为蒸发温度。它们的实质是在蒸发现象进行时,制冷剂的饱和压力与饱和温度。因此,蒸发温度与蒸发压力存在一一对应的关系。

(四)冷凝

冷凝也是制冷与空调中经常遇到的物态改变,每一台蒸气压缩式制冷与空调装置,都必然要用到冷凝过程。

物质由气态转变成液态叫做液化,制冷技术所说的冷凝就是液化。由于饱和压力越高,饱和温度也越高,且冷凝是在饱和压力下进行的,因此只要能保持较高的制冷剂压力,就可以使制冷剂在较高的温度下由气态凝结成液态。正是由于这一原理,制冷剂从被冷却对象吸收的热量,可以放到温度较高的环境空气中去。

与蒸发相同,冷凝现象进行时的压力称为冷凝压力,此时的温度称为冷凝温度。其实质是在冷凝现象进行时,制冷剂的饱和压力与饱和温度。因此,冷凝温度与冷凝压力存在一一对应的关系。

冷凝并不是在任何条件下都可以进行的,如气体的温度高于一定数值,无论把气体的压力升高到多少,也不可能使之液化。这一温度称为临界温度，其物理意义是气体不可能加压液化的最低温度。

五、热力学基本定律

热力学第一定律和热力学第二定律是热力学基本定律，也是制冷与空调技术的理论基础，它们说明了热量与其他形式能量的相互转换关系与条件，以及制冷要消耗功的原因。

（一）热力学第一定律

任何物质在任何时候都存在运动，机械运动、分子热运动、电磁运动、化学运动、原子核及其更基本的粒子运动等都是物质运动的形式，对这些运动所进行的一般量度就是能量。

自然界中所有物质都具有能量，运动的形式不同，能量的形式也不同。不同形式的能量可以相互转换，即由一种形式转换成另一种形式。在转换过程中，总的能量不变，既不会从转换过程中产生，也不会在转换过程中消灭，这就是能量守恒与转换定律。

能量守恒与转换定律是人们在长期科学观察中提出的科学结论，适用于目前人们所知自然界的任何时间、任何场合、任何过程，是普遍的自然规律。机械的、热力的、电磁的、化学的等等过程，都毫无例外地遵循能量守恒与转换定律。将能量守恒与转换定律应用于热力学中，就是热力学第一定律。

热力学第一定律是制冷与空调技术的重要理论基础之一，它表明了热量转移、功的输入输出与内能变化的关系。在流速不变的条件下，如果流体与外界存在热传递和功的交换过程，则外界对流体所做的功加上流体从外界吸收的热量，等于流体内能 U 的增加量；反之流体对外界所做的功加上流体向外界放出的热量，等于流体内能的减少量。即：

$$\Delta U = Q + W$$

上式即热力学第一定律的数学表达式，其中，$W > 0$ 表示外界对流体做的功，反之表示流体对外界做的功。

制冷剂在制冷与空调系统中的各种热力状态变化，就是能量转移和不同能量形式转换的结果。电动机拖动压缩机，电能转换为机械能；压缩机压缩制冷剂蒸气，提高了其温度和压力，为蒸气提供了压力差和流动的推动力，机械能转换为热能；制冷剂向环境放出热量，从被冷却对象吸收热量，都是热量的传递。这些过程都遵守热力学第一定律。

（二）焓

焓是热力学中表示物质或系统能量状态的一个函数，用符号 H 表示，单位仍是 J 或 kJ。它表示流体携带能量的多少。

单位质量流体的焓用符号 h 表示，单位仍为 J/kg 或 kJ/kg。

焓在制冷与空调计算中应用非常广泛，工程用图表上标出的能量参数也都是用焓表示。

工程上需要计算的是工质由一个状态点变化到另一个状态点时焓的变化值，即焓差。所以，就人为规定某一个状态点为基准点，一般是规定 0℃时工质的焓值为零，高于 0℃时焓值为正值，低于 0℃时焓值为负值。在制冷技术中，规定 0℃时，1 kg 制冷剂饱和液体的焓值为 200 kJ/kg，以此作为基准值，确定其他状态下制冷剂的焓值，并制成工程图表应用。

（三）热力学第二定律

热力学第二定律也是人们对长期科学观察进行总结而得出的一个定律，在目前人类所探索到的自然界范围内，它是正确的。

热力学第二定律可以从以下两个方面来表述，这两种表述是相同的，从一种表述可以得出另一种表述。

①在自然条件下，热量只能由高温物体传给低温物体，而不会自发地由低温物体传向高温物体。这就是说热量自发传递的过程是有方向性的，是不可以逆向进行的。如想实现热量由低温物体传递给高温物体，就必须消耗功作为补偿，用人工方法才能实现。

②任何其他形式的能量都可以完全的转变成热能，但热能不可能在不产生其他影响的情况下完全转变成其他形式的能量。热机将热量转变成机械能，就一定要向环境放出温度较低的热量。

任何一个过程进行后，如果能反方向进行，且总的结果对外界没有产生任何影响，我们就说这个过程是可逆的；反之，过程就是不可逆的。

制冷技术就是用人工方法，使热量由低温物体传递给高温物体。所以制冷机一定要消耗一定量的电能或机械能。

（四）熵

熵是表示工质状态改变时，与外界换热程度和过程进行方向、由热力学导出的一个函数。对于工质总的熵，用符号 S 表示；单位为焦耳每开或千焦耳每开，单位符号是 J/K 或 kJ/K。对于单位质量工质的熵，用符号 s 表示；单位为焦耳每千克每度或千焦耳每千克每度，用符号 J/(kg·K)或 kJ/(kg·K)表示。

工程上需要计算的是工质由一个状态点变化到另一个状态点时熵的变化值，即熵差。在制冷技术中，规定以0℃时1 kg制冷剂饱和液体作为基准点，此点的熵值为 1 kJ/(kg·K)。由基准值加上熵差，即可确定其他状态下制冷剂的熵值，并列入工程图表备用。

第二节　湿空气

环境空气是由各种气体组成的，其中包括水蒸气。含有水蒸气的空气，我们称之为湿空气。

一、湿空气的组成和性质

由于在各种制冷和空调过程中，空气中除了水蒸气外的各种成分都不会发生气液转变，为了表达和计算方便，人为地把空气中的水蒸气与其他组成气体区分开来，即将湿空气表述成干空气与水蒸气的混合物。在制冷与空调中，通常所说的空气实质上就是湿空气。湿空气的状态参数，也有其自己的特点。

（一）湿空气的组成

湿空气是由干空气和水蒸气组成的。那么，所谓的干空气就是氮、氧、二氧化碳及稀有气体（氩、氖、氙、氪、氦等）组成的混合气体，干空气中不含水蒸气。

在地球的表面，海洋、湖泊、河流占了大约70%的面积，土壤中也含有大量的水分，水蒸发进入大气，使得空气中含有水蒸气而成为湿空气。

在许多工程中，例如干燥、加湿、采暖通风、空气调节、电绝缘等都与空气中所含水蒸气的状态和含量有关，所以此时空气必须按湿空气处理。在湿空气中水蒸气的含量不多，但水蒸气含量的变化将引起空气热力性能的显著变化。

（二）理想气体

如气体分子之间没有相互作用力，且分子不占据任何体积，则此气体是理想气体。由于干空气的液化温度非常低，与饱和蒸汽的差别很大，可以作为理想气体来处理。湿空气中水蒸气的含量较低，与饱和水蒸气的差别也很大，处于过热状态，亦可以作为理想气体来对待。所以湿空气是理想气体的混合物，即湿空气也可作为理想气体来分析。

理想气体温度、压力、比体积之间的关系，可以用理想气体状态方程来表示，即：

$$pv=RT$$

式中 p——空气的绝对压力（Pa）；

v——空气的比体积（m^3/kg）；

R——比气体常数（$J/(kg \cdot K)$）；

T——空气的绝对温度（K）。

比气体常数 R 与气体的种类有关，干空气的 R=287 J/(kg·K)，而水蒸气的 R_v=461.52 J/(kg·K)。

二、湿空气的状态参数

湿空气的物理性质用温度、压力、湿度、比体积等状态参数来衡量，下面分述常用的湿空气状态参数。

（一）温度和大气压力

空气温度是表示空气的冷热程度的参数。空气温度是用普通温度计测量出来的，是空气的实际温度，又称为空气的干球温度。空气温度的高低对人的舒适和健康及其对某些生产过程的影响很大。大气压力是指地球表面空气的压力。大气压随地理位置、海拔高度以及天气条件的不同而不同，海拔较高的地区大气压较低，同一地区温度较高的夏天大气压较冬天低，雨天的大气压较晴天低。对于同一个地区，其夏季和冬季平均大气压的具体数值可从国家标准或当地气象资料查得。

（二）湿空气的压力与水蒸气的分压力

湿空气是干空气与水蒸气的混合物，湿空气的压力等于干空气与水蒸气的分压力之和，即：

$$B = p_v + p_a$$

式中 B——当地大气压力(Pa)；

p_v——水蒸气的分压力(Pa)；

p_a——干空气的分压力(Pa)。

水蒸气的分压力是指如湿空气中没有干空气，由水蒸气单独占有湿空气的全部容积，并具有和原来的湿空气相同的温度时所产生的压力。

（三）湿空气成分的表示法

由于湿空气是混合气体，其状态不仅取决于其状态参数，还取决于水蒸气的含量(成分)。湿空气中水蒸气的多少,可以采用相对湿度或含湿量等参数来表示。

在一定温度下,湿空气中所含的水蒸气的量有一定的限度,这个限度就是水蒸气的分压力达到其温度所对应的饱和压力,此时湿空气中所含的水蒸气为饱和水蒸气。

通常我们把由干空气和饱和水蒸气组成的湿空气称为饱和湿空气,由干空气和分压力低于饱和蒸气压力的过热蒸气组成的湿空气称为未饱和湿空气。相对湿度表示未饱和湿空气接近饱和的程度。其定义为湿空气中水蒸气的分压力与同温下饱和空气中水蒸气分压力之比。即:

$$\varphi=\frac{p_v}{p_s}\times100\%$$

式中 φ——相对湿度(%);

p_v——水蒸气的分压力;

p_s——同温下饱和水蒸气分压力(Pa)。

相对湿度愈小,空气的吸湿能力愈强;相对湿度愈大,吸湿能力愈小。因此相对湿度的大小反映了湿空气吸收水蒸气能力的强弱。干空气的相对湿度为零,饱和湿空气的相对湿度为100%。

空气中水蒸气量是经常变化的,但干空气一般是不变的,所以取单位质量干空气作为衡量的基准。我们把含1 kg干空气的湿空气中所含水蒸气的质量,称为空气的含湿量,用 d 表示,单位为g/kg。

如果湿空气中所含水蒸气量为 d 克,湿空气的量就为 $(1+0.001d)$ kg。含湿量与水蒸气含量、水蒸气分压力、相对湿度的关系为:

$$d=\frac{m_v}{m_a}\times10^5=622\,\frac{p_v}{Bp_a}$$

式中 m_v——湿空气中所含水蒸气的量(g);

m_a——湿空气中所含干空气的量(kg)。

在大气压力不变时，水蒸气的分压力越大，含湿量亦越大。当大气压力不变时，含湿量与水蒸气的分压力是一一对应的关系，两者本质上是一个参数。

(四)湿空气的焓

在实际空气处理过程中，常常需要确定在定压下所吸收或放出的热量。因此用焓表示单位质量空气所含有的总热量。湿空气的焓为 1 kg 干空气的焓和所含的 d g 水蒸气的焓之和。如以 0℃为基准，则：

$$h=h_a+0.001d\cdot h_v$$

式中 h——含 1 kg 干空气的湿空气的焓(kJ/kg 干空气)；

h_a——干空气的焓(kJ/kg)；

h_v——水蒸气的焓(kJ/kg)。

而干空气的焓与水蒸气的焓分别为：

$$h_a=C_{pa}t=1.005t$$

$$h_v=C_{pv}t+\gamma v=2500+1.864t$$

所以湿空气的焓为：

$$h=1.005t+0.001d(2500+1.864t)$$

(五)湿球温度和露点温度

在工程上，测量空气相对湿度的方法之一是使用干湿球温度计。它由两只温度计组成。其一是干球温度计，直接与被测空气接触，测得的是空气的实际温度，即空气的干球温度。另一支温度计将其感温部分裹上纱布，如图 1-6 所示，纱布的下端浸入盛有蒸馏水的容器中，在毛细作用下纱布经常处于润湿状态，使感温

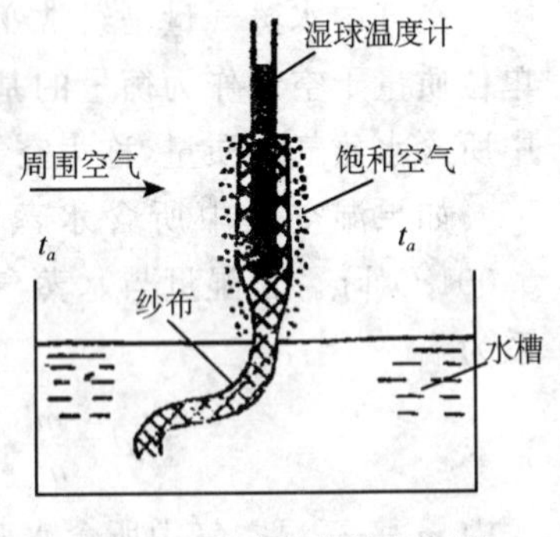

图 1-6 湿球温度计原理图

部分始终处于饱和湿空气中，这种温度计称为湿球温度计，所测的温度称为湿球温度。

湿球温度计测出的温度是纱布的温度。当相对湿度小于100%的空气通过时，纱布上的水会蒸发进入周围空气，水蒸发时吸热，纱布上的水温降低；同时由于周围空气的温度高于纱布水温，空气向纱布传热。当由于温差而从空气传递给湿球纱布的是显热，水蒸气蒸发吸收的热量是气化潜热，当此显热等于气化潜热时，纱布上的水温不再发生变化，这一稳定温度即为湿球温度。此时湿球周围紧贴纱布的一层空气，可以认为是一层饱和湿空气，湿球的温度即为此饱和湿空气的温度 t_s。当周围空气的相对湿度为100%时，干球温度 t_a 与湿球温度 t_s 相同；相对湿度越小，干湿球温度差越大。因此，通过干湿球温度之差可以确定空气的相对湿度，在干湿球温度计上有通过干湿球温度之差计算相对湿度的标尺和转轮。

与空气中水蒸气分压力相对应的水蒸气的饱和温度即为空气的露点温度 t_d。在一定的大气压力下，保持空气的含湿量不变，冷却空气达到饱和状态，这时所对应的温度即为空气的露点温度。如果继续冷却空气，则会产生凝结水，空气的含湿量就要减少。露点温度 t_d 是空气冷却过程是否结露的临界温度。在一定的大气压力下，空气的露点温度只取决于空气的含湿量，含湿量一定时，露点温度就一定。

三、湿空气的焓湿图及应用

将一定大气压力下湿空气主要参数之间的相互关系，用图表示出来，这个图就是湿空气的焓湿图。

（一）焓湿图

焓湿图通常简称为 h-d 图，表示了湿空气的温度 t、含湿量 d、相对湿度 φ、焓 h 和湿球温度 t_s 等5个在制冷和空调工程中常用的参数，如图1-7所示。h-d 图的横坐标为含湿量 d，单位为g/kg；纵坐标为焓 h，单位为kJ/kg，两坐标夹角取135°，在 h-d 图上的等值线有：

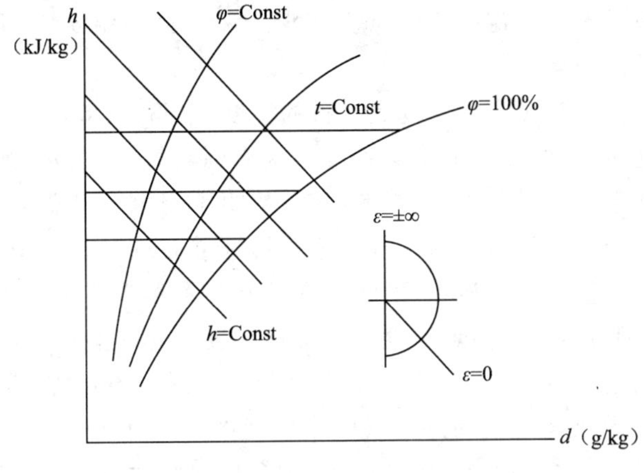

图 1-7 湿空气的焓湿图

①等焓线 h,为与横坐标成 135 度夹角的一组直线。

②等含湿量线 d,为一组垂直于纵坐标的直线。

③等温线 t,为一组由左下方略向右上方倾斜的直线。等温线是一组互相不平行的直线。

④等相对湿度 φ,为一组以粗实线表示的曲线,是一组向上凸的曲线。$\varphi=100\%$的线为饱和空气线,饱和空气线将 h-d 图分为两部分,上部为未饱和湿空气区,$\varphi=100\%$的线上为饱和湿空气状态,饱和空气线下方为不稳定的过饱和区。在过饱和区,湿空气中的水蒸气不能稳定存在于空气中,会在较冷的物体表面凝结成水析出。由于 $\varphi=0$ 时,$d=0$,所以 $\varphi=0$ 的相对湿度线就是纵坐标。

⑤热湿比线 ε,热湿比的正负与大小说明了空气状态变化的方向和特征。热湿比是指湿空气在状态变化的过程中,焓值的变化量与含湿量变化量的比值,即:

$$\varepsilon=\frac{m(h_2-h_1)}{m(d_2-d_1)}\times 10^3=\frac{Q}{W}$$

式中 m——干空气的质量(kg);

Q——热量(kJ)；

W——湿量(kg)。

湿空气的 h-d 图上，没有压力坐标，对于不同的大气压力应使用不同的 h-d 图。

(二)焓湿图的应用

焓湿图反映了湿空气的主要物理性质和状态参数之间的关系，是空调工程中进行分析计算的主要工具。

应用焓湿图，可以确定湿空气的状态参数。如已知湿空气的 5 个主要参数，即温度 t、相对湿度 φ、含湿量 d、焓 h、湿球温度 t_s 中的任何 2 个参数，即可在焓湿图上查出其他有关的参数，从而确定湿空气的状态。

例如我们知道干湿球温度 t_a 和 t_s，就可以确定空气的状态，进而可得到空气的其他状态参数。如图 1-8 所示，由湿球温度 t_s 从相对湿度 $\varphi=100\%$ 的曲线上得到点 2，沿等焓线与干球温度 t_a 相交，即得到空气的状态点 1，从而得到空气所处的状态，空气的相对湿度、含湿量也就确定了下来。

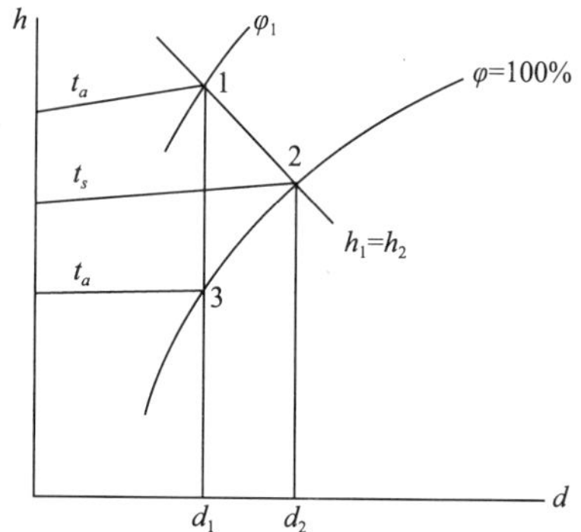

图 1-8　应用 h-d 图确定湿空气的状态

四、湿空气的状态变化过程

在空调工程中，要对湿空气进行各种热湿处理，在热湿处理中，空气的状态必然发生变化。因此，所有的空气处理过程都是状态变化过程，都可以在焓湿图上表示出来。在制冷空调中，最常见的是以下几种典型的空气状态变化过程。

（一）干式加热

湿空气在含湿量不变的情况下进行加热，称为干式加热过程。加热后空气的温度上升，焓值增加，含湿量不变，相对湿度减小，如图1-9中的1—2所示。空气经过电加热器、表面式蒸气空气加热器（暖气片）或热泵加热的过程即为干式加热过程。

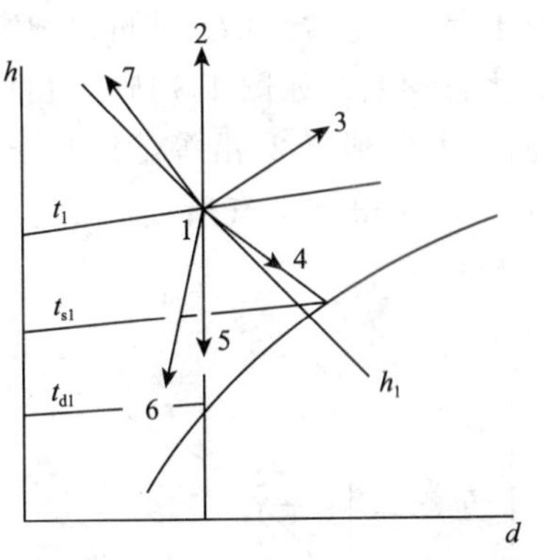

图 1-9　湿空气的状态变化过程

（二）冷却

湿空气在含湿量不变的情况下进行冷却，称为干式冷却过程或等湿冷却过程。冷却后空气的温度下降，焓值减小，含湿量不变，相对湿度增大，如图1-9中的1—5所示。当空气经过表面式冷却器时，如冷却器换热表面的温度低于空气的干球温度而高于露点温度时，过程即为干式冷却过程。干式冷却降温的极限是空气的露点温度。

如湿空气在进行冷却时含湿量减小，称为减湿冷却过程或湿式冷却过程，减湿冷却过程在制冷与空调工程中很常见。冷却后空气的温度下降，焓值减小，含湿量减小，相对湿度增大，如图 1-9 中的 1—6 所示。当空气经过表面式冷却器时，如冷却器换热表面的温度不但低于空气的干球温度而且低于露点温度时，过程即为减湿冷却过程。如冷却器换热表面的温度低于空气的露点温度但高于 0℃，由空气中凝结出的水在冷却器换热表面产生凝露。如冷却器换热表面的温度低于 0℃，由空气中凝结出的水在冷却器换热表面结成霜。

（三）减湿和加湿

如用吸湿剂（干燥剂）对湿空气进行干燥，空气的含湿量减小，相对湿度减小，温度上升，焓值与湿球温度基本不变，则过程称为等焓减湿过程，如图 1-9 中的 1—7 所示。空气等焓减湿所用的设备有空气减湿机，其中的减湿剂可以是液体减湿剂，也可以是固体干燥剂。

如向湿空气中淋水，对空气进行加湿，空气的含湿量增大、相对湿度增加、温度有所下降、焓值与湿球温度基本不变，则过程称为等焓加湿过程，如图 1-9 中的 1—4 所示。空气等焓加湿所用的设备有淋水室、离心式加湿器、超声波加湿器、电动喷雾加湿器等。

如向湿空气中通入水蒸气，对空气进行加湿，空气的含湿量增大、相对湿度增加、温度上升但变化不大、焓值增大、湿球温度上升，则过程称为等温加湿过程，如图 1-9 中的 1—3 所示。空气等温加湿常用于恒温恒湿机和机房空调机等空调装置，所用的设备有电热式加湿器、电极式加湿器等，所用水应为蒸馏水。

第三节　制冷与空调基本概念及分类

一、制冷基本概念及分类

（一）制冷基本概念

制冷技术中所说的“冷”是相对于环境温度而言的。高温物体对环境散热，称为自然冷却，这种冷却方式不能使物体温度降到低于环境温度以下，所以不能称之为“制冷”。“制冷”是指用人工方法获得低于环境的温度，以满足社会生产和人们生活的各种需要。制冷技术在生产、科研和各类服务业，以及家庭生活等各方面都有广泛应用。

（二）制冷分类

实现制冷可以通过两种途径：一种是利用天然冷源；另一种是利用人工冷源。

天然冷源是自然界存在的冷源，例如冰、雪和地下水等。在中国，约在 3000 年前已使用天然冰保藏食品，公元前 7 世纪《诗经》中就有关于采集、贮存和用天然冰冷藏食品的诗句。直到现代，人们仍然在应用冰、雪和地下水等天然冷源。但是用天然冰或人造冰冷却的冷藏装置，只能获得有限的低温，不能获得低于 0℃的温度，并且受时间、地点及运输条件等限制，难以满足多方面的要求。

人工冷源是利用人工的方法实现制冷，而且可以根据不同的要求获得不同的低温。现代制冷技术就是利用人工冷源实现从低于环境温度的物体吸取热量，并将其转移给环境介质，降低或维持物体低温。

制冷技术应用非常广泛，从工农业到日常生活，应用范围一般可以分为 4 个温区。

①普通制冷：120 K(约－153℃)以上；

②深度制冷：120 K～20 K(约－253～－153℃)；

③低温制冷：20 K～0.3 K(约－272.7～－253℃)；

④超低温制冷：0.3 K(约－272.7℃)以下。

实现人工制冷方法很多，常见的有以下四种：液体汽化制冷、气体膨胀制冷、涡流管制冷和热电制冷。其中液体汽化制冷的应用最广泛，它是利用液体汽化时的吸热效应来实现制冷的。蒸汽压缩式、吸收式、蒸汽喷射式和吸附式制冷都属于液体汽化制冷。

二、空调基本概念及分类

(一)空调基本概念

空气调节简称“空调”。它是指通过一定的技术手段来对某一特定空间内的温度、湿度、洁净度和空气流动速度进行调节和控制，以满足人体舒适和工艺生产过程的要求。随着现代技术的发展，空气调节已涉及环境压力、病菌、气味、噪声和气体成分等方面的调节与控制。

室内的空气环境一般受到两方面的干扰，一是受到室外太阳辐射、外部天气变化及空气中有害物的干扰；二是来自室内人体、照明设备、生产过程及设备等所产生的热、湿和其他有害物的干扰。为了消除对空调房间的内、外干扰，达到房间所需要的空气参数，空调系统必须对空气进行加热、冷却、加湿、除湿及净化等处理。

由于空调房间各自的要求不同，因此对空气环境的参数及其控制精度的要求也不同。衡量空调工程的等级，常用空调的基数和空调的精度来规定。空调基数是指空调房间所要求的基准温度和基准的相对湿度。空调精度是指在空调区内，空气的温度和相对湿度的允许波动幅度。

例如：某空调房间，温度要求 $t=20\pm1$℃，相对湿度为 $\varphi=60\pm10\%$。此时房间的空调基数为 $t=20$℃，$\varphi=60\%$，空调精度 $\Delta t=\pm$

1℃，$\Delta\varphi=\pm10\%$，即空调房间温度在19～21℃，相对湿度在50%～70%，在这种情况下空调系统的运行是正常的。

为了保持房间规定的空气参数，通常在空调房间内设定一个受控的工作区，即离地面2 m，距外墙0.5 m以内的空间，亦称空调区。

(二)空调分类

空调系统一般由冷热源、空气处理设备、空气输送管道、空气分配装置和控制系统等组成。根据需要，它能组成许多不同形式的系统。

1. 根据使用对象不同分类

根据使用对象不同，空调可以分为舒适性空调和工艺性空调两大类。

(1)舒适性空调

舒适性空调即主要为满足人体舒适性要求的空气调节，其目的是为人们提供良好的工作条件或舒适的生活环境，以利于提高人们的工作效率或保障人们的身体健康，主要用于公共与民用建筑中。

人体舒适状态由许多因素决定。从生理上看，所谓舒适就是人体能维持正常的散热量和散湿量。通常人体舒适状态主要反映在冷热感觉，而冷热感觉与室内空气温度、相对湿度、人体附近的空气流速、围护结构内表面及物体表面温度有关外，还和人体活动量、年龄、习惯、衣着情况有关。根据我国GB 50019—2003《采暖通风与空气调节设计规范》中规定，舒适性空调室内计算参数如下。

①夏季：温度22～28℃；相对湿度40%～65%；风速不应大于0.3 m/s。

②冬季：温度18～24℃；相对湿度30%～60%；风速不应大于0.2 m/s。

为贯彻落实《中华人民共和国节约能源法》，2008年6月25日，住房和城乡建设部印发《公共建筑室内温度控制管理办法》(建科

[2008]115 号)规定:公共建筑夏季室内温度不得低于 26℃,冬季室内温度不得高于 20℃。

(2) 工艺性空调

工艺性空调即主要为满足生产或其他过程的工艺性要求而进行的空气调节,其目的是满足生产、科研等工艺过程所要求的空气参数,以保证产品质量。工艺性空调可以分为一般性空调、恒温恒湿空调和净化空调等。

一般性(降温)空调对夏季温、湿度的要求是工人操作时手不出汗,不使产品受潮。一般只规定温度和湿度的上限,不再注明空调精度。

恒温恒湿空调对室内空气的温、湿度基数和精度都有严格要求。

净化空调不仅对空气温、湿度提出一定要求,而且对空气中所含尘粒的大小和数量有严格的要求。

2. 根据空气处理设备的集中程度分类

根据空气处理设备的集中程度来分,空调系统分为集中式、半集中式和分散式空调系统。

(1) 集中式空调系统

这种系统把所有空气处理设备(加热器、冷却器、加湿器、除湿器、过滤器)都集中在一个机房内。

(2) 半集中式空调系统

这种系统除有集中空调机房外,还有分散在空调房间内的末端装置,这些末端装置可对集中处理后的空气进行补充处理,或对室内空气就地处理,如风机盘管系统等。

现在人们所说的中央空调,实际上是集中式和半集中式空调的总称。

(3)分散式空调系统

分散式空调是指把空气处理设备全分散在空调房间内的系统。

3. 根据负担室内负荷所用的介质分类

若按负担室内负荷所用的介质来分，则有全空气系统、全水系统、空气—水系统、制冷剂系统。

(1) 全空气系统

全空气系统指空调房间内的负荷全部由经处理过的空气来负担的空调系统。在全空气空调系统中，空气的冷却、去湿处理完全集中于空调机房内的空气处理机组来完成；空气的加热可在空调机房内完成，也可在各房间内完成。

(2) 全水系统

全水系统指空调房间内的负荷全部由水来负担的空调系统。

(3) 空气—水系统

空气—水系统是由空气和水共同来承担室内冷、热负荷的系统，除了向室内送入经处理的空气外，还在室内设有以水做介质的末端设备对室内空气进行冷却或加热。

(4) 制冷剂系统

制冷剂系统指空调房间内的负荷全部由制冷剂来负担的空调系统。小型家用空调器都是制冷剂系统的典型例子。

(三)空调系统

1. 普通集中式空调系统

普通集中式空调属典型的全空气系统。根据新、回风混合方式不同，常见的有两种方式：一种是回风与新风在喷水室或空气冷却器前混合，称一次回风式；另一种是一次回风后在喷水室或空气冷却器后再次与回风混合，称二次回风式。二次回风较一次回风节能，但运行复杂。因此二次回风系统主要用于有精度要求，而不采用加热器的工艺性空调。系统的形式如图 1-10 所示。

组装式的空调器如图 1-11 所示。

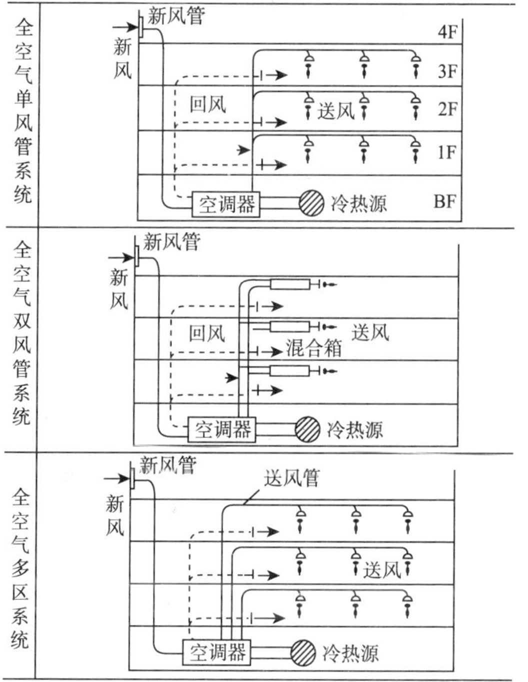

图 1-10　全空气空调系统

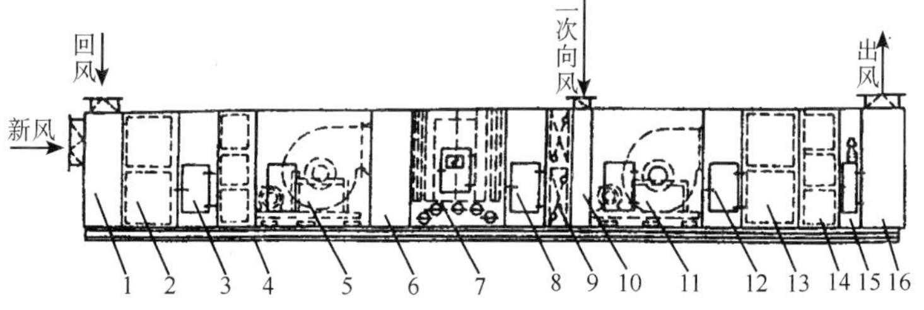

图 1-11　组装式空调器示意图

1—新、回风混合段　2—回风消声段　3、6、8、12—中间段　4—初效过滤段
5—回风机段　7—喷淋段　9—加热段　10—二次回风段　11—送风机段
13—送风消声段　14—中效过滤段　15—加湿段　16—出风段

组装式空调器可根据实际需要任意组合，一般使用淋水段时取消加湿段，也可用表冷段替代淋水段。

2. 变风量空调系统

变风量空调系统，亦称 VAV(Variable Air Volume System)，也属于全空气空调系统的一种形式。当空调房间负荷发生变化时，系统末端装置自动调节送入房间的风量，以确保空调房间温、湿度保持在设计要求范围内。同时，空调机组将根据末端风量的变化，通过控制系统调节送风机的送风量，达到节能的目的。系统的最大风量按各房间最大风量之和的 70%～80%计算，最小风量按 40%～45%的最大风量来确定。系统风量调节方法有静压控制和风量控制两种。

变风量系统的优点是节能，减少冷热量的损失，且末端装置上均有定风量装置，不再需要对风管进行阻力平衡；缺点是当风量过小时，新风不易保证，室内气流组织会受影响，自控系统复杂。

3. 风机盘管空调系统

风机盘管属半集中式空调的末端装置。冷水或热水由冷、热源提供，经盘管冷却，加热环境热、冷空气后，由风机送出。

风机盘管有明装、暗装、立式、卧式之分。负荷可通过水量或风量调节。风速有高、中、低三档。使用风机盘管时新风供给方式可靠建筑物门窗缝隙的渗透、由墙洞引入新风直接进机组，或独立新风系统供室内送风，图 1-12 为常用的有新风的风机盘管系统。

4. 柜式空调器和热泵型空调器

柜式空调器有整体及分体式，其冷却方式有水冷及风冷型。图 1-13 为立柜式空调。热泵型空调器和立柜式空调相似，不同之处是通过四通阀的作用，使夏天室内蒸发器向室内送冷风、室外冷凝器向室外放热，而冬天室内的冷凝器向室内送热风而室外的蒸发器从室外吸热。其原理如图 1-14 所示。

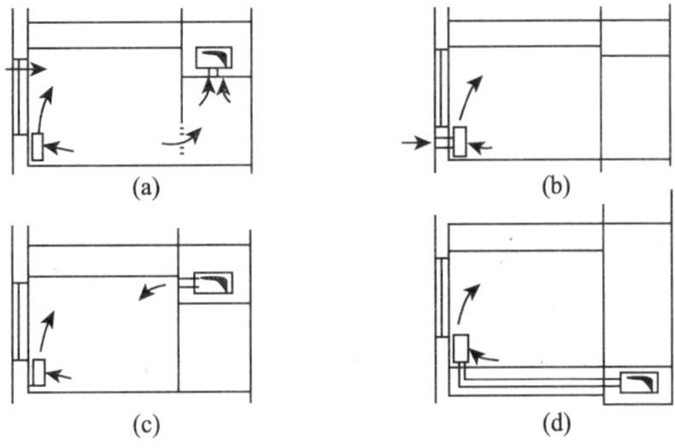

图 1-12　有新风的风机盘管系统

(a)室外渗入新风；(b)新风从外墙洞口引入；(c)独立的新风系统(上部送入)；(d)独立的新风系统送入风机盘管机组

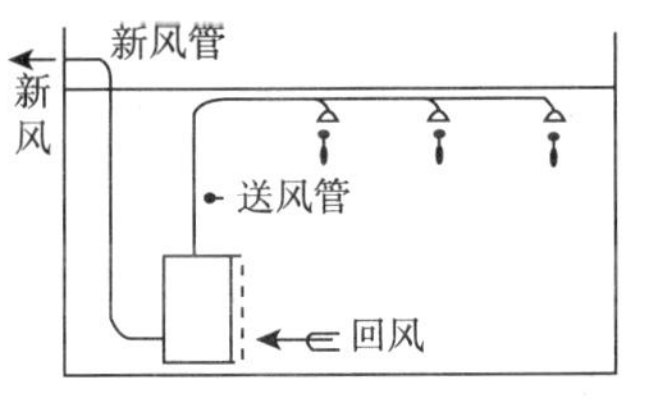

图 1-13　立柜式空调

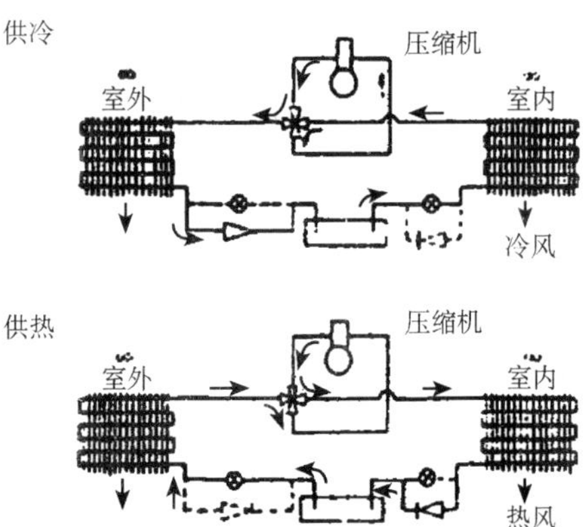

图 1-14　热泵型空调器

5. 空调水系统

空调水系统分冷冻水系统和冷却水系统。

冷冻水系统是以冷冻水为输送冷量的介质，泵将冷冻水通过冷水机组向空调用户提供冷量的系统。

冷却水系统是由水泵将冷凝器取走热量的水送至冷却塔冷却，降温后的水重返冷凝器利用的系统。

根据工程的要求，可把上述水系统设计成以下类型。

(1)同程式与异程式的供回水系统

同程式是指供、回水干管中的水流方向相同，并且经过各环路的管长相等，如图 1-15 所示。由于各并联管路总长度相等，它们的水阻力基本相等，水量分配均匀，调节方便，水力工况稳定，但管路的增加使初投资增加。异程式的供、回水干管中水流方向相反，每环路管长不等，如图 1-16 所示。它会产生水力失调，如减少干管阻力，在并联各支管上设流量调节装置，调节(增大)支管阻力，也可以达到要求。

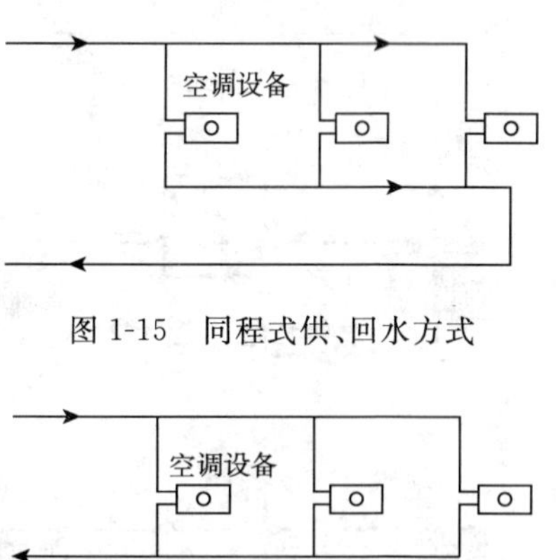

图 1-15　同程式供、回水方式

图 1-16　异程式供、回水方式

(2)开式系统与闭式系统

开式系统的水管和大气相通,如冷却塔、喷水室和水箱等设备的管路属开式系统,如图 1-17 所示。在开式循环中水含氧量高,易腐蚀设备和管路,空气中污物进入水循环易产生污垢引起堵塞。开式系统中,水泵除克服流程和局部阻力损失外,还要克服系统静水压头,因此水泵能耗大,此外,水会蒸发,需要补水。闭式系统管路中的水不与空气接触,仅在系统高处设膨胀水箱。它不易产生污垢和引起腐蚀,系统简单,不需要克服系统静水压头,水泵耗电量较小,如图 1-18 所示。

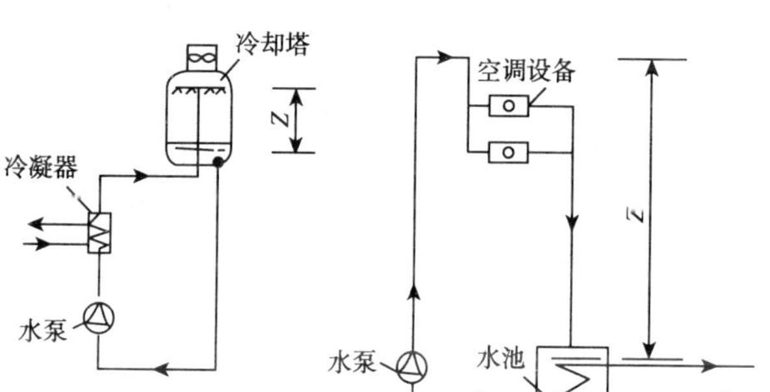

图 1-17 开式系统

(a)冷却水开式系统;(b)冷冻水开式系统

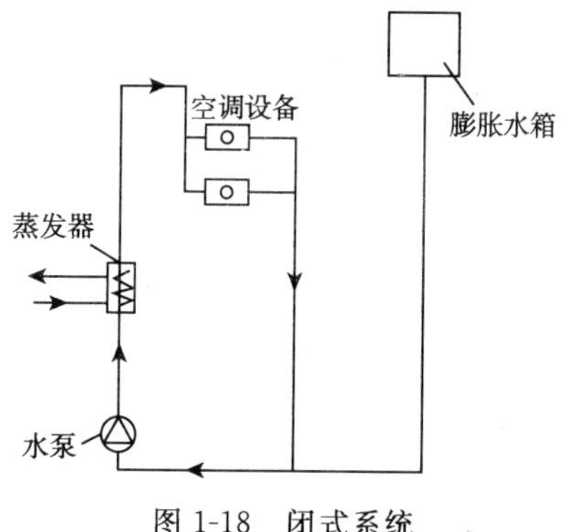

图 1-18 闭式系统

(3)两管制、三管制和四管制水系统

①两管制水系统。夏天供冷水,冬天供热水,在相同管路中进行。系统简单,投资少,但不能同时向不同要求的用户提供冷量或热量。

②三管制水系统。它可分别设置冷、热的管路,但冷、热回水管公用。其优点是可以任意调节房间温度,但在回水管中有冷、热水混合的热损失,管路复杂,水力工况易失调。

③四管制水系统。供冷、供热的供回水管分别设置,即冷、热系统各自独立。其优点是调节方便,但管路复杂、投资高。

6. 蓄冷空调系统

空调蓄冷技术,是在电力负荷很低的夜间(用电谷期),采用电动制冷机制冷,利用蓄冷介质的显热或潜热的特性,用一定方式将冷量贮存起来;在电力负荷较高的白天,即用电高峰期,把贮存的冷量释放出来,以满足建筑物空调或生产工艺空调的需要。

(1)蓄冷空调系统的特点

①转移制冷机组用电时间,起到了转移电力高峰期用电负荷的作用。制冷机组在夜间运行,贮存冷量,白天用电高峰时,用贮存的冷量来供应全部或部分空调负荷,少开或不开制冷机。

②空调蓄冷系统的制冷设备容量和装设功率小于常规空调系统的30%～50%。

③空调蓄冷系统一次投资高于常规空调系统。如果计入供电增容费等,可能投资差不多。

④在电力部门实施峰、谷电价政策时,运行费用要比常规空调系统低。

⑤空调蓄冷系统的制冷设备满负荷运行比例增大,状态稳定,提高了设备的利用率。

⑥空调蓄冷系统并不一定节电,而是合理使用峰谷段的电能。

(2)空调蓄冷方式

空调蓄冷方式种类很多,按贮存冷能方式可分为显热蓄冷和潜热蓄冷两大类；以蓄冷介质可分为水蓄冷、冰蓄冷和共晶盐蓄冷三种方式。

①水蓄冷。它是利用水的显热量来进行蓄冷，冷水一般贮存的温度为4～7℃，该温度适合多数冷水机组，能直接制取。

②冰蓄冷。冰蓄冷是利用水的潜热蓄冷。水的溶解潜热为335 kJ/kg(93.06 kWh/m^3)。为使蓄冷槽中的水结冰，必须提供载冷剂温度－9～－3℃，蓄冷槽体积决定于冰与水的比例，其蓄冷体积一般为0.02～0.03 m^3/kWh。

③共晶盐蓄冷(优态盐蓄冷)。它也属潜热蓄冷。常用的共晶盐是无机盐、水、成核剂和稳定剂的混合物，它在8.3℃时结冰和溶解。常将它装在一定形状的容器里，把它放置在有载冷剂通过的贮槽内组成蓄冷装置。目前共晶盐的结冰温度很多。日前相变温度8.3℃的共晶盐用得较多，其蓄冷体积为0.048 m^3/kWh。

(3)空调蓄冷系统的运行策略

系统的运行策略是指蓄冷系统以设计循环周期(如设计日或周等)的负荷及其特点为基础，按电费结构等条件对系统以蓄冷容量、释冷供冷或以释冷联同制冷机组共同供冷作出最优的运行安排考虑。一般归纳为全量蓄冷与分量蓄冷两类。

①全量蓄冷系统。全量蓄冷系统是指制冷设备在夜间或非高峰用电时段内满负荷全载运行，提供全部负荷的蓄冷容量；在日间高峰时段内，制冷主机停止运行，完全靠蓄冷设备融冰释冷满足空调系统用冷需要。图1-19为空调负荷分布图，图1-20为全量蓄冰方式。全量蓄冰系统所需配备的蓄冰设备及制冷机容量都比较大。在以下情况采用全量蓄冰系统是比较适宜的：空调供冷时间集中，尖峰负荷时间较短的建筑物，如体育馆、会议厅、餐厅、教堂等；建筑物供电系统容量受限，电力供应不足；峰谷分时电费差价较大，用电低谷时段电费廉价。

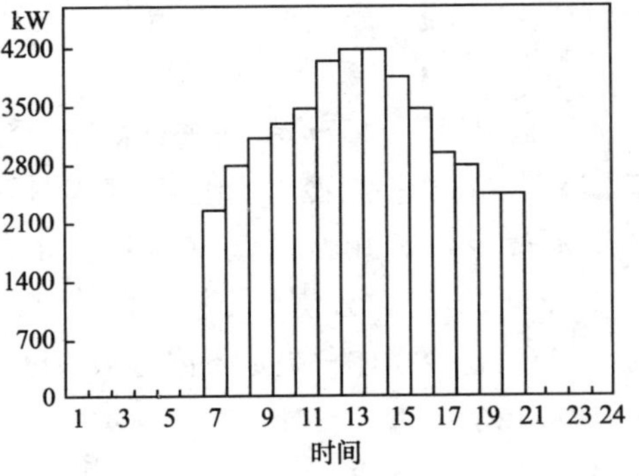

图 1-19　空调负荷分布图

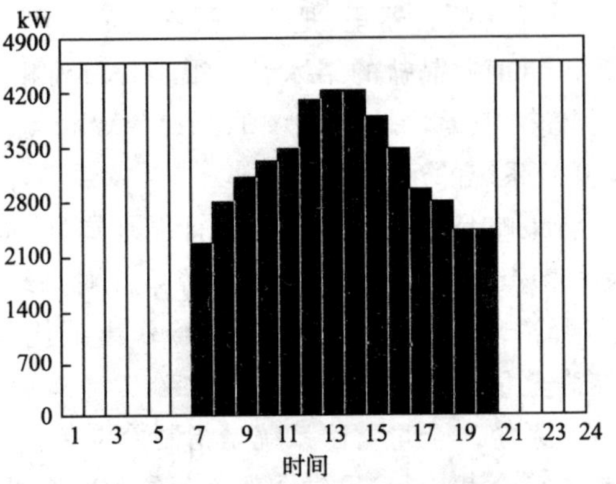

图 1-20　全量蓄冰方式

②分量蓄冰系统。分量蓄冷策略仅将设计日非谷段的冷负荷总量转移一部分(一般为 30%～60%)进行蓄冷,白天由制冷机组与蓄冷装置联合供应冷负荷的需要。如图 1-21 所示。

总之,以上的运行策略,都是将设计循环周期负荷下的制冷机组及蓄冷装置在非电力谷段供冷时考虑如何经济运行的安排。在实际运行中,设计日负荷时的分量蓄冷安排,在过渡季节往往可以全量蓄冷运行。因此,从设备利用率或负荷适应性方面看,全量蓄冷总是不经济的。

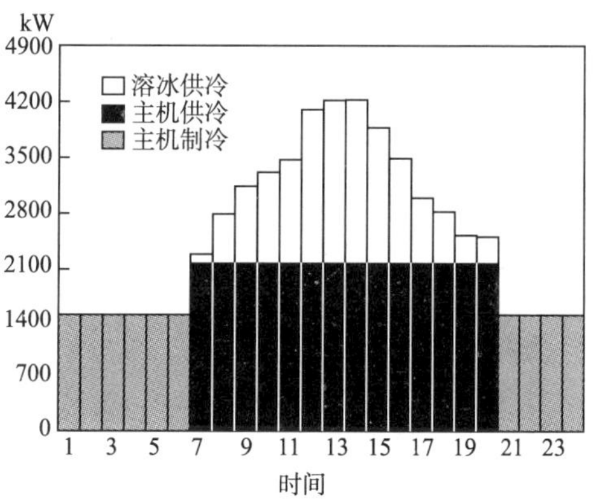

图 1-21 分量蓄冰方式

(4)冰蓄冷系统的配置

①并联与串联系统

并联系统如图 1-22 所示。其特点是一级冷水出口温度很难恒定;出水量和温度的控制系统相当复杂;如果冷水机组的出水温度调至较低与来自贮冰设备的冷水温度相一致,则冷水机组能耗将增加,如并联的冷水机组生产较高的冷水出水温度,则冰的低温能量将被浪费;系统工作特性不易预知,冷水出水温度甚至在设计满负荷情况下还不时变化。因此系统配置一般都采用冷水机组与贮冰设备串联连接,而不用并联连接。并联系统和串联系统的比较见表 1-3。

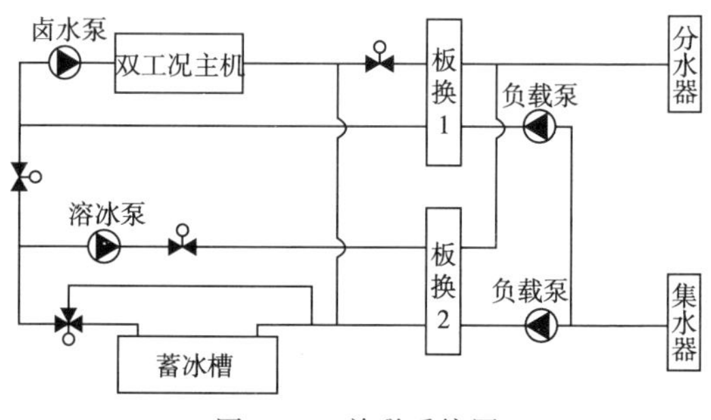

图 1-22 并联系统图

表 1-3　并联系统和串联系统比较

项目	并联系统	串联系统
蓄冰槽	融冰传热温差大，融冰效率高	融冰传热温差小，融冰效率低
板式换热器	板式换热器台数多，空调制冷与融冰供冷分成两个回路分别控制	板式换热器台数少，空调制冷与融冰供冷形成一个回路，统一控制
水泵	1. 水泵台数多，各水泵流量小； 2. 融冰泵扬程需满足蓄冰槽与板式换热器阻力之和； 3. 载冷剂泵扬程需满足主机蒸发器与蓄冰槽或板式换热器阻力之和的较大者； 4. 负荷泵所需扬程较小	1. 水泵台数少，各水泵流量大； 2. 融冰泵不必专门配置； 3. 载冷剂泵扬程需满足主机蒸发器、蓄冰槽、板式换热器阻力之和； 4. 负荷泵所需扬程较大
二次冷冻水	冷冻水供水温度较高	冷冻水供水温度较低，适用于低温送风系统

②串联系统中主机上游与融冰上游

当冷水机组与贮冰设备串联连接时，将冷水机组安排在贮冰设备的上游(见图 1-23)是十分重要的，机组的能耗较在贮冰设备下游(见图 1-24)时低。这是因为冷水机组位于一级系统中冷水出口温度较高的地方，使冷水机组能在较高的蒸发温度下运行。串联系统中主机上游与融冰上游的比较如表 1-4 所示。

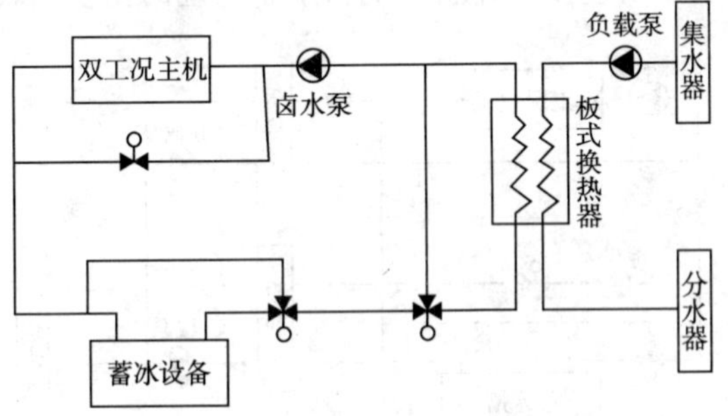

图 1-23　串联系统图(双工况主机上游)

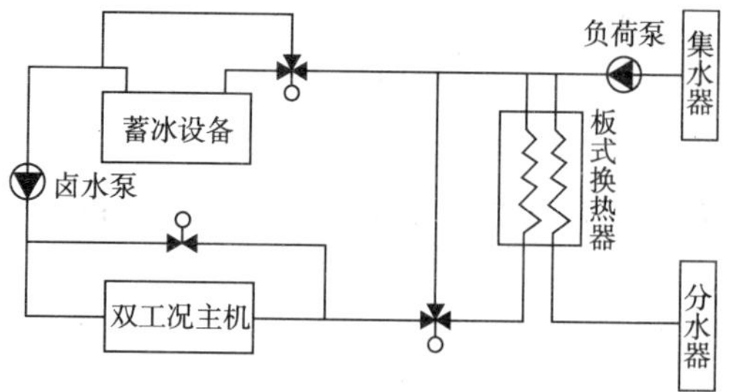

图 1-24　串联系统图(蓄冰设备上游)

表 1-4　串联系统中主机上游与融冰上游

项目	主机上游	融冰上游
制冷机组	制冷效率高。	制冷效率低。
蓄冰设备	融冰传热温差小,蓄冰换热器换热面积大,融冰效率低。	融冰传热温差大,蓄冰换热器换热面积小,融冰效率高。

③系统工作的模式

a. 冰优先

图 1-25 中的负荷分布,表示出了冰优先的模式,贮冰设备提供了恒定的冷量作为主要的冷源。主要冷负荷所需的冷量超过了贮冰设备的设计值,超出部分就由冷水机组补充提供每小时建筑物所需的总冷量。在设计的尖峰负荷小时中冷水机组是满负荷运行的,而日间其余时间,冷水机组均在部分负荷下运行。

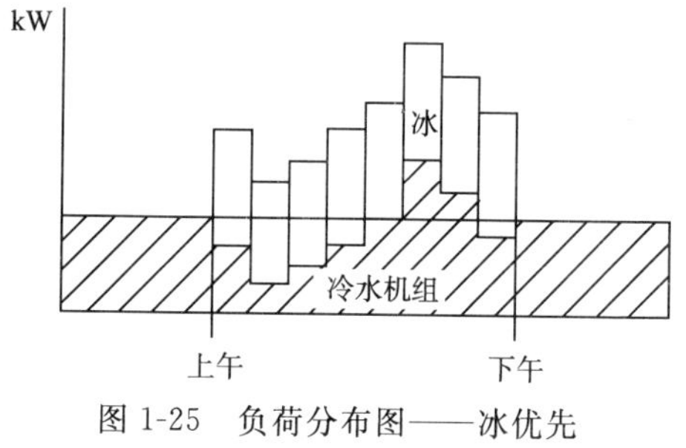

图 1-25　负荷分布图——冰优先

b. 冷水机组优先

图 1-26 中的负荷分布是冷水机组优先模式。这时冷水机组于空调工况下为主要冷源,冷水机组提供固定的冷量,如果冷负荷大于冷水机组的容量,不足之数由冰融化提供补充冷量。因此,冷水机组优先模式,在日间机组总在运行。

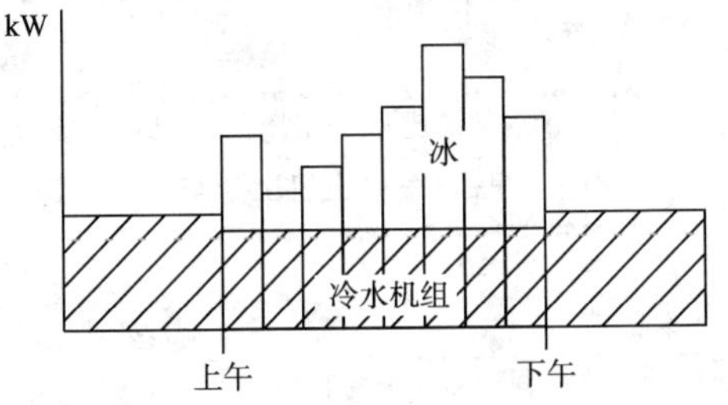

图 1-26　负荷分布图——冷水机组优先

在部分式冰蓄冷系统中,冰优先模式是比较优越的系统。

(5)载冷剂机组

机组包括了压缩机、冷凝器和蒸发器。压缩机的吸气温度在制冰期和空调补充供冷运行 24 小时周期内总在变化,所以,用于冰蓄冷系统的压缩机应是可变压头的螺杆式制冷压缩机,而不是压头不变的离心式制冷压缩机。最节能的螺杆压缩机配有可变内容积比的压缩机。它和滑阀控制一起不仅可满足各种负荷变化,还可以改变内容积比,以便在部分负荷时可减少能量消耗和降低出口压力运行,同时可以避免喘振。

思考题

1. 什么是温度、压力和密度?
2. 热量、比热容、显热与潜热、制冷量、制热量分别表示什么?
3. 导热、对流和辐射的机理是什么?

4. 物质为什么可以进行固态、液态和气态三种形态变化?

5. 热力学第一定律和热力学第二定律说明了什么规律?

6. 湿空气的物理性质用哪些状态参数来衡量,这些状态参数表示什么物理意义?

7. 湿空气典型的空气状态变化过程有哪些,在这些过程中状态参数怎样变化?

8. 什么是集中式、半集中式和分散式空调系统?

9. 空调水系统主要有哪些类型?

第二章 制冷基本原理

第一节 制冷剂

制冷剂是制冷机中的工作介质，它在制冷机系统中循环流动，通过自身热力状态的变化与外界发生能量的交换，实现制冷。习惯上又称制冷剂为制冷工质。

一、制冷剂的种类与对制冷剂的要求

（一）制冷剂的种类

可以作为制冷剂使用的物质很多，但常用的并不多。目前用得较多的制冷剂，按化学组成主要有以下三类。

1. 无机物

如氨（NH_3）、二氧化碳（CO_2）、水（H_2O）等。

2. 卤代烃

包括二氟二氯甲烷（R12）、二氟一氯甲烷（R22）、四氟乙烷（R134a）、二氟乙烷（R152）、三氟二氯乙烷（R123）等。

3. 碳氢化合物

常风的是甲烷（R50）、乙烷（R170）、丙烷（R290）、异丁烷（R600a）等。此外，某些环烷烃的卤代物、链烯烃的卤代物也可作制冷剂使用，但使用范围不广泛。

(二)对制冷剂的要求

1. 热力学性质的要求

①在标准蒸发温度下的压力应高于或接近大气压力,以免空气进入系统。

②在工作温度范围内的制冷剂冷凝压力不宜过高,以免设备的强度要求提高,从而导致压缩机功耗增加。

③制冷剂的单位容积制冷量要大,可减少制冷剂的循环量,可缩小压缩机的体积,但小型压缩机和离心式制冷压缩机例外。

④制冷剂临界温度要高些,即在常温下能够液化;同时其凝固温度要低些,以获得较低蒸发温度。

2. 物理化学性质的要求

①制冷剂黏度和密度要小,以减少系统中的流动阻力。

②制冷剂应有较强的换热效率,并能提高其换热效率。

③具有一定吸水性,以免系统形成冰塞。

④具有化学稳定性,在工作压力、温度范围内不燃烧、不爆炸,高温下不分解,不腐蚀金属、非金属,与润滑油不起化学反应。

⑤对人的健康无害,无刺激作用。

⑥在半封闭和全封闭压缩机中,电动机绕组与制冷剂和润滑油接触要求有很好的绝缘性能。

3. 经济要求

制冷剂易得到,而且价格便宜。

二、制冷剂的实用物理化学性质

制冷剂的实用物理化学性质包括电性质、化学性质和实用性质,在一定程度上,这些性质与安全相关。

(一)制冷剂的化学稳定性

在正常的使用条件下,制冷剂一般是化学稳定的。但如存在特定催化剂，制冷剂会产生水解或分解。在使用条件下，制冷剂也会与某些金属或非金属相互作用。

制冷剂与金属材料的相互作用与制冷剂的种类、金属的种类以及制冷剂中的含水量有关。

烃类与一般金属无相互作用。

纯氨对钢无腐蚀作用。纯氨对铝、铜及铜合金有不强的腐蚀作用，但已超出材料的许用范围。在含水的情况下，氨对铜以及除磷青铜外的铜合金有强烈的腐蚀作用。

大部分卤代烃对镁及含镁超过2%的铝镁合金有腐蚀作用。当含有水时，卤代烃会水解成酸性物质，对金属有腐蚀作用，且此时与油的混合物能溶解铜。卤代烃与某些材料接触时会分解，依催化作用由强至弱排列依次为：银、锌、青铜、铝、铜、镍铬不锈钢、镍铁合金、铬。

R30（二氯甲烷）与铝接触会分解生成易燃气体并会发生剧烈爆炸，故R30系统中严禁使用铝。

通常，无机制冷剂与制冷空调中常用的非金属材料没有化学作用，而有机制冷剂与很多非金属材料之间存在化学作用。

卤代烃对天然橡胶和树脂有很强的溶解作用，对绝大部分塑料、合成橡胶和树脂有极强的膨润作用，致使塑料、合成橡胶和树脂变软、膨胀，最后起泡破坏。因此，与卤代烃接触的密封和绝缘材料应采用耐氟材料，如氯丁橡胶、丁腈橡胶、尼龙、聚四氟乙烯、改性缩醛绝缘漆等。

大部分烃类制冷剂对非金属材料的作用与卤代烃相似，但弱得多，有时可以不予考虑。

（二）制冷剂的电绝缘性质

在全封闭与半封闭压缩机中，因制冷剂与电机线圈相接触，故要求制冷剂有良好的电绝缘性能。电绝缘性能通常用以下两个衡量指标。

①电击穿强度(介电强度)。电击穿强度表示物质抗电击穿的能力。在实验时把彼此有一定距离(通常是 1 cm)的两个电极置于气态或液态制冷剂中,并在电极上加一电压并逐步升高,当两极间刚刚开始产生击穿放电时,极间所施加的电压值除以极间的距离值即为电击穿强度,常用单位为 kV/cm。部分制冷剂气体在压力为 100 kPa、温度为 0℃条件下以及部分制冷剂液体的电击穿强度见表 2-1。

表 2-1 部分制冷剂的电击穿强度(kV/cm)

代号	R717	R11	R12	R13	R14	R21	R22	R30	R170	R290
气体	31	108	148	53	38		170	226	26.2	170
液体		111	148		122		120			

需注意的是,微量杂质(如灰尘、金属屑粉、微小的碳屑)的存在、含水或在真空条件下,均会使制冷剂电击穿强度显著下降。

②电导率。电阻率为制冷剂在边长为 1 cm 的立方体中相向面之间的电阻,电导率为电阻率的倒数,常用单位为 1/(Ω · cm)。部分制冷剂液体的电导率见表 2-2。

表 2-2 部分制冷剂液体的电导率(1/(Ω · cm))

代号	温度(℃)	电导率	代号	温度(℃)	电导率
R717	18	1×10^{-7}	R22	22	1.1×10^{-8}
R11	22	1.6×10^{-13}	R113	22	2.2×10^{-13}
R12	22	2×10^{-13}	R114	22	1.5×10^{-13}
R21	22	1.1×10^{-9}			

纯净的制冷剂的电导率相当小。与电击穿强度相同,微量杂质(如灰尘、金属屑粉、微小的碳屑)的存在、含水或水蒸气,均会使制冷剂电阻率显著下降,即电导率显著上升。

(三)溶解作用

与制冷剂有关的溶解性能指溶水性与溶油性。

在大多数压缩机中，制冷剂与润滑油的相互接触是不可避免的，压缩机的排气中也不可避免地会夹带有润滑油。为了使带入系统的润滑油返回压缩机，制冷系统必须考虑回油问题。制冷剂与润滑油相互溶解的程度不同，系统采用的回油方式也应不同。

如制冷剂与润滑油相互溶解，则在冷凝器或贮液器中，润滑油与制冷剂不能分离。在这种情况下，可采用夹带回油，即采用较高的回气流速将润滑油从蒸发器夹带回压缩机。

如制冷剂与润滑油相互不溶解，进入冷凝器或贮液器中的润滑油必须分离出来。否则，如润滑油进入节流机构，有可能凝固在节流机构中，形成“油堵”。在这种情况下，系统中必须设有油分离器，采用分离回油。

制冷剂的溶油性对换热器的性能有相当影响。当制冷剂在蒸发器中含有润滑油且与润滑油相互溶解，通常会增强换热作用。当制冷剂与润滑油相互不溶解，润滑油会在换热器中形成油膜，增大换热热阻。

制冷剂与润滑油相互溶解，会使润滑油稀释，改变润滑特性。因此，如制冷剂与润滑油能相互溶解，则需使用黏度较大的润滑油，使其稀释后的黏度符合润滑要求。

制冷剂的溶油性也将影响压缩机的启动控制方式，如制冷剂与润滑油能相互溶解，且压缩机壳体内为制冷剂低压气体，则启动时应先加热润滑油，释放出制冷剂。以避免在启动时，由于压力的降低溶解度减小，大量的油形成泡沫，充满壳体，一方面使在压缩机壳体下部起润滑作用的润滑油量不足，另一方面会使液体进入压缩腔造成液击。如制冷剂与润滑油相互不溶解，或压缩机壳体内为制冷剂高压气体，则无此问题。

制冷剂与润滑油溶解度主要取决于制冷剂的种类和润滑油的种类，与矿物润滑油及烷基苯润滑油几乎不互溶的制冷剂有：R717、R744、R23、R134a、R404a、R507 等；与矿物润滑油及烷基苯润滑油部分互溶的制冷剂有：R22、R114、R152 等；与脂类润滑油互溶的制冷剂有：R23、R134a、R404a、R507 等。

制冷剂与润滑油溶解度随温度变化而变化，对大部分卤代烃制冷剂和矿物润滑油来说，存在一个转变温度。在此温度之上时为完全互溶；当温度低于转变温度时为部分互溶，且溶解度随温度的降低而减小。不含 Cl 的卤代烃难溶于矿物润滑油或烷基苯润滑油，这类制冷剂与脂基润滑油、氨基润滑油和聚烯醇类润滑油相互溶解。这类制冷剂与脂基润滑油的溶解度常有两个转变温度，当温度高于较高的转变温度或低于较低的转变温度时为部分互溶，如介于两个转变温度之间则为完全互溶。

制冷剂中或多或少会含有水，而水在制冷系统所产生的作用是有害的。不同的制冷剂与水的溶解度不同。与水难于溶解的制冷剂含水时，在节流时温度降低，含水率会大于溶解度，将在节流机构中冻结凝固，形成冰堵。制冷剂含水时会发生水解，生成物具有腐蚀性，腐蚀机件并降低电绝缘性能（如含 Cl 的卤代烃水解后生成盐酸）。

R717 极易溶于水，卤代烃、烷烃和烯烃等难溶于水。

制冷系统中不允许有游离的水存在，因此，在系统中制冷剂最大含水量有一定限制，见表 2-3。

表 2-3　制冷剂的允许含水量（10^{-6} 质量）

制冷剂	R22	R134a	R600a
允许含水量	596	40	60

（四）制冷剂的泄漏判断

封闭于制冷系统中的制冷剂向系统外的泄漏越少越好，因此，对整个制冷系统需进行检漏。制冷剂泄漏检验的依据是制冷剂的物理化学性质。

氨有强烈的刺激性气味，可依靠嗅觉来判断是否有泄漏。此外，还可用酚酞试纸或石蕊试纸来检漏，如有泄漏，酚酞试纸变为玫瑰红色；石蕊试纸由红色变为蓝色。

卤代烃可用电子卤素检漏仪或氦质谱仪检漏。电子卤素检漏仪可检出以 20℃为基准时 3×10^{-13} m^3/s 的泄漏量，高灵敏度的电子卤素检漏仪可检出 10^{-18} m^3/s 的泄漏量。需要注意的是，含 Cl 与不含 Cl 的卤代烃，所用电子卤素检漏仪的检测元件与内部线路不同。氦质谱仪检漏的检测更为准确，且在检测过程中卤代烃的泄漏可大为降低。

在安装修理工作中，可以使用肥皂水进行检漏。不过这种方法灵敏度较差，只能检出较明显的泄漏。由于肥皂泡在大气中存在自然破裂，工作经验不足的人员最好使用洗洁精且不加水来代替肥皂水。

三、制冷剂对环境的影响

自 1974 年，莫林纳（M. J. Molina）和罗兰（F. S. Rowland）提出此问题以来，大量的研究和大气实测数据表明，臭氧问题已经非常严重。目前臭氧问题与温室效应、酸雨并列为全球性三大环境问题。

为了解决制冷剂等物质对臭氧的危害，世界上多数国家制定并签订了蒙特利尔协定，对危害臭氧的物质规定了淘汰进程，我国是蒙特利尔协定的缔约国。

（一）对臭氧作用的评价指标

为了评价各种物质对大气中臭氧的作用，主要应用以下指标。

①相对臭氧耗损潜能 ODP。ODP 是 Ozone Depletion Potential 的缩写，为一相对值，取 R11 的 ODP=1。ODP 表述了物质对 O_3 的破坏能力，从环保角度看 ODP 越小越好。

②总温室效应潜能 GWP。GWP 是 Global Warming Potential 的缩写，也为一相对值，取 R11 的 GWP=1。GWP 表述了物质对温室效应的影响能力，从环保角度看 GWP 越小越好。

③大气寿命。指在大气中稳定存在的时间。大气寿命越短，对环保越有利。

（二）根据环保观点的命名

根据对臭氧层的作用，一些环保工作者提出了卤代烃类物质新的命名方法，并已为全世界所接受。

①用 CFC 表示全卤化氯（溴）氟化烃类物质。这类物质不含氢原子，对臭氧的破坏作用和温室作用均很强、化学性质稳定、大气寿命长。目前排放到大气中的消耗臭氧物质多为此类，常用的制冷剂也多属此类。已经排放到大气层中的 CFC 对环境造成的破坏，可能要数百年才能消除，也可能是不可逆损害。在发达国家，这类物质作为制冷剂使用已经被禁止了。在发展中国家，新生产的制冷空调装置中的使用也越来少，但在修理工作中，还会长期遇到 CFC 类制冷剂。

②用 HCFC 表示含氢的氯氟化烃类物质。这类物质对臭氧的破坏作用和温室作用均较 CFC 类物质弱，由于含氢，化学性质不如 CFC 类物质稳定，因此大气寿命也缩短了。这类物质虽然对环境的破坏较 CFC 类小，但如长期大量向大气中排放，也将产生严重后果。这类物质目前可以作为短期过渡制冷剂使用。在发达国家，禁止这类物质作为制冷剂使用的工作已经开始。在发展中国家，仍在大量使用，但到 2030 年也将禁止在新生产的制冷空调装置中使用。

③用 HFC 表示含氢无氯的氟化烃类物质。这类物质由于不含氯和溴，对臭氧不产生破坏作用，温室作用也较弱，且由于含氢，大气寿命较短。这类物质虽然对环境的破坏较小，但因其不是自然界中存在的物质，如长期大量向大气中排放，也许会产生意想不到的后果。这类物质可以作为长期过渡制冷剂使用。

常用制冷剂的环保命名及对臭氧的作用指标见表 2-4。

表 2-4 常用制冷剂的环保命名及对臭氧的作用指标(参考值)

类别	代号	环保命名	ODP	GWP	大气寿命(年)
CFC	R11	CFC11	1.0	1.0	48～80
	R12	CFC12	0.9～1.0	2.8～3.4	95～150
	R13	CFC13	1.0	2.3	400
	R14	CFC14	0	3	
	R113	CFC113	0.8～0.9	1.3～1.4	96～119
	R114	CFC114	0.6～0.8	3.7～4.1	210～320
	R115	CFC115	0.3～0.6	7.4～7.6	390～680
	R500	CFC500	0.74		
	R501	CFC501	0.29		
	R502	CFC502	0.33		
	R503	CFC503	0.60		
	R504	CFC504	0.31		
	R505	CFC505	0.79		
	R506	CFC506	0.48		
HCFC	R22	HCFC22	0.04～0.06	0.32～0.37	15～23
	R123	HCFC123	0.013～0.022	0.017～0.020	
	R124	HCFC124	0.016～0.024	0.092～0.10	
	R141b	HCFC141b	0.07～0.11	0.084～0.097	
	R142b	HCFC142b	0.05～0.06	0.34～0.39	21～27
HFC	R32	HFC32	0		
	R125	HFC125	0	0.51～0.65	20～24
	R134	HFC134	0		20～40
	R134a	HFC134a	0	0.3	8～11
	R143	HFC143	0		
	R143a	HFC143a	0	0.39	
	R152a	HFC152a	0	0.03	2～3
无机物	R744	CO_2	0	1	
	R718	H_2O	0	<1	
	R717	NH_3	0	0	

另外，“无氟”制冷机或“无氟”空调的提法在近几年中常为人们使用，这种提法是错误的。因为，如果认为无氟的“氟”是指氟利昂，那么氟利昂仅是美国杜邦的商标名，会使人们误认为其他公司的产品不破坏大气臭氧；如认为无氟的“氟”是氟原子，HFC134a 本身就具有氟原子，会使人们认为破坏大气臭氧的是氟原子而不是氯原子。

四、常用制冷剂

（一）氨（NH_3）

氨，符号 R717，化学分子式 NH_3，标准蒸发温度－33.4℃，凝固温度为－77.7℃。

氨有较好的热力性质和物理性质，它在常温和普通低温范围内压力比较适中，单位容积制冷量大，黏性小，流动阻力小，传热性能好。此外，氨的价格便宜，易获得。

氨对人体有较大的毒性。氨气慢性中毒会引起慢性气管炎、肺气肿等呼吸系统病，急性氨中毒反应有咳呛不止、憋气、气急、咽痛、流泪、怕光，甚至口唇、指甲青紫等缺氧现象，并伴有恶心、呕吐。氨蒸汽无色，具有强烈的刺激性臭味，当空气中含有氨浓度 0.01%～0.07%时，人的眼睛及呼吸器官就有刺激的感觉，当浓度达到 0.5%～0.6%时，人在其中停留半小时即可中毒（致死或重创）。氨液飞溅到皮肤上会引起肿胀甚至冻伤，并伴有化学烧伤。

氨在空气中含量达到 11%～14%时，可以点燃，燃烧时呈黄色火焰。当空气中含量达 16%～25%时可以引起爆炸。因此车间内的工作区里氨蒸汽浓度不得超过 20 mg/m^3。氨的比重为 0.55 kg/m^3，比空气轻，所以车间的通风口应设在高处。氨在常温下不易燃烧，但加热至 530℃时，会分解成氢气和氮气，氢和空气中的氧气混合会发生爆炸。

氨易溶于水，在 0℃时每升水能溶解 1300 L 氨气，同时放出大量的溶解热。在低温时水不会从溶液中析出结冰，造成冰堵的危险，所以氨系统不必设置干燥器。水分会使氨的蒸发温度有所提高，同时加剧对金属的腐蚀。一般氨中含水量不得超过0.2%。

氨在润滑油中溶解度很小，不超过1%。因此氨系统中换热器及管道的传热面上会形成油膜，影响传热效果，氨液的密度比润滑油小，在蒸发器和贮液桶里油会积存在底部，需定期放出。

氨对钢铁不起腐蚀作用，但当含水时，将对锌、铜、青铜及其他铜合金腐蚀。只有磷青铜不被腐蚀。在制冷机中不允许用铜和铜合金材料，只有连杆衬套、密封环、活塞销等零件才允许使用高锡磷青铜。目前常用于大、中型单、双级制冷机中。

通过氨的刺激性臭味就可判断系统的漏氨，在接头和焊缝处涂以肥皂水，如有气泡就可确定漏氨位置。还可以用化学法检漏，如漏氨石蕊试纸由红变蓝；酚酞试纸则变成玫瑰红色。

（二）氟利昂

氟利昂是行业中对卤代烃，即饱和碳氢化合物氟、氯、溴衍生物的俗称。目前作为制冷工质的主要是甲烷和乙烷的衍生物。在这些衍生物中由氟、氯原子替代了原化合物中的氢原子，使化合物的性质大为不同。

在氟利昂中随着氢原子被替代，其易燃、易爆性逐渐降低，安全性随之增加。

如果氟原子在氟利昂工质中增加，在常温下压力将会升得很高，在标准蒸发温度下，每多一个氟原子温降约50℃，临界温度和凝固温度低，绝热指数降低，气体压缩终温小，单位容积制冷量增大，工质性质将变得更为稳定，对金属腐蚀性、毒性、燃烧与爆炸的危险性也减小，并具有不溶于油、微溶于水等的特点。

氯原子在氟利昂中越多，其毒性越大，化学性能差，遇明火或接触高温时会分解出剧毒的光气（$COCl_2$），安全性差，但它能很好地和传统润滑油互溶。

1. 氟利昂 22(CHF_2Cl)

R22 标准蒸发温度为－40.8℃，凝固温度为－160℃。

R22 在常温下的冷凝压力和单位容积制冷量与氨差不多，在同等低温下，R22 的饱和压力比 R12 高 65%，单位容积制冷量比 R12 大得多，使用更广泛。其物理、化学性质与 R12 接近，化学稳定性不如 R12，对有机物膨润作用更强，它的渗透力也比 R12 强，因此要求系统有严格的密封措施。

2. 氟利昂 134a($C_2H_2F_2$)

R134a 的标准蒸发温度为－26.5℃。

R134a 与 R12 的比较如下：

①R134a 的各项指标总体上优于 R12，从环保角度看，可以作为 R12 的长期替代物。

②两者热力性能相似，但 R134a 的单位容积制冷量比 R12 大 8%左右。由于 R134a 制冷系数略低于 R12，更换工质将引起能耗增加，需要考虑加大压缩机容量。

③R134a 易水解，因此应保证系统绝对干燥。

④R134a 与矿物油不相溶，应用酯类润滑油，更换工质时须冲洗系统，以确保矿物油的残余量低于 1%。它和材料有很好的相溶性。

⑤R134a 的消耗臭氧潜能值为 0，全球变暖潜能值 GWP 为 0.27，可替代 R12。

3. 氟利昂 23(CHF_3)

R23 是低温制冷剂，无毒。水在 R23 液体中的溶解度，以及对金属的作用和泄漏性与 R134a 相似。它的特点是蒸汽比体积小，临界温度低，一般用在－110～－70℃的低温复叠式制冷机的低温机中。

4. 氟利昂 R404a

R404a 是一种近共沸混合制冷剂，商品名为 HP62(美)或 FX70

(欧)。其组成成分为 R125/R143a/R134a,质量配比为 44/52/4。R404a 分子量为 97.6,临界温度 72.1℃,临界压力 3.73MPa,标准泡点为－46.5℃,可用于－60～－25℃的制冷温度范围,如低温冷库、速冻机等装置的制冷系统。

R404a 的冷凝压力较 R22 要高,约为其 1.2 倍。但由于绝热指数较小,压缩终温较 R22 低。R404a 用于替代 R502 时,其 COP 约比 R502 低 8%。R404a 与酯类润滑油互溶,在 60℃以下与矿物润滑油不互溶,在 60℃以上与矿物润滑油部分互溶。

5. R410a

R410a 是近共沸混合制冷剂,由 R32 与 R125 组成,质量配比为 50/50。R410a 不燃烧、不爆炸,可用于－55～＋10℃的制冷温度范围的家用制冷器具,如空调器、去湿机等。

R410a 的单位容积制冷量大约是 R22 的 1.4 倍,相同温度下的饱和蒸气压大约是 R22 的 1.6 倍。

(三)水(H_2O)

水,符号 R718,标准蒸发温度 100℃,凝固温度 0℃。

优点:无毒,无味,不易燃,不易爆,并且来源广泛,价格低廉。

缺点:水蒸气比体积大,常温下蒸发压力低,系统处于高真空状态,且用水作制冷剂必须在 0℃以上,不宜在压缩式制冷机中使用。

适用范围:空调中的吸收式和蒸气喷射式制冷机中使用,例如溴化锂吸收式冷水机组。

(四)二氧化碳(CO_2)

二氧化碳,符号 R744,标准蒸发温度－78.52℃,凝固温度－56.6℃。

优点:无毒、不可燃,且 ODP 等于零,GWP 较低。

缺点:临界温度低,使得它在典型的商用工况下的性能也很差;

工作压力较高，对设备的耐压要求较高。

目前正在进行超临界工况使用的研究。另外，二氧化碳被成功地应用于复叠式制冷系统中。

第二节　载冷剂、蓄冷剂和润滑油

一、载冷剂

载冷剂又称冷媒，它是被用来将制冷系统所产生的冷量传递给被冷却物体的媒介物质或中间物质。其优点是可以减少泄漏，有利于对冷量的控制和分配，并可防止制冷剂对食品的污染。

（一）选择载冷剂时的要求

①载冷剂应不燃烧，不爆炸，无毒，对人体无危害。

②化学稳定性好，在大气条件下不分解，不氧化，不改变其物理性质，不腐蚀设备和管道。

③在使用范围内呈液态，其凝固点要低于制冷剂蒸发温度，沸点越高越好。

④密度小，黏度小，传热性要好，可以减少循环流量和阻力，以及泵的功率。

（二）常用载冷剂

根据不同的载冷温度和载冷剂的凝固点，常用的载冷剂有水、无机水溶液或有机物。

1. 水

水是一个非常好的载冷剂，但由于其凝固点温度是 0℃，所以只能作为空调中 6～7℃的冷水来使用。

2. 无机盐水溶液

无机盐水溶液可用作小于 0℃的载冷剂。常用的盐水是由氯化钠、氯化钙和氯化镁配制成的溶液。

盐水同空气接触会吸收空气中的水分,导致盐水浓度下降,凝固点升高,并腐蚀金属。在开式盐水系统应经常检查盐水浓度,此外,在 1 m^3 氯化钠盐水中应加入缓蚀剂(防腐剂)重铬酸钠 3.2 kg 和 0.9 kg 氢氧化钠,使溶液 pH 值在 7～8.5 呈弱碱性。在使用重铬酸钠时要注意安全,以免皮肤受到伤害。

3. 有机盐载冷剂

有机盐载冷剂有甲醇(冰点为－97℃)、乙醇(冰点为－117℃)。甲醇、乙醇易燃烧,在使用地应设置消防器具。

二、蓄冷剂

蓄冷剂名称很多,如优态盐、共晶盐等。它是以低温或高温形式将热量蓄存,是节能的更高形式。蓄冷剂的蓄冷方式有显热和潜热蓄冷两种。在蓄冷技术中常用潜热蓄冷。

在制冷和空调中使用的蓄冷剂应符合以下要求:

①无毒、不燃烧,不产生气体,无腐蚀性。

②潜热蓄冷量不衰减,潜热越大越好。

③固、液态的比热和传导能力大,要求比体积基本不变,以免盛装容器受损。

④不层化,否则将使融解潜热损失 40%左右。

目前在空调蓄冷技术中常用 8℃和 5℃的高温蓄冷剂。

氯酸锂蓄冷剂的溶化温度为 8℃,熔化潜热为 253 kJ/kg,密度为 1720 kg/m^3,单位体积蓄冷量比冰约大 30%。它能使空气冷却到 13℃,维持室内相对湿度 50%。

5℃蓄冷剂的凝固温度较低,因此制冷费用约增加 10%。它可使空气冷却到 9～11℃和较低的、使人舒适的相对湿度。

三、润滑油

润滑油用于制冷压缩机时称为冷冻机油。

(一)冷冻机油的功能

①润滑压缩机的运动部件,改善运动部件的工作条件。

②带走摩擦热,冷却摩擦件和压缩气体。

③起密封作用,阻止制冷剂的泄漏。

④冲洗、带走摩擦表面上的磨屑,防锈。

⑤对机器起到减振、消音作用。

⑥利用油压作为控制卸载机构的动力。

(二)冷冻机油的性质

1. 黏度

黏度是一项主要指标。黏度大会使摩擦功率增大,黏度小不能建立润滑所需的油膜。在制冷压缩机中应使用黏度随温度变化小的润滑油。

2. 闪点

润滑油被加热到其蒸汽与明火接触发生闪光的最低温度,称为闪点。闪点可引起油变质碳化、着火与爆炸。R12、R22、R717 压缩机润滑油闪点应在 160～170℃以上。

3. 凝固点

润滑油凝固点应越低越好,一般应低于制冷剂最低温度 5～10℃。R12、R717 压缩机润滑油凝固点应低于－40～－30℃,对 R22 压缩机则应低于－55℃。

4. 化学稳定性、抗氧化性

当润滑油中含水或制冷剂时对钢、铸铁、铜及合金等金属腐蚀,因此不应含水。同时要求高温下润滑油与空气、水、制冷剂、金属、密封垫等接触时不分解,不氧化反应等,以免在金属面上结焦或油路、滤油器堵塞。润滑油还应有良好的电绝缘性。

(三)冷冻机油的选择

对R717压缩机采用13号油,对R12和R22压缩机则可分别采用18号和25号油。离心式压缩机可采用30号、40号、60号冷冻机油。对R134a的压缩机应采用以脂类为基础的润滑油。如聚二醇类润滑油PAGs中的165SUS及500SUS专利油互溶,也可用传统黏度小的润滑油。

(四)冷冻机油使用中注意事项

①在制冷压缩机中润滑油不能与植物油或其他油混合使用,应使用规定的牌号。

②润滑油中不允许混入水,以免乳化。

③制冷剂压缩机的排气温度不应过高,以免油变质,使机件损坏。

④在高转速、中大型制冷压缩机中,油温低于30～40℃时不能启动压缩机,以防油中溶解氟利昂制冷剂汽化,使油泵不能正常工作。

⑤在没有化验情况下,注意油色,正常润滑油略带微黄色,无怪味,手感有黏性,但不大。如果润滑油呈红褐色,透明度差,说明油中含有机酸、金属盐和机械杂质,此外润滑油无黏性,有焦臭味,把油滴在吸油白纸上,中间有黑色,则此润滑油不得继续使用。

⑥常年运行的制冷机应每年换油一次。

⑦使用过的润滑油,应再生并经化验合格后才能使用。

第三节　蒸汽压缩式制冷原理及典型系统

一、蒸汽压缩式制冷原理

(一)单级蒸汽压缩制冷的基本原理

单级蒸汽压缩式制冷系统如图2-1所示。

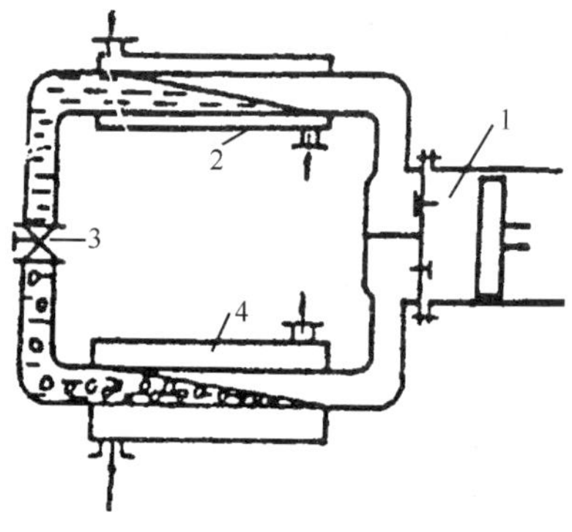

图 2-1 单级蒸汽压缩式制冷系统

1—压缩机 2—冷凝器 3—膨胀阀(或节流阀) 4—蒸发器

它是由压缩机、冷凝器、膨胀阀(或节流阀)和蒸发器等四大设备组成。在这些设备之间用管道依次连接形成一个封闭系统。其工作过程如下:蒸发器中的液体制冷剂在低压蒸发压力 P_0、蒸发温度 t_0 下,从高于 t_0 的被冷却物体或流体中吸取热量沸腾汽化;压缩机不断地从蒸发器内吸入低压制冷剂的蒸汽,并将它压缩到冷凝压力 P_K,然后将高压、高温的制冷剂蒸汽送往冷凝器;在冷凝器中制冷剂蒸汽在压力 P_K 下等压冷却、冷凝成制冷剂液体;制冷剂在冷却冷凝时放出的热量传给周围环境的冷却介质(水或空气),冷凝后的制冷剂液体通过膨胀阀进入蒸发器;当制冷剂通过膨胀阀时,压力从高压 P_K 降到低压 P_0,部分液体汽化成为制冷剂的气液混合物;混合物中的蒸汽称为闪发蒸汽,在它被压缩机重新吸入之前几乎不再起吸热作用,混合物中的液体将重新从被冷却物体中吸取热量汽化。制冷剂在系统中经过汽化、压缩、冷凝和节流四个过程,完成了一个制冷的循环。

在整个循环过程中,压缩机起着压缩和输送制冷剂蒸汽和形成蒸发器中低压的作用,是整个系统的心脏;节流阀对制冷剂起着节流降压作用,并调节进入蒸发器的制冷剂流量;蒸发器是输出冷量的设备,制冷剂在蒸发器中吸收被冷却物体的热量,达到制冷目的;冷凝器是输出热量的设备，从蒸发器中吸取的热量连同压缩机消耗的功所转化的热量在冷凝器中被冷却介质带走。压缩机的耗功（电能）起了热力学第二定律中的补偿作用，使制冷剂不断从低温物体中吸热，并向高温物体放热，从而完成了整个制冷循环。

单级蒸汽压缩制冷的理论循环（即简单的饱和循环）必须遵循以下的原则：离开蒸发器和进入压缩机的制冷剂蒸汽是处于蒸发压力下的饱和蒸汽；离开冷凝器和进入膨胀阀的液体是处于冷凝压力下的饱和液体；压缩机的压缩过程为等熵压缩过程；制冷剂通过膨胀阀节流时其前、后焓值相等；制冷剂在蒸发和冷凝过程中没有压力损失；在各设备的连接管道中制冷剂不发生状态变化；制冷剂的冷凝温度等于外部热源温度，蒸发温度等于被冷却物体的温度。理论循环的条件和实际循环存在偏差，但它可使问题得到简化，并可作为实际循环比较的标准。

理论循环的制冷系数定义是单位制冷量 q_0 与单位理论功 ω_0 之比，用 ε_0 表示，即

$$\varepsilon_0=\frac{q_0}{\omega_0}$$

制冷系数表示每消耗 1 kJ 的功所得到的制冷量，所以是一个经济性指标。在制冷机工作温度给定的情况下，制冷系数越大，则经济性越高。

（二）单级蒸汽压缩式制冷的实际循环

制冷实际循环与理论循环之间存在着差别，例如理论循环中没有考虑到制冷剂液体过冷和蒸汽过热的影响，没有考虑到冷凝器、蒸发器和连接各设备的管道中因制冷剂的流动而产生的压降，实际上压缩机在压缩过程中也并非是等熵过程，系统中存在不凝性气体等，这些因素都影响到循环的性能。

1. 液体过冷循环

液体过冷的单级压缩制冷机系统如图 2-2 所示。在制冷机系统的冷凝器 2 后增设一个过冷器 4，利用深井水将节流机构前的制冷剂液

体，冷却到比冷凝温度更低的温度，称为过冷。在过冷器 4 中，制冷剂液体的温降称为过冷度，其数值随冷凝温度及深井水温度而定。

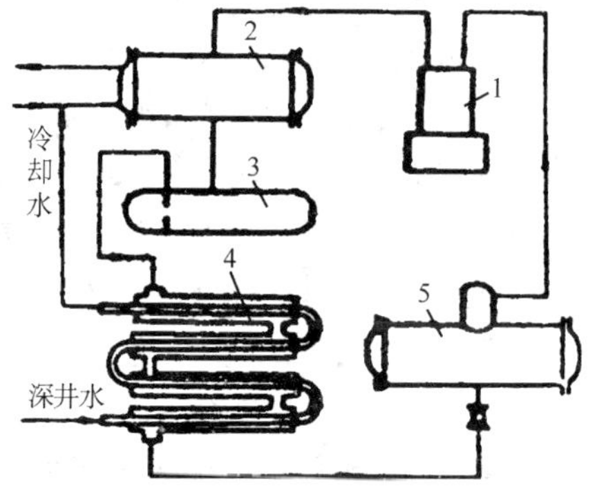

图 2-2　液体过冷的单级压缩制冷机的系统图

1—压缩机　2—冷凝器　3—贮液器　4—过冷器　5—蒸发器

液体过冷循环对基本循环来说，在循环的单位理论功没有改变的情况下，由于过冷使单位制冷量增大了，故循环的制冷系数必然增大。在实际中冷凝器向远距离的蒸发器输送工质时还可减少阻力引起闪发气体的影响，所以采用液体过冷循环总是有利的。但采用液体过冷要增加一个过冷器，需要消耗自来水（对于风冷式冷凝器）或深井水（对于水冷式冷凝器），这就增加制冷设备的第一次投资，还增加了设备折旧费和直接运转费用。因此采用液体过冷在经济上是否有利，需通过技术经济计算去确定。一般来说，当蒸发温度在－5℃以下时，用液体过冷在经济上才是有利的。

2. 蒸汽过热循环

实际循环中，压缩机吸入饱和状态蒸汽的情况很少。为了不将液滴带入压缩机产生液击，造成故障，通常制冷剂在到达压缩机之前已处于过热状态。在过热循环中压缩机的排气温度要比理论循环的排气温度高得多，其比功也比理论循环比功大，并且在冷凝器中排出的热量也较理论循环大。吸气过热有两种情况。一种情况是从蒸发器出来的低温制冷剂蒸汽，在通过吸入管进入压缩机前从周围环境中吸热而过热，它对被冷却物体不产生任何制冷效果，即“无效”过热。对于无效过热，在工况相同的情况下单位制冷量是相等的，但由于蒸汽比体积的增加使单位容积制冷量减少，对给定压缩机而言，将导致循环制冷量降低，单位理论功增大了，循环制冷系数必然减小。蒸发温度越低与环境温差越大，循环经济性越差。为减小这种有害过热，可在吸气管上采取保温措施。另一种情况制冷剂蒸汽在蒸发器中过热，这时蒸汽的过热包括在有用单位制冷量内，即“有效”过热。这时单位制冷量和单位理论功都有增加，循环的制冷系数是否增大不能直观判断。制冷剂为氨时，制冷系数稍有下降；制冷剂为 R134 时，制冷系数略有提高，而 R22 介于两者之间，制冷系数没什么变化。

3. 回热循环

在系统中增加一个气液热交换器（回热器）如图 2-3 所示，使节流前的液体和来自蒸发器的低温蒸汽进行内部热交换。热交换的结果是制冷剂液体因向低温蒸汽放出热量而进一步过冷，低温蒸汽吸收液体的热量而有效过热，这样，不仅增加了单位制冷量，而且可以减少蒸汽与环境空气之间的传热温差，减少甚至消除吸气管中的有害过热。

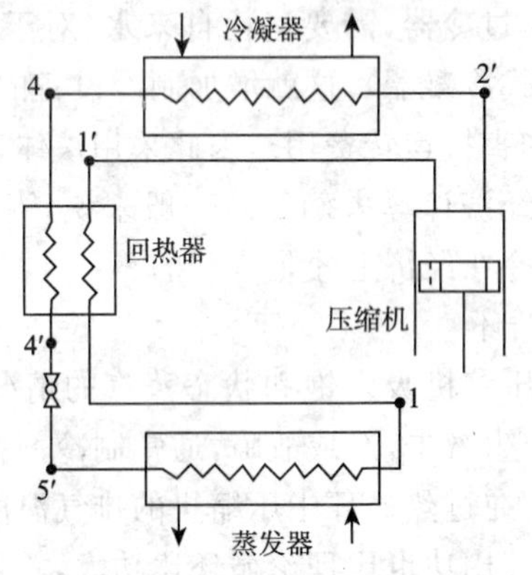

图 2-3　单级压缩回热循环的系统图

4. 实际制冷系数

实际制冷系数又称性能系数，用 COP 表示，也可以称为单位轴功率制冷量。

对于全封闭或半封闭式压缩机，由于电动机置于压缩机机壳内部，没有外伸轴，压缩机所消耗的比功常用电动机的输入功表示。单位质量制冷量与电动机的输入功之比称为能效比，用 EER 表示。

5. 冷凝温度和蒸发温度对制冷机性能的影响

(1)冷凝温度变化的影响

当蒸发温度不变，冷凝温度升高时制冷机的理论循环的变化特性如下：

①单位质量制冷量减少，因吸气比体积不变，所以单位容积制冷量和制冷量也减小。

②单位压缩功增大。由于吸气比体积不变，压缩机的比体积积功也增加，因此压缩机的轴功率增大。

③压缩机的能耗指标 COP 值和 EER 值降低。

若冷凝温度降低，变化情况反之。

(2)蒸发温度变化的影响

当冷凝温度不变，蒸发温度变小时制冷机理论循环的变化特性为：

①单位质量制冷量减少，由于吸气比体积增大，所以单位容积制冷量和制冷量都减小。

②单位压缩功增大。

③由于单位质量制冷量减小和单位压缩功增大，因此理论制冷系数 ε_0 减小。压缩机的能耗指标 COP 值和 EER 值均下降。

至于压缩机消耗的功率变化，很难直接判断。蒸发温度逐渐下降时，功率先是增加，然后减小。压缩机功率存在一个最大值，这个最大值出现在压缩比约等于 3 时。

对于活塞式制冷压缩机的运转，降低冷凝温度或提高蒸发温度总是有利的。压缩机在实际运转中，冷凝温度受冷却介质温度的限制，蒸发温度必须满足被冷却介质所要求的温度，不能任意改变。了解制冷压缩机性能及其变化规律，对正确选用压缩机及运行工况分析，排除故障是很重要的。

（三）多级压缩与复叠式制冷循环

在制冷技术中，采用多级压缩与复叠式制冷机的目的，是为了达到比较低的蒸发温度。对于单级压缩制冷机来说，要达到最低蒸发温度，取决于冷凝温度（它决定于冷凝压力）及单级压缩机的最人压力比。制冷机的冷凝温度取决于环境介质（水或空气）的温度，一般约在 30～55℃之间；单级压缩机的最大压力比随压缩机类型而变。

单级活塞式制冷压缩机当采用较大压力比时，将出现排气温度升高，使润滑油变稀、变质；吸气过热，使压缩机输气系数急剧减小；压缩机效率降低。因此，活塞式压缩机的压力比不宜过大。对于氨压缩机一般不超过 8；氟利昂压缩机一般不大于 10。在这种情况下，对于常用的中温制冷剂，单级活塞式制冷机的蒸发温度最低只能达 −40～−20℃。

对于单级螺杆式压缩机，当制冷剂为 R717、R22 时最低蒸发温度一般以 −40℃为限。

因此，用活塞式或螺杆式压缩机时，为获得 −40～−20℃以下温度时，就得采用多级压缩或复叠式制冷机。离心式压缩机每级（每个叶轮）能达到的压力比为 4 左右。除空调用外，一般采用多级压缩。

1. 两级压缩氨制冷循环系统

两级压缩氨制冷中，多数是应用一级节流中间完全冷却循环，如图 2-4 所示。它的工作过程如下：从蒸发器 I 出来的低压氨蒸汽被低压级压缩机 A 压缩到中间压力，进入中间冷却器 F，被其中的氨液冷却成干饱和气体所对应的饱和温度，再进入高压级压缩机 B 中，继续被压缩到冷凝压力，然后进入冷凝器 C 中，被冷却、冷凝成液体。从冷凝器 C 出来的氨液经过冷器 D 进一步降温，然后分两路：一路经节流阀 E 成为中间压力，进入到中间冷却器 F 中，利用它的蒸发来冷却低压级压缩机 A 的排气和盘管内的高压氨液。中间冷却器 F 蒸发出来的氨蒸汽，随同低压级压缩机 A 的排气一起，进入高压级压缩机 B 中被压缩。另一路氨液在中间冷却器 F 的盘管内被冷却后，经节流阀 H 节流到蒸发压力，再进入蒸发器 I 中进行蒸发制冷。循环将周而复始地进行。进入蒸发器 I 的氨液，在节流前先进入中间冷却器 F 冷却，可以减小节流损失，使单位质量制冷量增大。如果高压氨液不需要在盘管内冷却，可让高压氨液从旁通阀 G 流过，再经节流阀 H 进入蒸发器 I。

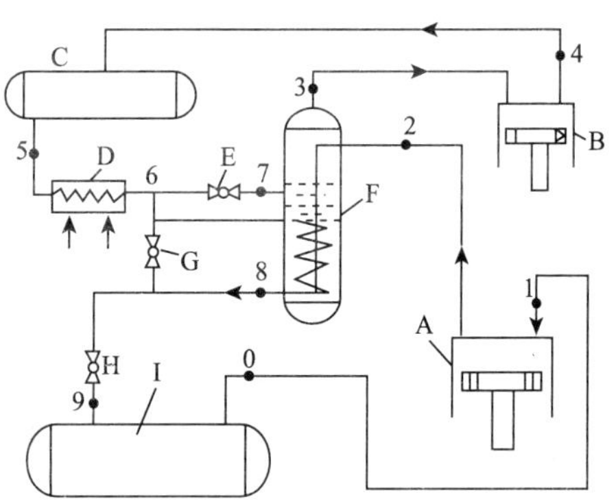

图 2-4　两级压缩氨制冷循环系统图

A—低压级压缩机　B—高压级压缩机　C—冷凝器　D—过冷器

E、H—节流阀　F—中间冷却器　G—旁通阀　I—蒸发器

2. 两级压缩氟利昂制冷循环系统

两级压缩氟利昂制冷系统多数采用一级节流中间不完全冷却的两级压缩制冷循环，如图 2-5 所示。它和两级压缩氨制冷循环的主要区别是低压级压缩机的排气不在中间冷却器中冷却，而是与中间

冷却器中产生的饱和气体在管道中混合后进入高压级压缩机，因此高压级压缩机吸入的是过热气体。此外，为了利用低压回气来冷却进入节流阀的高压液体，还设有气液热交换器 F，使高压液体温度降低，减小节流损失，更主要是为了提高低压级压缩机的吸气温度，改善润滑条件，减少有害过热，防止湿冲程。

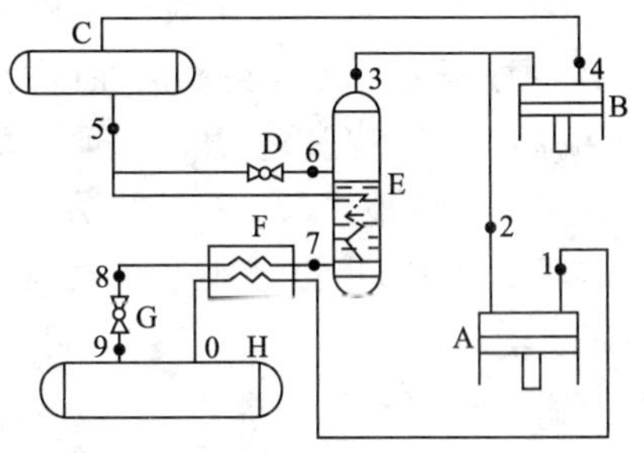

图 2-5　两级压缩氟利昂制冷循环系统图

A—低压级压缩机　B—高压级压缩机　C—冷凝器　D、G—节流阀

E—中间冷却器　F—气液热交换器　H—蒸发器

3. 复叠式制冷循环

复叠式制冷循环常由两个(或三个)部分组成，即高温部分(使用中温制冷剂)、低温部分(使用低温制冷剂)。每一部分都有一个单级或双级制冷系统。高温部分和低温部分之间用一个冷凝蒸发器连起来，它是高温部分的蒸发器，也是低温部分的冷凝器。只有低温部分的蒸发器才能从被冷却物体中吸热。图 2-6 为两个单级压缩系统组成的复叠式制冷系统。

由两个单级制冷系统组成复叠式制冷系统的温度适用范围是 −85～−60℃。若由两级压缩系统与单级压缩系统组成的复叠式制冷系统，其温度适用范围是 −110～−80℃。

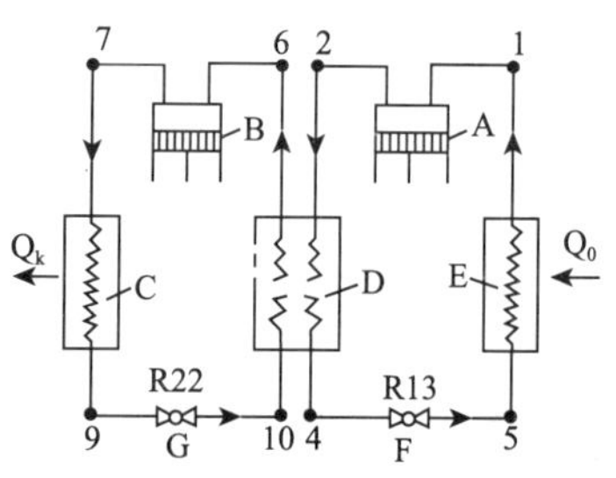

图 2-6　两个单级压缩系统组成的复叠式制冷系统图

A—低温部分压缩机　B—高温部分压缩机　C—冷凝器

D—冷凝蒸发器　E—蒸发器　F、G—节流阀

二、冷藏库制冷系统

冷藏库是用人工制冷的方法对易腐食品进行加工贮藏，以保持食品食用价值的建筑物。

(一)冷藏库的分类

冷库分类的方法很多。

按冷藏设计温度分，可分为高温库和低温库。一般高温冷库的冷藏设计温度在－2℃以上；低温冷库的冷藏设计温度在－15℃以下。

按用途可分为生产性冷库、分配性冷库和零售消费性冷库。

①生产性冷库一般建于食品源较集中的产区，作为食品(如肉、蛋、禽、鱼、虾、蔬菜、水果等)加工厂的冷却、冷冻、冷藏车间使用。

②分配性冷库一般建在枢纽和人口较密集的城镇，作为市场批发、中转运输和贮存食品使用。

③零售消费性冷库一般建于超市、宾馆饭店、食品店等场所。

冷库通常由保温围护结构、冷冻系统、电控网络系统组成。

(二)典型冷藏库制冷系统

1. 直接供液(氨)制冷系统

直接供液系统是指制冷剂液体只经过膨胀阀直接进入蒸发器的系统,如图 2-7 所示。

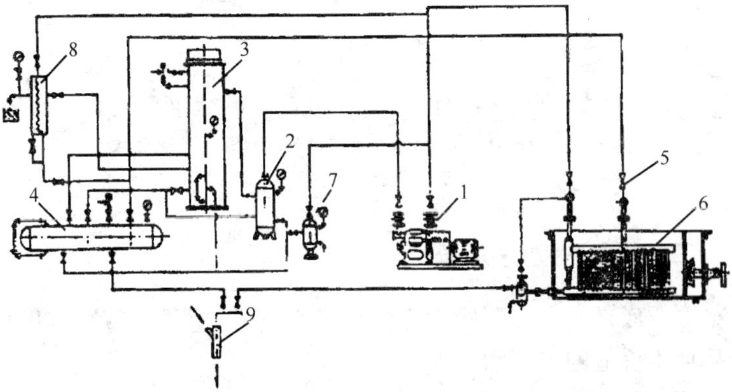

图 2-7　直接供液(氨)制冷系统

1—压缩机　2—氨油分离器　3—冷凝器　4—贮液桶　5—调节阀
6—蒸发器　7—集油器　8—空气分离器　9—紧急泄氨器

系统的工作过程如下,在蒸发器 6 中的制冷剂液体在低压低温下吸收了被冷却物体(如盐水)的热量而蒸发。氨气被压缩机 1 吸入,并压缩到高压。高压高温的氨气经氨油分离器 2,使其中的润滑油分离出来,再进入冷凝器 3,氨气在冷却水冷却下凝结成液体,并储存在贮液桶 4 中。在使用时将氨液通过调节阀 5,使其压力(温度)降低,并进入蒸发器 6,完成了制冷循环。系统中集油器 7 的作用是将氨油分离器、冷凝器、贮液桶中定期排出的润滑油集中,之后将润滑油在低压下排出,回收再生、再使用。空气分离器的作用是把冷凝器和贮液桶中的不凝性气体内的氨气先冷却液化,然后再排出不凝性气体,以保证系统的正常工作。紧急泄氨器的作用是当机房发生火警等意外事故时,为保证人员的安全和设备不受损坏,可将贮液桶和蒸发器中的氨液与水混合排入下水道。

2. 重力供液(氨)制冷系统

重力供液是利用制冷剂液柱的重力向蒸发器输送低温的氨液。系统的组成如图 2-8 所示。

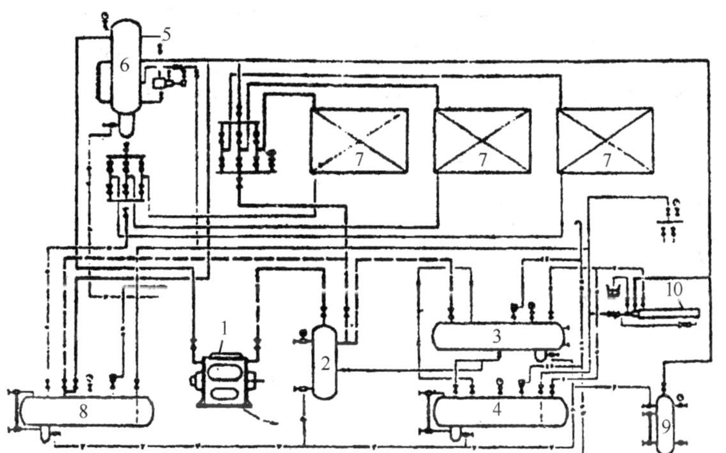

图 2-8 重力供液氨制冷系统

1—压缩机 2—氨油分离器 3—卧式冷凝器 4—高压贮液桶 5—调节阀
6—氨液分离器 7—蒸发器(排管) 8—排液桶 9—集油器 10—空气分离器

重力供液系统的工作过程与直接供液系统相似。制冷剂蒸汽经压缩机 1、氨油分离器 2 进入冷凝器 3。冷凝后的制冷剂液体进入高压贮液桶 4;高压贮液桶中的氨液经管路送至调节阀 5,降压降温后送入氨液分离器 6。在氨液分离器中,将节流所产生的氨蒸汽分离后,氨液经液体调节站进入蒸发器(排管)7。氨液在蒸发排管中吸收了被冷却物体的热量而汽化,汽化后的氨蒸汽经氨液分离器 6,并在分离器中将液滴分出进入压缩机,从而防止了压缩机的湿冲程,同时使氨气中的液体制冷剂得到利用。在低温系统中,为对蒸发排管进行热氨冲霜,除了设有高压贮液桶外,还设有排液桶 8,它的作用是在对蒸发排管进行热冲霜时，将蒸发排管中氨液收集起来。

3. 氨泵供液制冷系统

氨泵供液制冷系统，是利用氨泵向蒸发排管输送低温氨液。系统的组成如图 2-9 所示。它与重力供液的制冷系统的组成和工作过程基本相同。其主要差别是重力供液利用液柱压差来克服系统管路的阻力进行供液，而氨泵供液是利用氨泵克服管路阻力来输送氨液。

氨泵供液克服了重力供液的缺点，具有下面的优点：

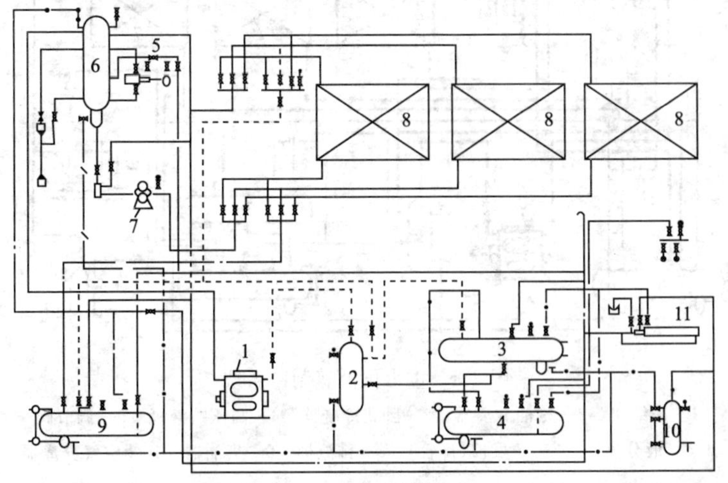

图 2-9　氨泵供液制冷系统

1—压缩机　2—氨油分离器　3—卧式冷凝器　4—高压贮液桶　5—调节阀　6—氨液分离器　7—氨泵　8—蒸发器(排管)　9—排液桶　10—集油器　11—空气分离器

①用氨泵输送氨液，使氨液分离器的高度降低，而在重力供液中它的液面高度应高于冷间最高层的蒸发排管(顶排管)0.5～2.0 m左右，最好是1～2 m之间，否则影响供液量；

②容易达到向蒸发排管均匀供液；

③提高蒸发排管的传热效果；

④可以实现系统的自动化。

4. 氟利昂制冷系统

氟利昂制冷系统与氨系统不同之处是采用热力膨胀阀代替调节阀，并设有气液热交换器和干燥过滤器，氟利昂液体在蒸发器中采用上进下出。图 2-10 为氟利昂制冷系统。其工作过程如下：氟利昂制冷剂气体由压缩机 1 吸入并压缩排出，高压气体经油分离器 2 将其中润滑油分离，进入水冷式冷凝器 3，被冷凝液体制冷剂经干燥过滤器 4、电磁阀 5，再经气液热交换器 6，在其中被来自蒸发器的低温蒸汽进一步冷却后，进入热力膨胀阀 7 节流降压，然后经分液头 8 送入蒸发器 9，在其中吸热汽化；汽化后的低温制冷剂气体，经热交换器过热后被压缩机吸入重新加压。

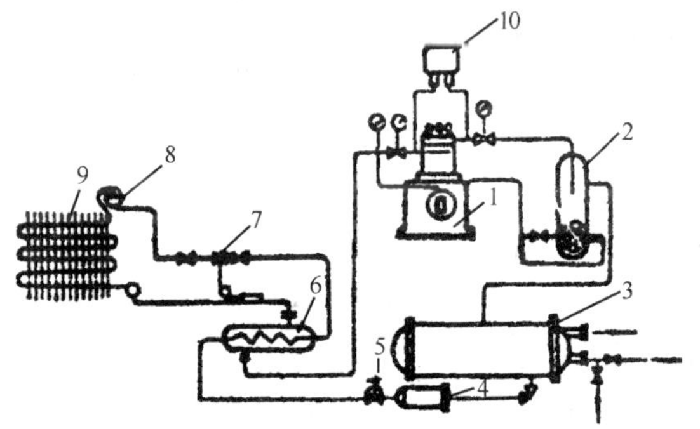

图 2-10 氟利昂制冷系统

1—压缩机 2—油分离器 3—水冷式冷凝器 4—干燥过滤器 5—电磁阀
6—气液热交换器 7—热力膨胀阀 8—分液头 9—蒸发器 10—高低压力继电器

系统中气液热交换器 6 是用来提高制冷剂蒸汽的过热度和其液体的过冷度，可防止压缩机液击，同时提高系统制冷效率。干燥过滤器 4 用来吸收氟利昂中的水分，以防在蒸发温度 0℃以下时在热力膨胀阀中形成冰堵，并减少系统中腐蚀作用，在封闭式压缩机中可防止有水分而使电机烧毁。电磁阀 5 是随压缩机启动、停止而启闭，防止压缩机停转时大量制冷剂液体进入蒸发器，在下次启动压缩机时造成液击。热力膨胀阀是对制冷剂节流降压，并自动调节它的流量。

三、蒸汽压缩式制冷机的性能与工况

制冷机的热力性能包括制冷量、耗功和能源利用经济性等几个指标，这些指标对于每一台制冷机都很重要。由于制冷机是一种热力机械，其性能指标随环境温度和制冷温度的变化而变。

(一)制冷机的性能指标

1. 制冷量与制冷剂循环量

制冷机的制冷量与循环的单位制冷量和制冷剂质量循环量有关，此时有两种已知条件。

(1)第一种是已知制冷机的制冷量，此时可以计算出制冷剂质量循环量和压缩机理论输气量。

①制冷剂质量循环量：

$$m = Q_0 / q_0 \quad (\mathrm{kg/s})$$

式中 Q_0——制冷机的制冷量(kW)。

②压缩机实际输气量：

$$V_a = m v_1 = Q_0 v_1 / q_0 = Q_0 / q \quad (\mathrm{m^3/s})$$

③压缩机理论输气量：

$$V_h = V_a / \lambda = Q_0 / (q_v \lambda) \quad (\mathrm{m^3/s})$$

式中的 λ 为输气系数，由压缩机的种类、结构和使用工况决定。对于一台现有的压缩机，输气系数仅与使用工况有关。在同样的使用条件下，压缩机理论输气量越大，所能获得的制冷量就越大。

(2)第二种是已知压缩机理论输气量，此时可以计算出制冷剂质量循环量和制冷机的制冷量。

①压缩机实际输气量：

$$V_a = V_h \lambda \quad (\mathrm{m^3/s})$$

②制冷剂质量循环量：

$$m = V_a / v_1 (\mathrm{kg/s})$$

③制冷机的制冷量：

$$Q_0 = mq_0 = q_0 V_a / v_1 = q_v v_1 \quad (\text{kW})$$

2. 制冷机的功率

制冷机或制冷空调装置的功率包含以下几个概念。

(1)轴功率

轴功率指在压缩机主轴上所测得的功率，用符号 N_s 表示。对于小型制冷空调中常用的全封闭和半封闭压缩机，轴功率就是压缩机电机的输出功率。

(2)压缩机电机输入电功率

压缩机电机输入电功率指在压缩机电机的电源线上测得的功率，用符号 N_e 表示。压缩机电机输入电功率与轴功率之间的关系为：

$$N_e = N_s / \eta_{el}$$

式中的 η_{el} 为压缩机电机的效率。在制冷压缩机的铭牌上，所标的功率是压缩机电机输入电功率。

(3)制冷装置输入电功率：

制冷装置输入电功率指在制冷空调装置，如电冰箱、空调器的电源线上测得的功率，也用符号 N_e 表示。在制冷空调装置的铭牌上，所标的功率应是装置的输入电功率。

3. 制冷机的经济性能

制冷机的经济性能用以下 3 个指标之一表示。

(1)制冷系数 ε_0

制冷系数的物理意义为：在循环中，每消耗单位理论功可获得的制冷量。其定义式为：

$$\varepsilon_0 = q_0 / w_0$$

制冷系数是制冷循环的一个重要指标。在给定冷凝温度和蒸发温度的条件下，制冷系数越大，就表示循环的经济性越好。当冷凝温度越高、蒸发温度越低，制冷系数就越小。

(2)性能系数

以性能系数表示单位轴功率制冷量：

$$COP=Q_o/N_s$$

(3)能效比

以能效比表示单位电功率制冷量：

$$EER=Q_{oa}/N_e$$

(二)工作温度变化时制冷机性能的变化

在工作温度变化时，制冷机性能会发生变化。制冷机性能主要由冷凝温度和蒸发温度决定。

1. 冷凝温度不变、蒸发温度下降时制冷机性能的变化

蒸发温度的变化是影响制冷机性能的首要因素。图 2-11 表示在冷凝温度 t_k 不变、蒸发温度 t_0 下降时，循环性能的变化情况。当 t_0 下降到 t_0'时，循环由 1—2—3—4—1 成为 1′—2′—3—4′—1′。比较这两个循环可以看出有以下差异：

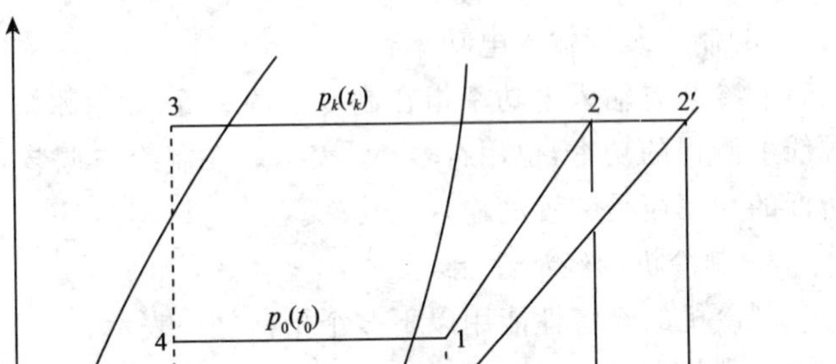

图 2-11 t_k 不变、t_0 下降时循环性能的变化

①单位制冷量减小；

②单位理论功增大；

③吸气比体积 v_1 增大；

④排气温度由 t_2 升高到 t_2'；

⑤单位冷凝负荷增大；

⑥制冷系数下降；

⑦压缩比 p_k/p_0 增大。

对于整台制冷机来说，综合考虑循环性能与压缩机性能变化后，性能有以下变化：

①即使不计输气系数的变化，制冷剂质量循环量也减小；

②制冷机制冷量下降；

③压缩机理论功率先增大，然后又减小。当 $p_k/p_0\approx3$ 时，压缩机功率最大。

这一特性对选择压缩机的电机功率具有重要意义。压缩机从开始启动到正常运转，通常需越过最大功率点。

当冷凝温度 t_k 不变、蒸发温度 t_0 上升时，循环性能的变化趋势与上面所讨论的变化趋势恰好相反。

2．蒸发温度不变、冷凝温度上升时制冷机性能的变化

冷凝温度的变化对制冷机性能的影响小于蒸发温度变化的影响。图 2-12 表示在蒸发温度 t_0 不变、冷凝温度 t_k 升高时，循环性能的变化情况。当 t_k 升高到 t_k' 时，循环由 1—2—3—4—1 成为 1—2′—3′—4—1。比较这两个循环可以看出有以下差异：

①单位制冷量减小；

②单位理论功增大；

③吸气比体积 v_1 不变；

④单位冷凝负荷增大；

⑤排气温度由 t_2 升高到 t_2'；

⑥制冷系数下降；

⑦压缩比上升。

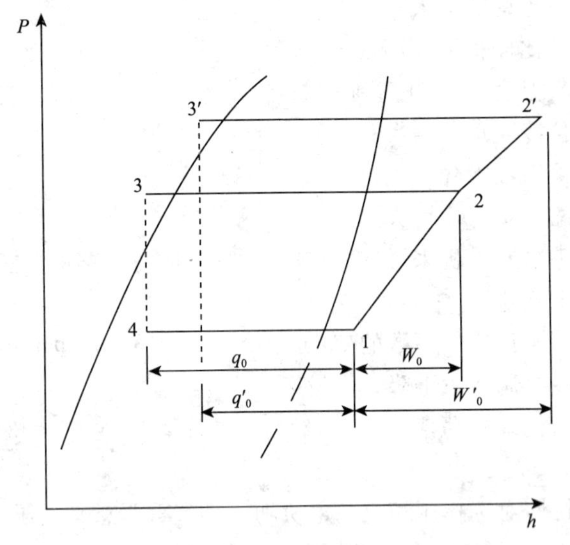

图 2-12 t_0 不变、t_k 升高时，循环的性能变化

考虑各个设备后，当蒸发温度不变、冷凝温度上升时制冷机性能有以下变化：

①如忽略压缩机输气系数的变化，则制冷剂质量循环量不变；

②制冷系统制冷量下降；

③压缩机理论功率增大。

当蒸发温度 t_0 不变、冷凝温度 t_k 下降时，循环性能的变化与上面所讨论的变化恰好相反。

对于整台制冷机来说，性能与压缩机、冷凝器、蒸发器、节流机构的性能有关。其中影响最大的是压缩机，全封闭压缩机的性能曲线图见图 2-13，图中，以蒸发温度为横坐标，图上分别有制冷量、输入功率、制冷剂质量流量、运行电流四组曲线，每一个冷凝温度作一条曲线。

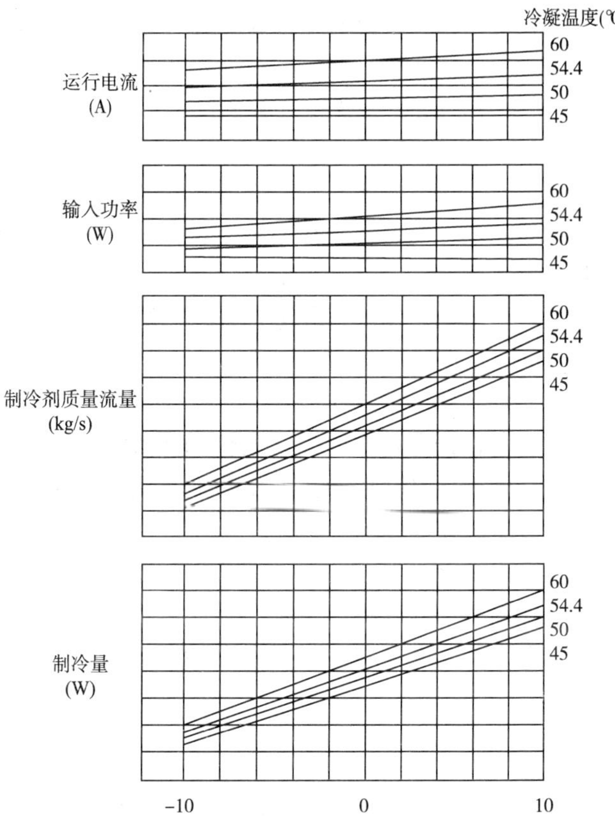

图 2-13　全封闭压缩机的性能曲线

（三）制冷机工况

在制冷空调装置的技术文件中，经常出现工况这个术语。工况指的是制冷机或制冷空调装置工作时的温度条件。

1. 工况

制冷机的性能，特别是能量指标，随制冷剂种类、冷凝温度和蒸发温度的变化而变。因此在说明一台制冷机的制冷量、功率消耗、能效比等性能指标时，必须说明制冷剂种类、冷凝温度、蒸发温度等条件，离开这些条件谈性能指标就没有共同的基础，是完全没有意义的。在这些条件中，温度条件是最重要的，这些温度条件即为工况。

从工况所针对的对象来区分，工况有制冷装置工况、制冷机组工况和制冷压缩机工况三类。在制冷原理所讨论的范围内，更多的是指制冷压缩机的工况。

从工况所针对的使用场合来区分，工况有使用工况、设计工况、标准规定的试验工况三类。使用工况指制冷机实际运行时的工作条件，完全由使用者的实际条件决定，通常不应超出试验工况所规定的范围。设计工况指设计者选取的设计条件，通常选取试验工况。试验工况是标准规定的、在试验或检验制冷机时的工作条件，应尽可能符合使用工况或是较使用工况更苛刻。

2. 制冷压缩机试验工况

由于制冷压缩机是制冷机最主要的部件，它对制冷机性能的影响也最大，所以制冷压缩机试验工况是制冷机工况中最主要的一部分。

我国对制冷压缩机规定了一系列试验工况，现行相应的标准有GB 10079—1988 全封闭活塞式制冷压缩机。

在我国的标准中，规定有高温用和低温用两种名义工况条件。制冷压缩机出厂时所标注的制冷量和功率必须是此工况下的数据，并作为各项性能比较的基准。

在我国小型压缩机生产实际中，全封闭压缩机的考核与铭牌标注的制冷量和功率，并不一定采用我国标准，而可能是采用国际标准。常用国际标准规定的小型压缩机试验工况见表 2-5，其中最常用的是泰康试验工况。

表 2-5　国外常用的小型压缩机试验工况（℃）

工况		Tecumeseh 公司(美、泰康)	Danfoss 公司(丹麦、丹佛斯)	ГОСТ17240 (前苏联)
低温用	蒸发温度范围	−30～−7	−40～−5	−30～−7
	蒸发温度	−23.3	−25	−35
	冷凝温度	54.4	55	30
	吸气温度	32.2	32	20
	过冷温度	32.2	32	25
高温用	蒸发温度范围	−15～10	−10～−5	−10～10
	蒸发温度	72.0	5	5
	冷凝温度	54.4	55	40
	吸气温度	35.0	32	20
	过冷温度	46.1	32	25

3. 制冷机组与制冷装置试验工况

制冷机组与制冷装置实验工况规定了制冷空调装置工作时的温度条件，我国有关小型制冷机组与小型制冷空调装置实验工况的部分标准代号及名称如下，在需要时可到有关部门查阅。

①JB 4431—1986　冷藏运输用制冷机组试验方法；
②GB/T 7725—1996　房间空气调节器；
③GB/T 14294—1993　组合式空调机组；
④YY 0116—1993　医用房间空气调节器；
⑤JB/T 8544—1997　整体式机电一体化空调机组；
⑥ZB J73 043—1990　组合冷库技术条件；
⑦ZB J73 044—1990　组合冷库性能试验方法；
⑧JB/T 7244—1994　食品冷柜。

第四节　吸收式制冷原理及典型系统

吸收式制冷机是蒸发制冷的另一种形式。压缩式制冷机是通过压缩机消耗机械功来实现的，而吸收式制冷机是通过消耗热能来实现的，是一种以热能为动力的制冷机。

一、溴化锂水溶液的性质

吸收式制冷机中通常是由两种不同沸点的溶液组成二元溶液，其中低沸点组分为制冷剂，高沸点组分为吸收剂，制冷剂和吸收剂统称为工质对。

对制冷剂的要求：应压力适中，即冷凝压力不要太高，蒸发压力最好不低于大气压力，具有较大的蒸发潜热，不燃烧、不爆炸、无毒或毒性小，对设备不腐蚀和价廉。

对吸收剂的要求：在相同压力下，吸收剂的沸点要比制冷剂高，而且沸点差越大越好，使发生器出来高纯度的制冷剂蒸汽，这样可提高制冷机的热力系数。具有强烈的吸收能力，可减少吸收剂的循环量，减少发生器需热量、吸收器的放热量和泵的耗功。有较大的热导率、较小的密度和黏度，较小的比热容及较好的化学稳定性、无毒、不燃烧、不爆炸、对金属无腐蚀性，价格便宜。此外吸收剂和制冷剂必须是非共沸溶液。

目前可用工质对很多，而广泛应用的只有 NH_3-H_2O 和 LiBr-H_2O，前者用于 0℃以下的低温系统，在我国使用较少，后者广泛地用于空调系统。

（一）水的特性

水具有无毒、不燃烧、不爆炸，比体积大、汽化潜热大（比 R22 大 16 倍）和价格低等特点。水在常压下沸点为 100℃，要使水在 5℃以下蒸发，溴化锂制冷机必须在负压下工作，此外水在 0℃时结冰，限制了它的应用范围，因此作为冷剂水使用，只能用于空调。

（二）溴化锂的特性

①溴和锂分别属于卤素和碱类，所以溴化锂（LiBr）的性质与食

盐相似，属盐类，有咸味，无色粒状晶体，熔点为549℃。

②在标准大气压下沸点为1265℃，因此在常温和一般高温下是不挥发的。

③极易溶于水。

④性能稳定，在大气中不易变质和分解。

（三）溴化锂水溶液的特性

①无色液体，有咸苦味、无毒、无臭，加入铬酸锂后呈淡黄色。

②溴化锂在水中的溶解度随温度的降低而降低。所谓溶解度，是指饱和液体中所含溴化锂无水化合物的质量成分。溴化锂质量分数不宜超过66%，否则在运行中当溶液温度降低时将有结晶析出，破坏循环的正常运行。

③溴化锂溶液的水蒸气分压力很小，它比同温度下纯水的饱和蒸气压要小得多，所以有强烈的吸湿能力，而且溴化锂水溶液具有吸收温度比它低得多的水蒸气的能力。这正是溴化锂吸收式制冷机的工作原理之一。

④密度比水大，随溶液的质量分数和温度变化。

⑤比热容较小。当温度为150℃、质量分数为55%时，其比热容为2 kJ/(kg・K)，因此在工作过程中对溶液的加热量较小。又由于水的蒸发潜热较大，将使溴化锂制冷机具有较高的热力系数。

⑥黏度大、表面张力大。

⑦对碳钢和紫铜等金属材料有腐蚀作用，当有空气存在时腐蚀更严重。腐蚀产生的不凝性气体对其运行的性能有极大的影响。通常在溴化锂溶液中添加缓蚀剂来减缓溴化锂溶液对金属材料的腐蚀。常用的缓蚀剂有铬酸锂、钼酸锂、三氧化二砷、氧化铝和苯并三唑等。试验表明，在溴化锂溶液中加入0.1%～0.3%的铬酸锂，并加入氢氧化锂将溶液pH值调至9～10.5范围内，有良好缓蚀效果。同时，在运行和维护保养中要防止空气渗入系统中。

二、吸收式制冷机的热力系数

吸收式制冷循环的性能指标是热力系数 ζ:

$$\zeta=\frac{Q_0}{Q_g}$$

式中 Q_0 是在蒸发器中获得的制冷量,Q_g 是向发生器加入的热量。

热力系数反映了消耗单位热量所能取得的冷量。在给定的条件下,热力系数越大,循环的经济性就越好。其值可以小于 1,等于 1,和大于 1。在实际过程中,存在各种不可逆的损失,吸收式制冷循环的热力系数低于相同热源温度下理想吸收式循环的热力系数,两者之比称为吸收式制冷循环的热力完善度,用 β 表示。

$$\beta=\frac{\zeta}{\zeta_{max}}$$

式中 ζ_{max}——理想状况下的热力系数。

热力完善度越大,表明循环中的不可逆损失越小,循环越接近理想循环。

三、溴化锂吸收式制冷系统的工作原理

(一)单效溴化锂吸收式制冷机系统的基本工作原理

溴化锂吸收式制冷系统主要由发生器、冷凝器、蒸发器、吸收器、节流装置(U 形管或孔板)、溶液热交换器、发生器泵、吸收器泵和蒸发器泵等组成。图 2-14 是单效溴化锂制冷系统的原理图。从图中可知系统由热源回路、溶液回路、冷却水回路、制冷剂回路和冷媒水回路组成。热源回路由发生器、疏水器、凝水箱、凝水泵构成,它向系统提供热源蒸汽;溶液回路由发生器、溶液热交换器和吸收器组成;冷却水回路由冷凝器、吸收器、冷却塔和冷却水泵构成,向环境排放系统中的热量;冷媒水回路由蒸发器、冷媒水泵等构成;制冷剂回路则由发生器、冷凝器、节流装置、蒸发器、吸收器和溶液热交换器构

成。其热源主要有温度高于 75℃的热水，0.02～1.3 MPa 的蒸汽，天然气、煤气、液化气和燃油燃烧产生的热量，废热热源，以及太阳能等。

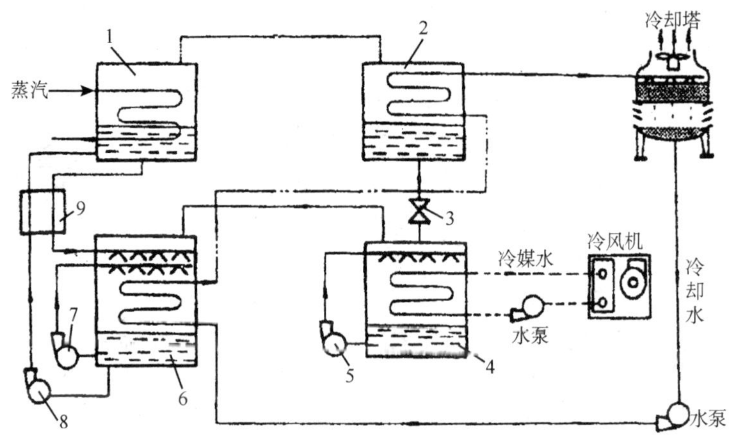

图 2-14 单效溴化锂吸收式制冷机的工作原理

1—发生器 2—冷凝器 3—节流阀 4—蒸发器 5—蒸发泵

6—吸收器 7—吸收泵 8—发生泵 9—溶液热交换器

系统工作时，通过热源回路把热量输送到发生器 1 中，在发生器中溴化锂溶液被加热后，水蒸气蒸发进入冷凝器 2，在冷凝器内把热量传给冷却水而凝结成冷剂水，冷剂水经节流阀 3 节流后进入蒸发器 4，在蒸发器中从冷媒水吸取热量蒸发，这时冷剂蒸汽进入吸收器 6 被从发生器 1 出来的溴化锂浓溶液吸收，并成为稀熔液，完成了制冷剂的回路。从吸收器 6 出来的稀溶液经发生泵 8 升压，流经溶液热交换器 9，同时被从发生器 1 出来的浓溶液加热，再进入发生器 1 被加热浓缩成浓溶液，溴化锂浓溶液在压差作用下经溶液热交换器 9 进入吸收器 6 去吸收冷剂水蒸气，完成了整个吸收式制冷循环。

(二)双效溴化锂吸收式制冷系统的基本工作原理

双效溴化锂吸收式制冷系统与单效系统的不同是增加了一个高

压发生器和一个高温溶液的热交换器。

1. 并联双效溴化锂制冷系统

图 2-15 为并联双效溴化锂吸收式制冷系统的工作原理。在高压发生器 1 中,稀溶液被热源加热,在较高的压力下产生冷剂蒸汽,该蒸汽具有较高的饱和温度,蒸汽冷凝放出的潜热还可以使用,因此把它送入低压发生器 2 中作为热源来加热低压发生器中的溶液,在较低的压力下产生冷剂蒸汽,然后与低压冷剂蒸汽一起进入冷凝器 3 中冷凝成冷剂水,冷剂水经节流阀 4 节流后进入蒸发器 5 进行蒸发制冷。蒸发出来的冷剂蒸汽在吸收器 7 中被从高低压发生器 1、2 来的浓溶液吸收成为稀溶液,再由发生泵 9 通过低、高温溶液热交换器 10、11 和凝水器 12 分别送入高、低压发生器 1、2。由于热源的热量在高压发生器和低压发生器中得到了两次利用,所以称其为双效溴化锂吸收式制冷系统。由于双效溴化锂制冷系统需要加热量少,因此不仅冷却水量减少,而且热力系数由单效 0.65～0.75 提高到 1.1～1.2。我国产品采用并联系统较多,因为它的热力系数较高。

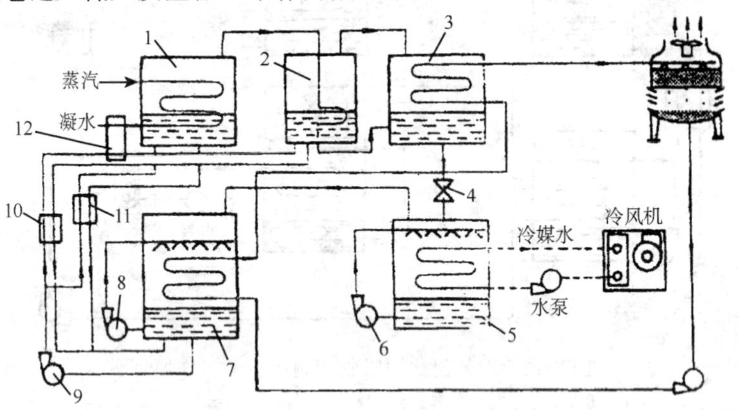

图 2-15　并联双效溴化锂吸收式制冷系统

1—高压发生器　2—低压发生器　3—冷凝器　4—节流阀
5—蒸发器　6—蒸发泵　7—吸收器　8—吸收泵　9—发生泵
10—低温溶液热交换器　11—高温溶液热交换器　12—凝水器

2. 串联双效溴化锂制冷系统

串联双效溴化锂制冷系统根据稀熔液先进高压发生器和先进低压发生器分成以下两种形式。

(1)串联流程

图 2-16 是稀溶液先进高压发生器的双效溴化锂制冷系统。

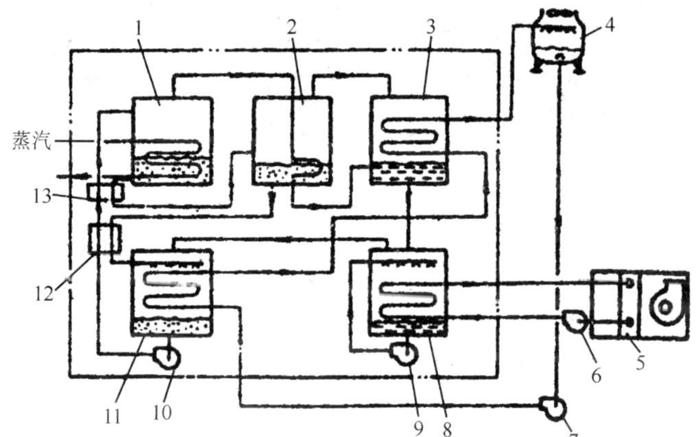

图 2-16 串联流程的双效溴化锂制冷系统

1—高压发生器 2—低压发生器 3—冷凝器 4—冷却塔
5—冷却盘管 6—冷水泵 7—冷却水泵 8—蒸发器 9—冷剂泵
10—溶液泵 11—吸收器 12—低温溶液热交换器 13—高温溶液热交换器

(2)倒串联流程

倒串联流程是稀溶液先进低压发生器,再进高压发生器的串联系统,如图 2-17 所示。

提出该系统的原因是因为前面所述的串联系统的缺点是高压发生器中工作蒸汽的饱和温度较高而加热溶液质量分数却较低(即加热溶液的沸点低),而低压发生器中来自高压发生器的冷剂蒸汽的饱和温度较低(95℃左右),而加热的溶液质量分数较高(溶液沸点高),所以不能实现对不同品位能量合理利用。

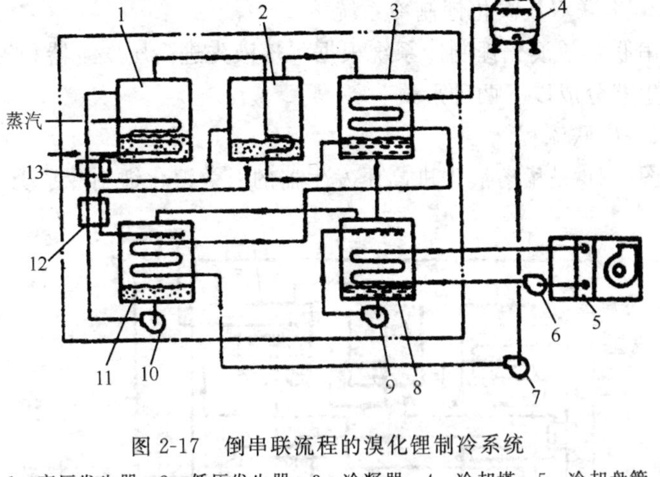

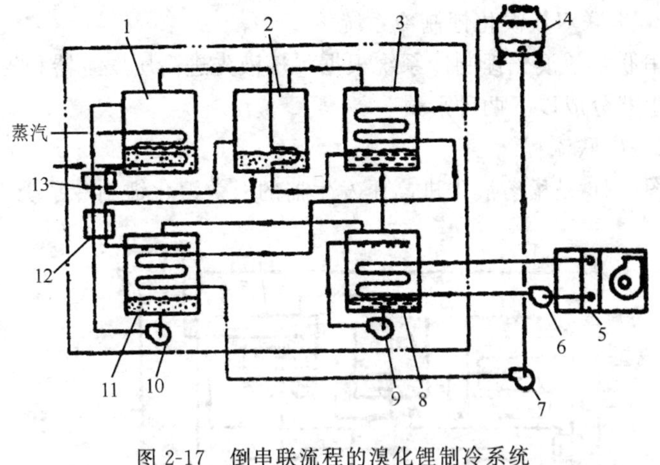

图 2-17　倒串联流程的溴化锂制冷系统

1—高压发生器　2—低压发生器　3—冷凝器　4—冷却塔　5—冷却盘管
6—冷水泵　7—冷却水泵　8—蒸发器　9—冷剂泵　10—溶液泵
11—吸收器　12—低温溶液热交换器　13—高温溶液热交换器

3. 直燃式溴化锂吸收式冷热系统

在冷热水系统中,冷却盘管兼作加热管,冷却水泵兼作热水泵。可以通过切换阀实现工况的变换,交替制取冷水和热水,夏季制冷水供空调用,冬季制热水供采暖用。

图 2-18 为冷却水回路切换成热水回路的系统原理图。

高压发生器的热源是烟气,溶液在高、低压发生器和吸收器之间串联循环流动。制冷水时,蒸发器和冷却盘管组成冷水回路向空调环境提供冷量,并通过冷却水回路向大气环境排放空调热负荷及循环的补偿热能。制热水时,吸收器、冷凝器和冷却塔分离和加热盘管连接,即将冷却水回路切换成热水回路向采暖环境提供热量。同时,冷水回路和冷却水回路停止工作。从低压发生器流出的溶液,被来自冷凝器的冷剂水稀释后,喷淋在吸收器管簇上降温放热,管内热水吸收溶液的显热而升温,实现第一次加热。来自低压发生器的冷剂蒸汽在冷凝器管簇上冷凝放热,管内热水吸收制冷剂的潜热升温,实现第二次加热。二次升温后的热水送至加热盘管供采暖使用。从冷凝器出来的冷剂水流入低压发生器完成溶液稀释过程,系统工况变换是通过系统外部冷却水路和热水回路切换、冷水回路的启停以及机组内部冷剂泵的启停和冷热切换阀的开关来实现的。该系统的机组外接管较复杂,阀门切换多。目前多数厂家用冷水回路切换成热水回路。

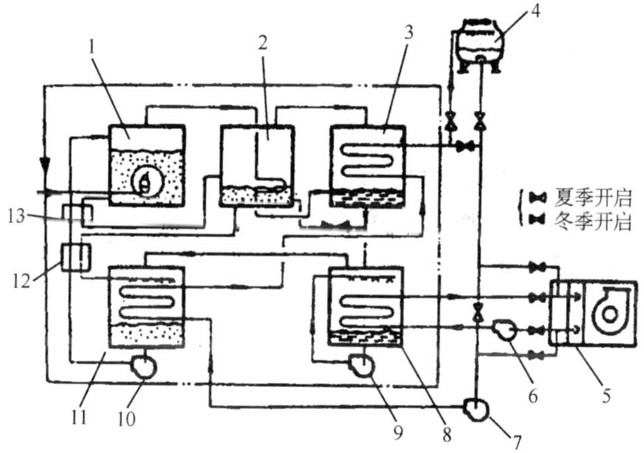

图 2-18 冷却水回路切换成热水回路的系统

1—高压发生器 2—低压发生器 3—冷凝器 4—冷却塔
5—冷却(加热)盘管 6—冷水泵 7—冷却水(热水)泵 8—蒸发器
9—冷剂泵 10—溶液泵 11—吸收器 12—低温热交换器 13—高温热交换器

思考题

1. 什么是制冷剂的化学稳定性、电绝缘性?
2. 制冷剂与润滑油的溶解度主要与什么有关?
3. 什么是 CFC、HCFC、HFC,这些制冷剂对环境有什么影响?
4. 无机盐水溶液主要有哪些,溶液中盐的浓度有什么影响?
5. 冷冻机油的性质主要是什么?

6. 单级蒸汽压缩式制冷系统由哪些设备组成，其工作过程是怎样的？

7. 液体过冷循环、蒸汽过热循环和回热循环的系统由哪些设备组成，是怎样工作的？

8. 两级压缩制冷系统和复叠式制冷系统由哪些设备组成？

9. 直接供液制冷系统、重力供液制冷系统和氨泵供液制冷系统是怎样工作的？

10. 溴化锂水溶液的特性有哪些？

11. 单效溴化锂吸收式制冷机系统的基本工作原理是什么？

12. 并联双效溴化锂吸收式制冷系统的工作原理是什么？

13. 制冷机的性能指标主要有哪些？

14. 冷凝温度不变、蒸发温度变化时制冷机性能怎样变化？

15. 蒸发温度不变、冷凝温度变化时制冷机性能怎样变化？

16. 什么是制冷机的工况？

第三章 制冷与空调设备

第一节　压缩式制冷设备

一、制冷压缩机

在蒸汽压缩式制冷循环中，制冷剂蒸汽压力的提高是靠压缩机消耗外功来实现的。制冷压缩机的性能将影响循环的经济性。

制冷压缩机，根据它的工作原理，可分为容积型和速度型两大类。在容积型压缩机中，气体压力的提高是靠气体在汽缸中的原有体积被强制缩小，使单位容积内气体分子数目增加来达到。这类制冷压缩机有往复活塞式和回转式(螺杆式)的结构形式。在速度型压缩机中，气体压力的提高是由气体的速度转化而来，即先使气体获得一定高速度，然后再由速度能变成气体压力能，气体压力就能提高。速度型压缩机主要是离心式制冷压缩机。

(一)活塞式制冷压缩机

活塞式制冷压缩机，通常是通过曲柄连杆机构把原动机的旋转运动转变为活塞的往复运动，实现了气体膨胀、吸气、压缩和排气过程。

1. 活塞式制冷压缩机的分类

按使用的制冷剂种类可分为氟利昂、氨等制冷压缩机。

按压缩机汽缸分布型式可分为直立式、V 型、W 型、S 型（扇形）、Y 型（星形）等。

按压缩机与电机的组合形式可分为开启式和封闭式（全封闭式和半封闭式）两种。

按压缩机的级数可分为单机单级和单机双级压缩机。

制冷压缩机通常用一定的数字和符号表示，见表 3-1。

表 3-1　活塞式制冷压缩机型号表示法

压缩机型号	汽缸数（个）	制冷剂	汽缸排列形式	汽缸直径（cm）	结构形式
8AS12.5	8	氨（A）	S 形（扇形）	12.5	开启式
6FW7B	6	氟利昂（F）	W 形	7	半封闭（B）
3FY5Q	3	氟利昂（F）	Y 形（星形）	5	全封闭（Q）

2. 活塞式制冷压缩机的总体结构和主要零部件

活塞式制冷压缩机的总体结构如图 3-1 所示，可分为以下几个部分。

（1）机体

它是压缩机的机身，用来安装和支撑其他零部件以及容纳润滑油。

（2）传动机构

传递动作和对气体做功，它包括曲轴、连杆、活塞等，见图 3-2。

（3）配气机构

指实现压缩机吸气、压缩、排气过程的配气部件，它包括吸、排气阀、阀板和气阀弹簧等，如图 3-3 所示。

（4）润滑油系统

指对运动部件进行润滑的输油系统，包括油泵、油过滤器和油压调节部件等，其流程如图 3-4 所示。

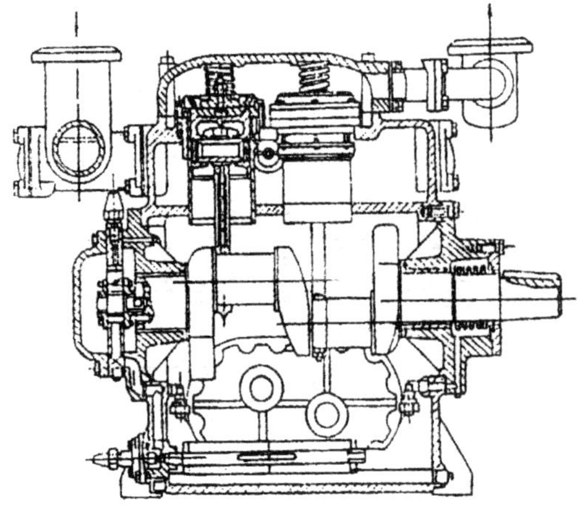

图 3-1　8FS10 型活塞式制冷压缩机的总体结构

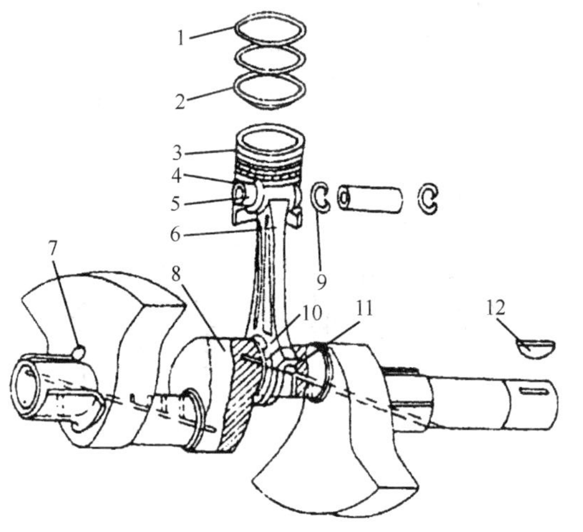

图 3-2　八缸制冷压缩机制传动机构

1—气环　2—油环　3—活塞　4—连杆小头　5—活塞销　6—连杆

7—主轴承　8—曲轴　9—活塞销挡圈　10—连杆大头　11—连杆螺栓　12—键

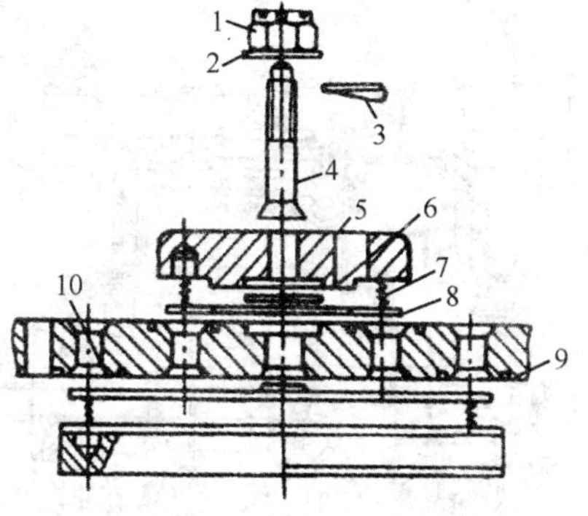

图 3-3　组合式气阀和汽缸套(配气机构)

1—螺母　2—垫圈　3—开口销　4—螺栓　5—限位器

6—排气阀片限位器　7—弹簧　8—排气阀片　9—阀板　10—吸气阀片

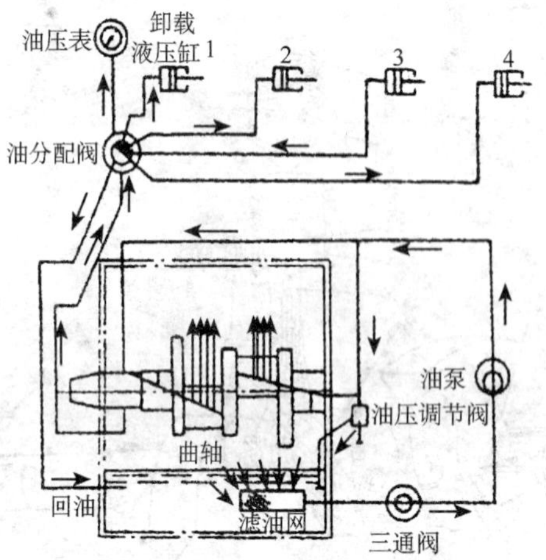

图 3-4　压缩机的润滑油流程(系统)

(5)卸载装置

对压缩机气体进行卸载、调节冷量、便于启动的传动机构,包括卸载油缸、油活塞、推杆和顶针、转环等零件。

(6)轴封装置

在开启式压缩机中,轴封装置用来密封曲轴穿出机体处的间隙,防止泄漏,包括托板、弹簧、橡胶圈和石墨环等,如图 3-5 所示。

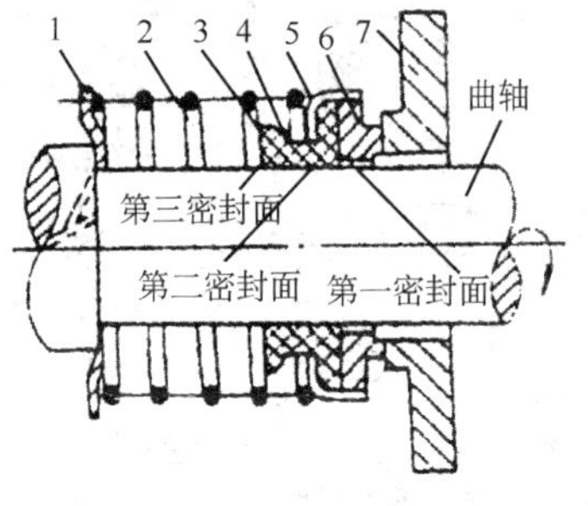

图 3-5　轴封器的密封原理

1—托板　2—轴封弹簧　3—轴封橡胶圈　4—紧圈
5—钢壳　6—石墨环　7—轴封外盖压板

3. 半封闭式制冷压缩机

半封闭式制冷压缩机与开启式制冷压缩机相比较,具有结构紧凑、体积小、重量轻的特点,如图 3-6 所示。它们之间最明显的区别在于半封闭电动机的壳体和压缩机机体是铸在一起,内腔相通,不需要轴承,避免轴封泄漏的弊病,它可以利用吸入的低压低温制冷剂蒸汽来冷却电机绕阻,减少电动机的电耗,提高电动机的出力。由于电动机和制冷剂以及润滑油接触,必须使用耐氟利昂的漆包线(氨压缩机无封闭式结构)。此外,系统内的杂质会损坏电动机的漆包线,使其短路烧毁。系统中若含有过量水分,不但会产生冰塞,而且和氟利昂作用产生盐酸和氟氢酸,对漆包线以及金属零件有强烈腐蚀作用,所以当润滑油中酸度达 0.045 时应更换新油。在半封闭压缩机中取消了联轴器,缩短了机组的轴向尺寸。目前缸径 50 mm 和 70 mm 系列压缩机多数为半封闭式。70 mm 缸径的系列产品,四缸以上均设能量调节装置。润滑油不论压缩机正转或反转都能正常供油,所以多数用月牙形内啮合齿轮油泵。

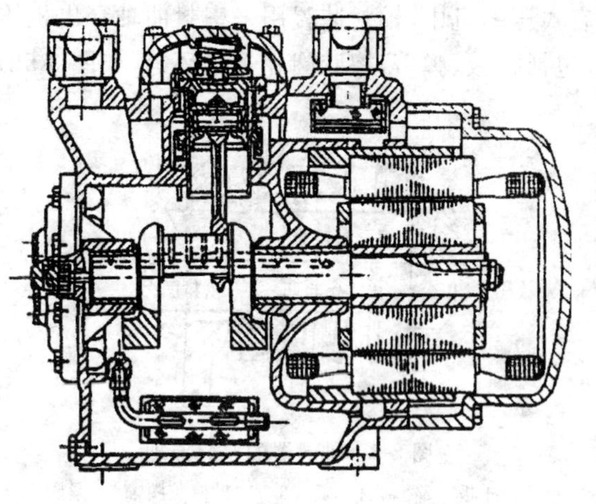

图 3-6 半封闭式制冷压缩机

4. 我国系列制冷压缩机的特点

①压缩机的转速通常在 960～1450 r/min 内。压缩机吸、排气阀采用逆流式。开启式与半封闭系列是 2、4、6、8 缸四种汽缸数，不仅动平衡性能好，还可利用缸数多少达到不同制冷量的匹配。

②多缸压缩机可通过卸载机构，使部分汽缸空载运转，来调节制冷量。一般 6 缸机的调节范围是 33%、66%和 100%；8 缸机的调节范围是 50%、75%和 100%。在停机时，卸载机构可使部分或全部汽缸的吸气阀片呈顶开状态。因此，压缩机可以减载或空载启动，即使大型压缩机也可用鼠笼式电动机启动。

③开启式新系列 125、170 mm 缸径的大缸径压缩机，对 R717、R22 等制冷剂都适用，但需更换部分零件，如安全阀、气阀弹簧、假盖弹簧、冷却水套、轴封等。

全封闭制冷压缩机一般用于小型制冷装置中。

(二)螺杆式制冷压缩机

1. 螺杆式制冷压缩机的工作原理

螺杆式制冷压缩机属于容积式回转压缩机。它是用一对螺杆(即阴、阳转子)的回转运动来造成螺旋状齿型空间的容积变化,以进行气体的压缩。阴转子的齿沟相当于汽缸,阳转子的齿相当于活塞。由阳转子带动阴转子做回转运动,使两者相互啮合的空间容积不断变化,完成气体的吸入、压缩和排出三个过程。

2. 螺杆压缩机的特点

①没有吸、排气阀结构,结构简单,易损件少,运行寿命长,而且没有阀片的阻力损失。

②设有余隙容积,不存在剩余气体的膨胀过程,容积效率高,适用工作温度范围广。

③采用滑阀调节机构,制冷量可在10%~100%范围内实现无级调节,低负荷运行经济性好。

④采用喷油冷却,排气温度低,但油系统较复杂,油分离器体积较大。

⑤转子加工精度要求高,运行噪声较大。

目前,在中等制冷量范围(580~2300 kW)内,以及冰蓄冷空调中螺杆式制冷压缩机用得较多。

3. 螺杆式制冷压缩机的结构与工作过程

螺杆压缩机的结构如图3-7所示。它的主要组成部分是转子、机体、轴承、轴封、平衡活塞及能量调节装置等。

工作过程如图3-8所示。从图中可见阴、阳转子齿间容积大小随转子回转从大到小的变化,实现了气体的压缩过程。

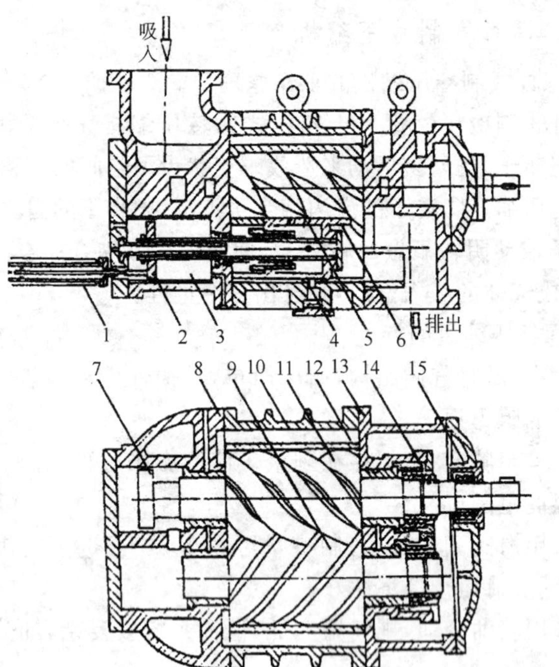

图 3-7 螺杆式制冷压缩机

1—负荷指示器 2—油活塞 3—液压缸 4—导向块 5—喷油孔 6—卸载滑阀 7—平衡活塞 8—吸气端座 9—阴转子 10—汽缸 11—阳转子 12—滑动轴承 13—排气端座 14—推力轴承 15—轴封

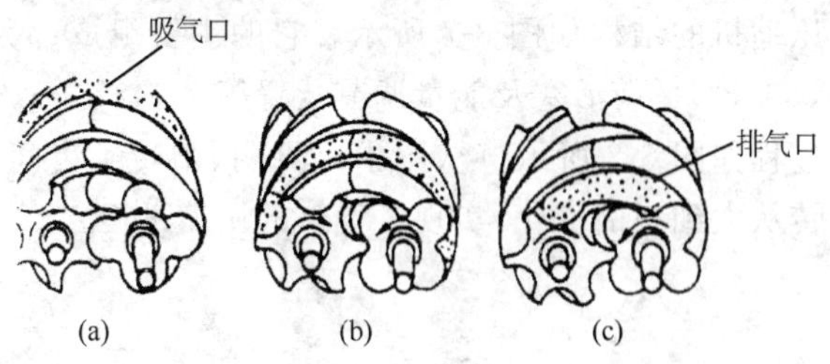

图 3-8 螺杆压缩机的工作原理

（三）离心式制冷压缩机

1. 离心式制冷压缩机的工作原理

从蒸发器来的制冷剂气体，经离心式制冷机的进气室，进口导叶进入叶轮吸气口。由于叶轮的高速转动，在离心力作用下，将叶片间的气体高速地往外甩，由于叶轮对气体做功，使气体的速度提高，同时压力也增加，将其动能转变为压力能。为了使制冷剂气体继续提高压力，则利用弯道和回流器再将气体引入下一级叶轮，并重复上述压缩过程。被压缩气体从最后一级扩压器流出后，又由蜗室将其汇集，并通过排气管进入冷凝器，完成气体压缩的过程。

2. 离心式制冷压缩机的结构

图 3-9 为国产单级（即一个工作轮）典型离心式制冷压缩机的纵

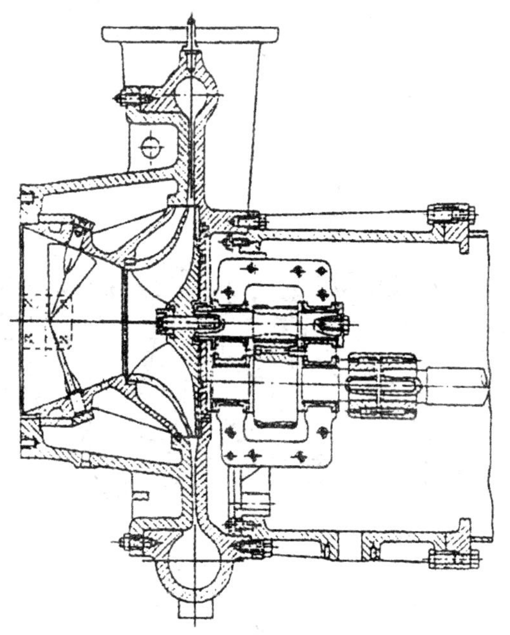

图 3-9　离心式制冷压缩机纵剖面图

剖面图。其中叶轮是一个最主要的部件，它把机械能传递给气体，使气体提高压力和速度。整个转子(叶轮、轴、齿轮等)的固有频率不能和转速频率相等，否则会产生很大的震动。为提高效率，现采用三元扭曲叶型，如图 3-10 所示。(a)为闭式叶轮，有轮盖，用于叶轮圆周速度较低的情况，以减少轮盖外侧高压气体漏至进口处。(b)为半开式叶轮，没有轮盖，可提高转速。采用氟利昂制冷剂单级压力比可达 2～3。所谓离心式压缩机的级，是指叶轮及其后的无叶扩压器、蜗室等的总和。多级离心式制冷压缩机如图 3-11 所示。

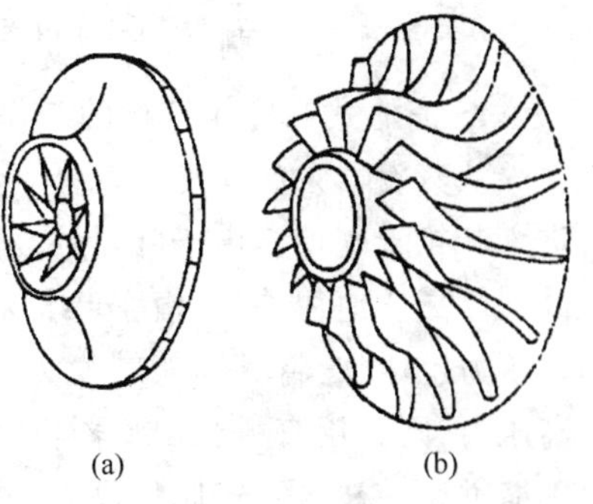

图 3-10　离心式三元扭曲叶轮

(a)闭式；(b)半开式

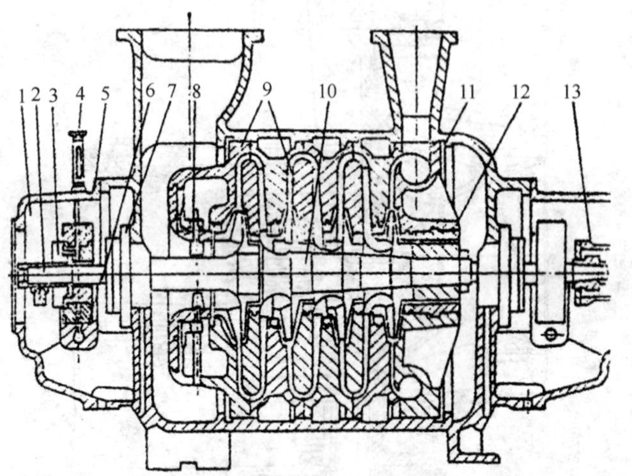

图 3-11　KF100×(－30)制冷机中多级离心式压缩机纵剖面图

1—顶轴器　2—套筒　3—推力轴承部　4—推力轴承　5—轴承　6—调整块　7—机械密封部　8—进口导叶叶片　9—隔板　10—轴　11—调整块　12—平衡盘　13—齿轮联轴器

目前离心式制冷压缩机采用的制冷剂是 R22、R123、R134a 等。

3. 离心式制冷压缩机和活塞式、螺杆式制冷机的比较(见表3-2)。

表 3-2　三种蒸汽压缩机式制冷机的比较

制冷机型式	优点	缺点
活塞式制冷机	这种制冷机出现最早,使用最广泛,运行管理经验成熟,运行可靠,使用方便;冷量范围大,热效率高,单位冷量耗电少;加工比较容易,造价比较低廉	压缩机体积大,耗金属多,占地面积大;易损部件多,维护费用高;单机产冷量不能太大;能量无级调节比较困难
螺杆式制冷机	压缩机结构简单,体积小,重量轻;易损部件少,振动小;容积效率高,对湿压缩不敏感;能实现无级调节	单位冷量耗电比活塞式稍高;喷油冷却螺杆式压缩机润滑油系统复杂、庞大,耗油高;噪声高,螺杆的加工精度要求高
离心式制冷机	单机制冷能力大(国外空调用离心式制冷机单机制冷量达到28000 kW);结构紧凑,重量轻,占地面积小;没有磨损部件,维护费用低;运行平稳,振动小,噪声较低;能经济地进行无级调节和合理地使用能源	离心式压缩机的转速高,所以对材质、加工精度和制造质量均要求严格;小型离心式制冷机热效率低于活塞式

二、冷凝器与蒸发器

(一)冷凝器

冷凝器的主要作用是将从制冷压缩机出来的高压过热蒸汽冷却、冷凝、过冷成液体。同时制冷剂在冷凝器中把在蒸发器中吸收被冷却物体的热量和压缩机耗功转化的热量传递给周围空气或水,再由水把热量传递到周围空气中去。冷凝器按冷却介质可以分为三种类型:水冷式冷凝器、空气冷却式冷凝器和蒸发式冷凝器。

1. 水冷式冷凝器

水冷式冷凝器是利用水来吸收制冷剂放出的热量。其特点是传热效率高,结构紧凑,多用于大中型制冷设备。

水冷式冷凝器的结构主要有壳管式、板式冷凝器等。

(1)立式壳管式冷凝器

立式壳管式冷凝器的结构如图 3-12 所示。目前只用于大、中型的氨制冷装置中。它直立安装在水池上,冷却水从冷凝器顶端进入冷凝器的配水箱,经导流管后在自身重力的作用下,呈膜状沿管内壁流下,排入水池。制冷剂在冷凝器管外冷凝流下,积存在底部并流出。壳体上装有放油阀、放空阀、均压管、安全阀等接管。

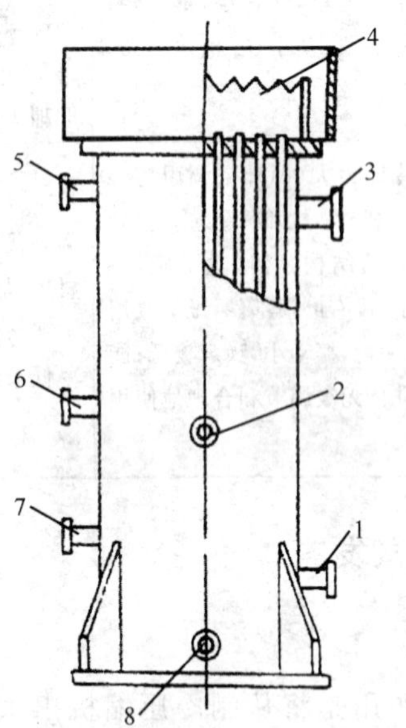

图 3-12 立式壳管式冷凝器

1—出液管 2—压力表接头 3—进气管 4—配水箱

5—安全阀接头 6—均压管 7—放空管 8—放油管

立式壳管式冷凝器的优点是可以露天安装，占地少，在运行时就可清洗水垢，可用水质较差的冷却水；缺点是体积大，金属耗量大，用水量大(单位面积冷却耗水量为 1～1.7 $m^3/(m^2 \cdot h)$)，制冷剂泄漏时不易被发觉。

(2)卧式壳管式冷凝器

卧式壳管式冷凝器是已广泛地应用在大、中、小型氨和氟利昂制冷装置中。它的结构如图 3-13 所示。它主要由钢板做成筒体。外壳两端焊有两块圆形管板及两个端盖组成，传热管两端用胀接或焊接固定在管板的管孔内。对用于氟利昂的传热管常用滚压肋片铜管。

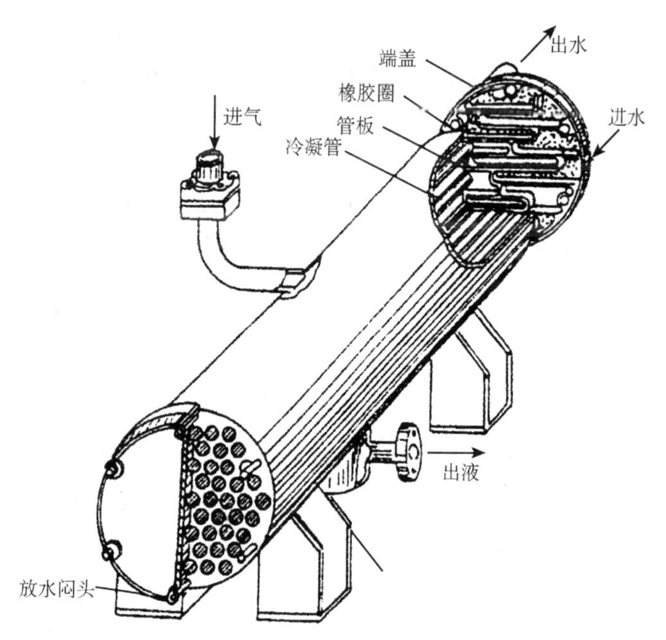

图 3-13　卧式壳管式冷凝器

制冷剂蒸汽从冷凝器壳体上部进入，在传热管外表面上冷凝，并从底部流入贮液器。对于氨冷凝器下部还设一个集污包。

冷却水进出口设在同一个端盖上，下进上出，端盖内都有隔板，在管内多次往返流动，冷却水从一个端头流向另一个端头一次，称为一个流程，其流程数为双数。端盖顶部有排气旋塞，在充水时用来排除管内空气；下部有放水旋塞，在停止使用时用来排放传热管中的残留水，以防传热管被腐蚀和冻裂。

卧式壳管式冷凝器的优点是结构紧凑，占地少；管内流速高，传热好；冷却水温升大，所以水耗量较小。其缺点是冷却水阻力大；清洗水垢不方便，同时要求冷却水水质好。

(3)板式冷凝器

图 3-14 是板式冷凝器的流动原理图。制冷剂从板式冷凝器的右上端进入，在波纹换热板上冷凝成液体流到底部，再从右下端流出进入贮液器。冷却水则从板式冷凝器的左下端进入，经波纹换热板，再从左上端流出。

板式冷凝器的传热元件是冲压成型的薄金属板片。板片上有波纹以强化传热，如图 3-15 所示。换热板之间的周边放入一定形状的密封圈，使板之间保持一定的距离形成制冷剂和冷却水的通道。考虑承压原因换热板片叠放在一起焊死。

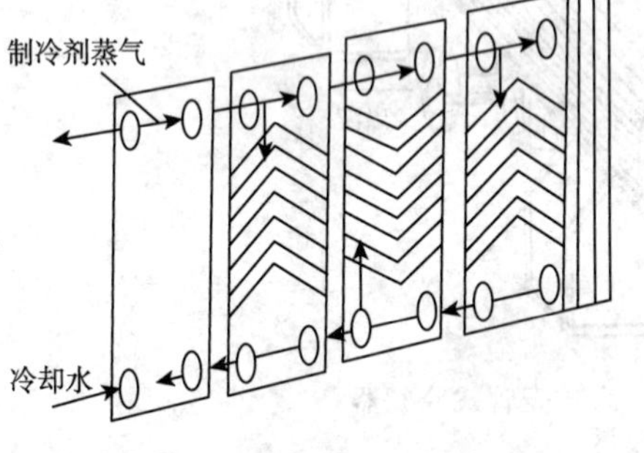

图 3-14　板式冷凝器的流动原理

图 3-15　板式冷凝器传热板片

板式冷凝器的优点是传热系数高达 2000～3000 W/(m^2·℃)，

结构紧凑，体积小，每立方米传热面积约为 250 m^2，每平方米传热面积需要金属材料 15 kg 左右。

2. 空气冷却式冷凝器

空气冷却式冷凝器由于近年来世界性城市缺水而被广泛采用，目前常用在中、小型空调和制冷设备中。常用的是强迫对流空气冷却式冷凝器。一般用直径 $\phi10\times0.7\sim\phi16\times1$ mm 的铜管套铝片，翅片距为 1.8～4 mm 的错排蛇形盘管。其结构如图 3-16 所示。其缺点是空气导热性能差，比热容小，很难用于制冷量大的系统。

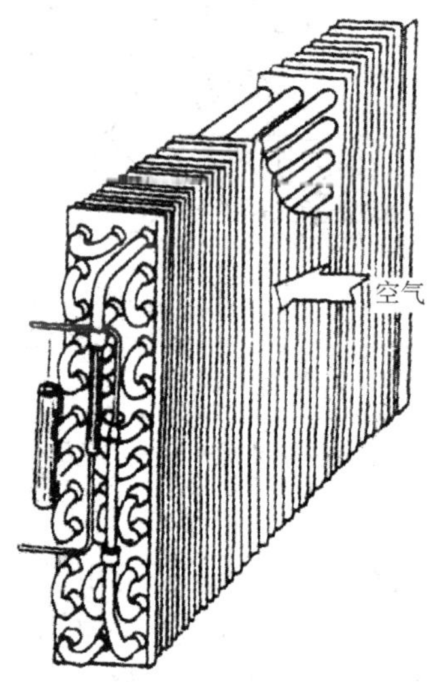

图 3-16　空气冷却式冷凝器

3. 蒸发式冷凝器

蒸发式冷凝器的工作原理是利用冷却水的汽化潜热来吸收制冷剂的热量使它得到冷凝，它综合了冷却塔和水冷式冷凝器的功能。

蒸发式冷凝器的结构如图 3-17 所示。它由风机、挡水板、制冷剂的传热管组、集水池、水泵和浮球阀等组成。其工作过程是由水泵把集水池中的水送到上部喷嘴，并喷淋在蛇形盘管上吸收制冷剂的热量而蒸发。在风机作用下空气强制性地流过冷凝管壁面，并和冷却水滴接触，加速了冷却水的蒸发，并带走了热的蒸汽。

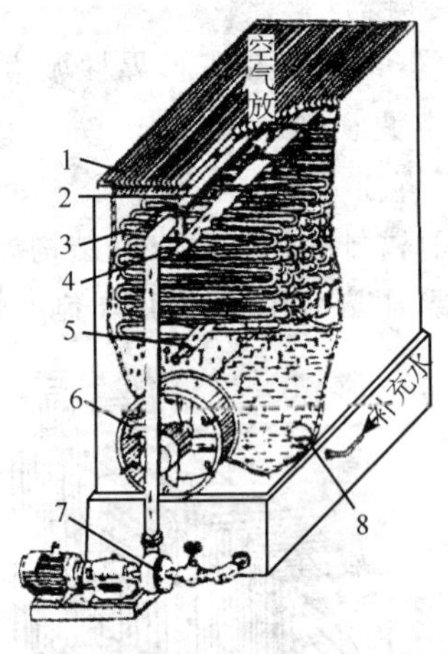

图 3-17 蒸发式冷凝器

1—挡水栅　2—喷嘴　3—冷凝管　4—进气管　5—出液管　6—风机 7—水泵　8—浮子

按空气流动方式，蒸发式冷凝器可分为吸入式和压送式，如图3-18、图 3-19 所示。吸入式的风机装在上部，空气均匀地掠过盘管，冷凝效果好，但风机处在高温高湿的环境中，易出故障。压送式的电机工作条件得到改善，但由于气流不太均匀，散热效果差。

蒸发式冷凝器的优点：利用冷却水潜热吸热，所以耗水量小，耗水量是水冷冷凝器的 5%～10%。空气流速约 3～5 m/s，每 1 kW 的热负荷所需风量为 85～160 m^3/h，冷却水量为 50～80 kg/h，补水量为循环水量的 5%～10%。它适用于气候干燥和缺水地区，要求水质好，常使用经过处理的软水。

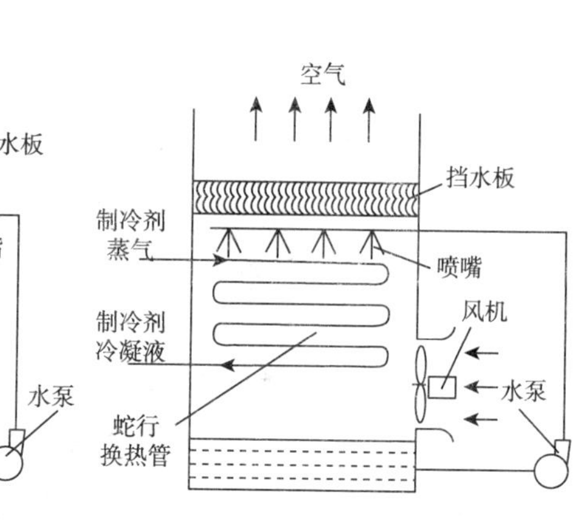

图 3-18 吸入式蒸发冷凝器　　图 3-19 压送式蒸发冷凝器

（二）蒸发器

蒸发器是专门供液态制冷剂在其中沸腾蒸发的设备。由于蒸发是一个吸热过程，所以它是制冷装置产生和输出冷量的重要设备。

蒸发器的结构按被冷却介质，可以分为液体载冷剂的蒸发器和冷却空气的蒸发器两大类。常用的蒸发器有卧式壳管式蒸发器、干式蒸发器、直立管式与螺旋管式蒸发器、冷却空气蒸发器等。

1. 卧式壳管式蒸发器

卧式壳管式蒸发器是用冷却水和盐水等液体载冷剂的蒸发器。

卧式壳管式蒸发器结构如图 3-20 所示。其结构与卧式冷凝器类同。制冷剂液体在管外蒸发，载冷剂在管内流动，在端盖下方进、上方出，且在同侧端盖上。制冷剂液面应在壳体直径的 70%～80% 处，液面上露出 1～3 排，使制冷剂过热。对氨的传热管用无缝钢管，对氟利昂用紫铜管或带翅片的铜管。

卧式壳管式蒸发器的优点是结构简单、紧凑，耗金属少，传热性能好；缺点是充注制冷剂量大，载冷剂有冻结的危险，回油较困难，还有液体静压引起蒸发温度提高。

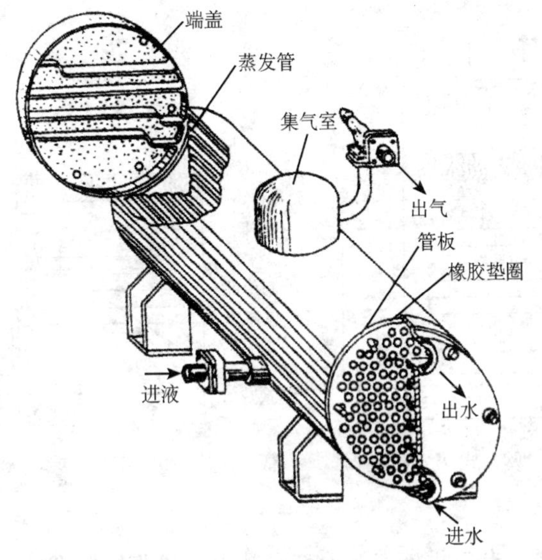

图 3-20　卧式壳管式蒸发器

2. 干式蒸发器

干式蒸发器和卧式壳管式冷凝器结构相似，但制冷剂在管内流动，载冷剂在管外绕折流板流动，如图 3-21 所示。其优点是制冷剂充注量较少，为传热管内容积的 30%～40%。制冷剂在管内的流速只要大于 4 m/s 就可保证润滑油带回压缩机，避免了传热管因冻结而胀裂现象，并解决了回油问题。干式蒸发器常用于氟利昂制冷设备。它的缺点是管外清洗困难。

3. 直立管式与螺旋管式蒸发器

(1)直立管式蒸发器

直立管式蒸发器如图 3-22 所示。只用于氨制冷装置中。制冷剂氨在直立钢管内吸收管外载冷剂热量后蒸发，氨气经气液分离器和上集管进入压缩机。载冷剂在水箱中搅拌器的作用下流动。其优点是传热性能好，充液量大不易冻结，缺点是体积庞大，金属耗量大，水或盐水在空气中暴露对金属腐蚀严重。

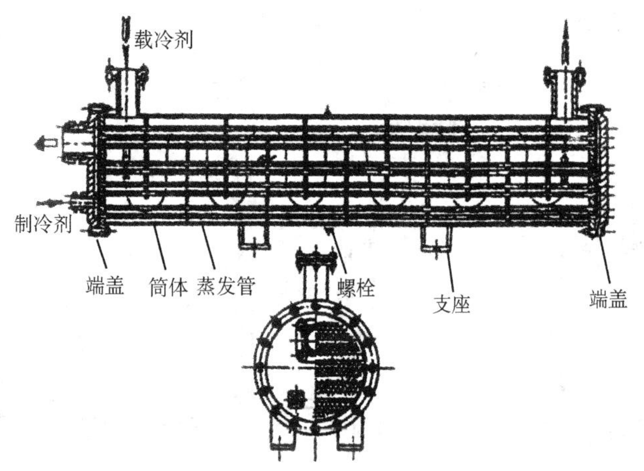

图 3-21　干式蒸发器

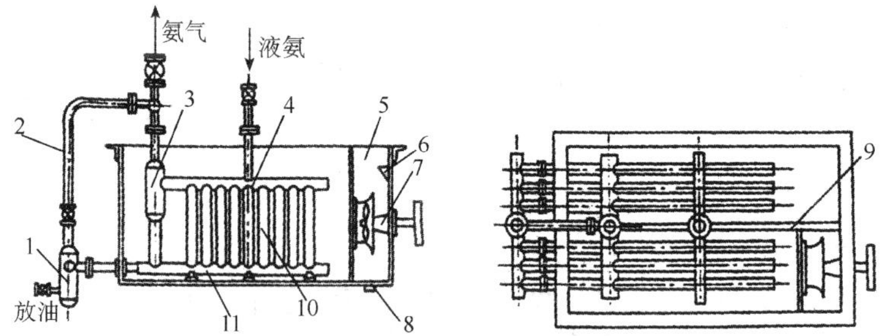

图 3-22　直立管式蒸发器

1—集油器　2—均压管　3—液体分离器　4—上集气管
5—水箱　6—泄水口　7—搅拌器　8—溢流管
9—隔板　10—直立管管束　11—下集液管

(2)螺旋管式蒸发器

螺旋管式蒸发器结构(见图 3-23)和直立管式蒸发器基本相同。其中传热管用单头(或双头)螺旋盘管代替直立管管束,同时把卧式搅拌器改为立式搅拌器。它除了具有直立管式蒸发器优点外，传热性能更好，体积小 20%～40%，省金属材料 15%。

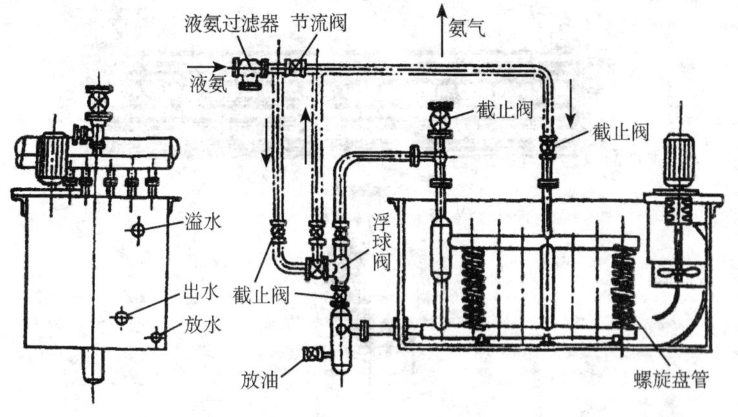

图 3-23　螺旋管式蒸发器

4. 冷却空气蒸发器

(1)直接或间接蒸发式空气冷却蒸发器

直接冷却式蒸发器是指与被冷却介质或被冷却区域中的空气直接接触，并使之降温的蒸发器，它常用于冷库和空调，如图 3-24 所示。

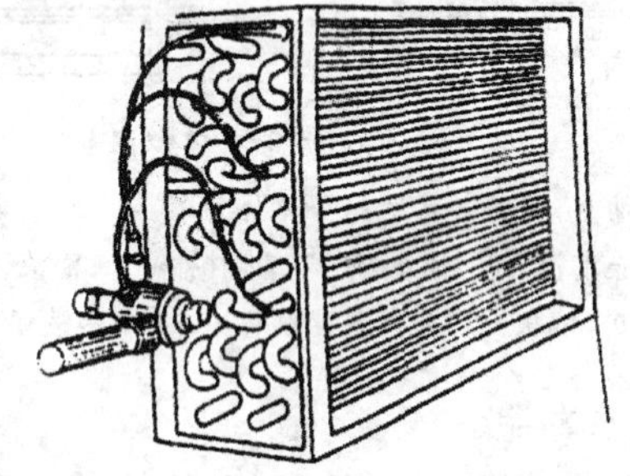

图 3-24　直接蒸发式空气冷却蒸发器

间接冷却器是指远离被冷却的空间或介质靠载冷剂传递冷量并使它降温的设备，常用于空调中。

(2)排管式蒸发器

排管式蒸发器主要用于冷库。制冷剂在管内蒸发，空气在管外自然对流。立管式蒸发器只用于氨制冷装置，蛇管式蒸发器可用于氨和氟利昂两种制冷装置。

三、制冷剂的节流机构

节流机构用来实现制冷机系统中制冷剂液体的膨胀过程。它的作用是将冷凝器或贮液桶中高压下的制冷剂液体节流降压到蒸发压力进入蒸发器。此外根据负荷的变化调节进入蒸发器的制冷剂流量。节流是一个近似的绝热过程即等焓过程，节流后将产生10%～30%的闪发气体（湿蒸汽）。节流装置可分为4类。

1. 手动节流阀

外形与普通截止阀相似，但它的阀芯呈针状或V形缺口的锥体，锥度较小。阀杆为细牙螺纹，便于调节流量。操作时手轮旋转1/8或1/4圈，一般不超过一圈。为适应负荷的变化需要频繁地调节流量。现在已很少单独使用，常作为自动膨胀阀的旁通阀的应急（如食品速冻时用）或供维修使用，或同浮球阀及电磁阀配合使用，共同实现对供液量的控制。

2. 浮球调节阀

它是用做液位调节的自动节流机构，用于满液式蒸发器、中间冷却器、氨液分离器等，主要用在制冷装置中。按浮球阀工作压力可分为低压浮球阀和高压浮球阀。低压浮球阀安装在蒸发器或中间冷却器的供液管路上来维持其液位。高压浮球阀已很少使用。低压浮球阀按制冷剂流通方式可分为直通式和非直通式两种。它们的工作原理相同，都有浮球室，浮球室与蒸发器用平衡管连接使两者液面基本相同，当液面降低时浮球下降，靠杠杆让开启度增大，供液量也增加；

反之，浮球上升，阀门关小，供液量减小，浮球升到一定限度时阀门被关死就停止供液。

两种浮球阀的结构原理和管路系统见图 3-25。两种浮球阀的区别：直通式的阀门在浮球室内部，结构简单，但浮球室液面波动大；非直通式的阀门机构在浮球室外部，其结构较复杂，但液面平稳。

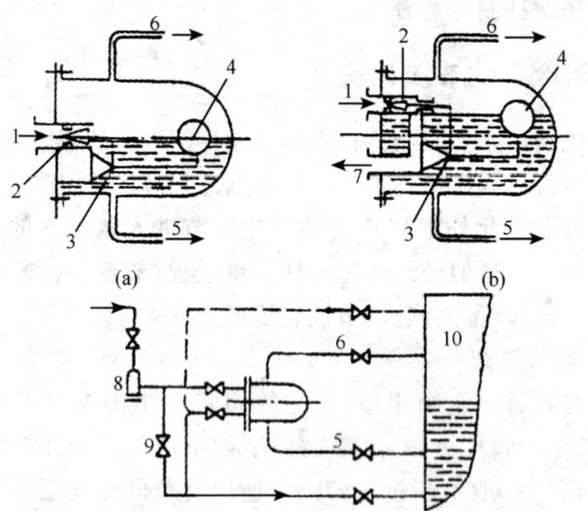

图 3-25　低压浮球阀的管路系统

(a)直通式；(b)非直通式；(c)非直通式的管路系统

1—液体进口　2—针阀　3—支点　4—浮球　5—液体连接管

6—气体连接管　7—液体出口　8—过滤器

9—手动节流阀　10—蒸发器或中间冷却器

在运转中，当负荷大时，蒸发器中形成气液混合物，其液面远高于浮球阀中液面，所以在安装时应适当将浮球阀放低一些，液体连接管的竖直尺寸尽可能小一些。

3. 热力膨胀阀

它利用蒸发器中蒸汽过热来实现流量的调节，既避免过量供液，保证蒸发器面积的充分利用,又可防止压缩机的湿冲程。它主要用于氟利昂制冷系统。

热力膨胀阀一般分为内平衡式和外平衡式两种。

(1)内平衡式热力膨胀阀

内平衡式热力膨胀阀(见图 3-26)主要由感温包、毛细管、阀座、传动杆、针阀及调节机构组成。感温包 12、毛细管 15 和感应膜片 16

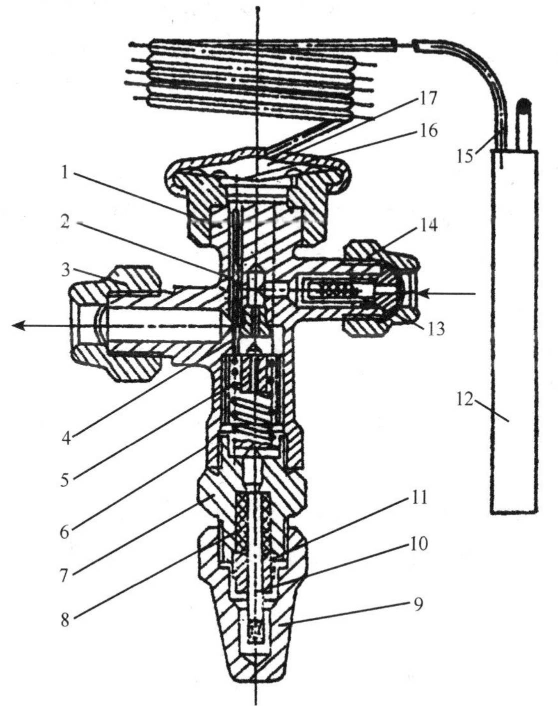

图 3-26　内平衡式热力膨胀阀结构原理图

1—阀体　2—传动杆　3—螺母　4—阀座　5—阀针
6—弹簧　7—调节杆座　8—填料函　9—阀帽　10—调节杆
11—填料压盖　12—感温包　13—过滤器　14—螺母
15—毛细管　16—感应膜片　17—气箱盖

共同组成密封腔，内充 R12 或 R22。感温包捆扎于蒸发器出口管，用以感受蒸发器出口温度。感温包内的温度和压力是一一对应关系，通过感温包 12 把蒸发器出口温度转换成相应的压力，通过毛细管 15 将压力传到感应膜片 16 上，通过膜片变形推动阀杆作轴向位移。膜片及其上下腔压力和弹簧 6 组成力平衡系。膜片上腔压力变化，改变力平衡，即改变阀杆位移和阀的开度。若过热度大，冷负荷变大，膜片上腔压力增大，使阀杆下移，制冷剂流量增多，从而使过热度变小；反之，过热度变小，则制冷剂流量也变小。从工作原理看，热力膨胀阀是将敏感元件调节器和执行机构成一体的自力式比例调节器。

(2)外平衡式热力膨胀阀

如果蒸发器中制冷剂的压力损失较大，会使内平衡热力膨胀阀的开启过热度增大，即使蒸发器面积利用率降低。因此当膨胀阀出口至蒸发器出口的蒸发温度降低超过 2～3℃时，应使用外平衡式热力膨胀阀。

外平衡式热力膨胀阀（见图 3-27）与内平衡式膨胀阀的区别是膜片下部空间与膨胀阀出口互不相通，而通过一根小口径的平衡管与蒸发器出口相连。这样，膜片下部制冷剂的压力不是膨胀阀的出口压力，而是蒸发器的出口压力，该力向上作用于膜片，使阀门关闭。它可避免蒸发器阻力损失较大时的影响，维持过热度在一定的范围内，使蒸发器传热面积充分利用。

热力膨胀阀的安装位置，必须靠近蒸发器，阀体应垂直放置。为使感温机构内的液体始终保持在感温包内，感温包应装得比阀体低一些。感温包装在出口一段回气管上，一般应远离压缩机吸气口 1.5 m 以上，并尽可能装在水平管段部分，绝不能放在有积液的地方。通常将感温包紧贴回气管壁并包扎紧密，接触处要将氧化皮清除干净，可涂铝漆作保护，以防生锈。当回气管直径小于 25 mm 时，感温包扎在回气管顶部。当回气管大于 25 mm 时可包扎在回气管的下侧45°处，以防管子底部积油等影响感温包的正确感温。制冷剂流量的大小可以转动调节杆来调节。调节杆螺纹转动一圈过热度的变化约为1～2℃。要耐心地多次调整，直至满足为止。调节时除根据仪表进行外，可按经验方法进行，即转动调节杆使回气管外刚好能结霜或结露。对于蒸发温度低于0℃的制冷装置，若挂霜后用手摸，感到黏手的凉感，则表示阀的开度适宜。

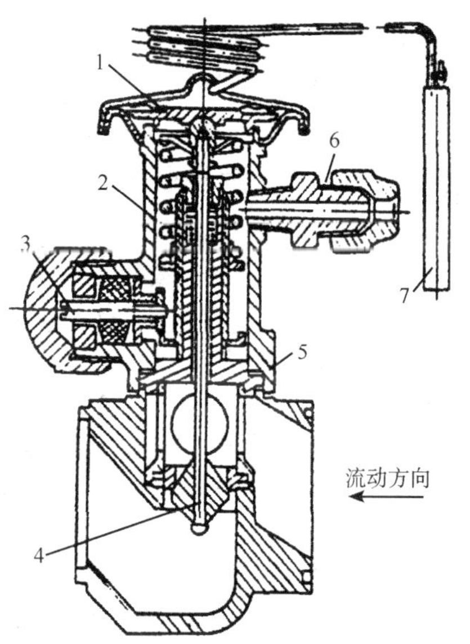

图3-27　外平衡式热力膨胀阀结构原理图

1—阀杆螺母　2—弹簧　3—调节杆
4—阀杆　5—阀体　6—外平衡接头 7—感温包

4. 不可调节的节流装置

有自动膨胀阀、毛细管、节流短管和节流孔等，宜用于蒸发温度及冷量负荷较稳定的情况，因为这些节流机构的调节特性较差。

四、辅助设备

在制冷系统中除四件主要设备外，还有一些辅助设备，如贮存及分离设备、润滑油的分离及收集设备、净化及安全设备等。这些辅助设备的用途是保证制冷机的正常运转，提高运行的经济性和安全性。

（一）贮液器

贮液器又称贮液桶，按用途和工作压力不同，可分为高压贮液器、低压贮液器、循环贮液桶和排液桶。前三种主要用来贮存和供给制冷剂，以便工况变动时能补偿和调剂液体制冷剂的数量。后一种是作为检修和排管或冷风机冲霜时贮存排出制冷剂用。这四种结构基本相同。

高压贮液器是贮存冷凝器来的制冷剂液体，其结构如图 3-28 所示。对于中大型氨制冷装置中，其液体充注量，一般不超过筒体直径的 80%。

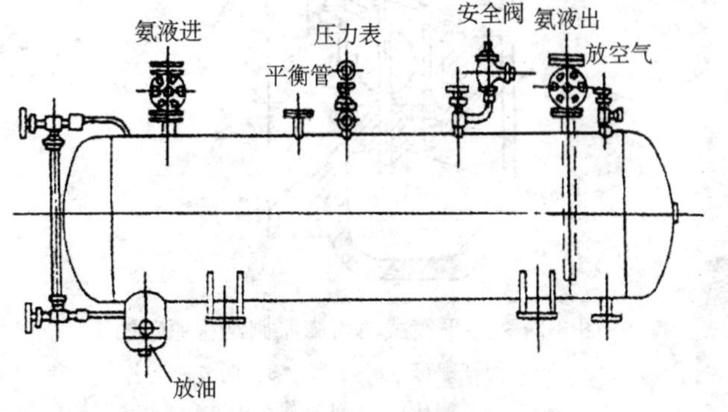

图 3-28　高压氨贮液器

低压贮液器仅在大型氨制冷装置中使用，主要贮存压缩机总回气管路上氨液分离器分离出来的低压氨液。

循环贮液桶在氨泵系统中，取代重力供液系统中的氨液分离器和低压循环桶，保证供应氨泵所需的低压氨液，同时起氨液分离器的作用。它有立式和卧式之分。

排液桶是接纳蒸发器排出制冷剂液体的容器。它的容量应满足贮存最大一间库房的冷风机或冷却排管的充氨量，桶内氨液最大允许量为其容积的70%。

(二)气液分离器

气液分离器是将制冷剂的气体与液体分离的设备。它可分为立式与卧式，机房用与库房用，以及氨用与氟利昂用。

氨用气液分离器的作用：①库房用气液分离器将通过节流阀的气液混合物分离，只让氨液进入蒸发器，同时兼有液体分配作用。②机房用气液分离器将来自蒸发器中蒸汽的液滴分离，保证压缩机吸入干饱和蒸汽，实现安全运行。图3-29是常用的一种立式氨液分离器。

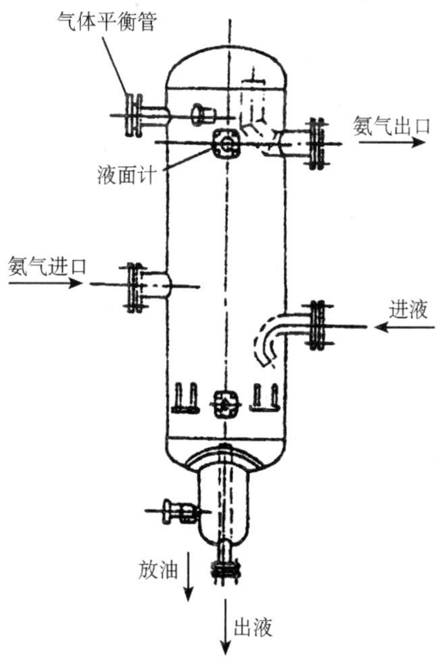

图3-29　立式氨液分离器

氟利昂系统的气液分离器主要是用于机房，其作用是：①贮存分离液体，防止压缩机湿压缩和曲轴箱润滑油的稀释；②把足够的油送回压缩机；③气液分离器内盘管可作为气液热交换器，使系统运行良好。

（三）中间冷却器

中间冷却器用于两级压缩制冷系统，它冷却低压级压缩机的排气、对进入蒸发器的制冷剂液体过冷，还具有对低压级排气进行油分离的作用。图 3-30 为一级节流氨制冷循环中用的带蛇管的中间冷却器。低压级压缩机排气由氨气进口管 2 进入被从氨液进口管 3 进入的液体冷却，同时还冷却了贮液器来的氨液，它由氨液进口管 6 进入，经蛇管由氨液出口管 5 排出。吸热后的氨液汽化随低压排气进入高压级压缩机。

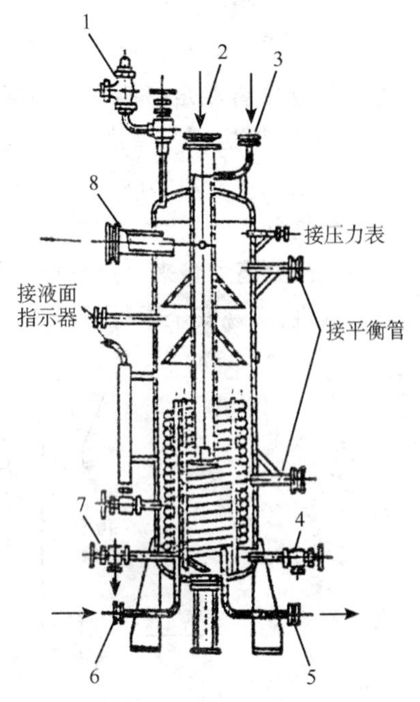

图 3-30　具有蛇管的中间冷却器

1—安全阀　2—氨气进口管　3、6—氨液进口管　4—出液阀　5—氨液出口管　7—放油阀　8—氨气出口管

氟利昂的中间冷却器简单，内有一组蛇管，如图 3-31 所示。被冷却的液体在蛇管内流动，并被节流后的液体过冷。

（四）油分离器

油分离器的工作原理是由于油滴与制冷剂蒸汽的密度不同，利用突然扩大通道面积使流速降低和改变流向，或其他措施使润滑油沉降分离。现代的油分离器除利用沉降法外，还有洗涤、离心和过滤作用。分离器的型式由制冷剂种类和制冷量大小来定。常用的油分离器有洗涤式、离心式、填料式和过滤式等型式。

1. 洗涤式油分离器

适用于氨制冷机。压缩机排气从顶部进入分离器，经下部氨液洗涤与油分离，再从上部侧面进入冷凝器。润滑油靠排气减速、改变流向、氨液的冷却和洗涤作用而分离，并沉淀在底部，定期排入集油器。其结构如图 3-32 所示。

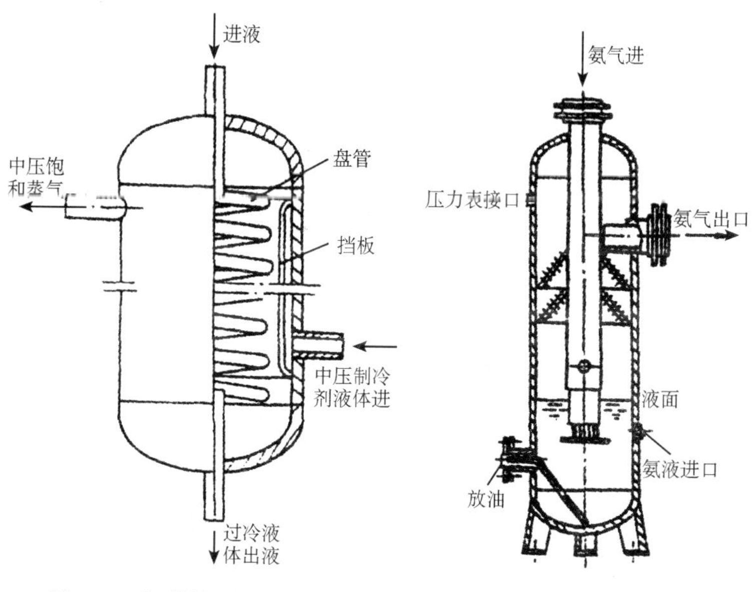

图 3-31　氟利昂用中间冷却器　　图 3-32　氨洗涤式油分离器

2. 离心式油分离器

离心式油分离器如图 3-33 所示。适用于中等或较大制冷量的压缩机。它利用气流螺旋流动时的离心力使油分离，分离后的油积聚在底部，经自动控制阀返回压缩机，或定期排入集油器，蒸汽经过滤网由中间管子引出。

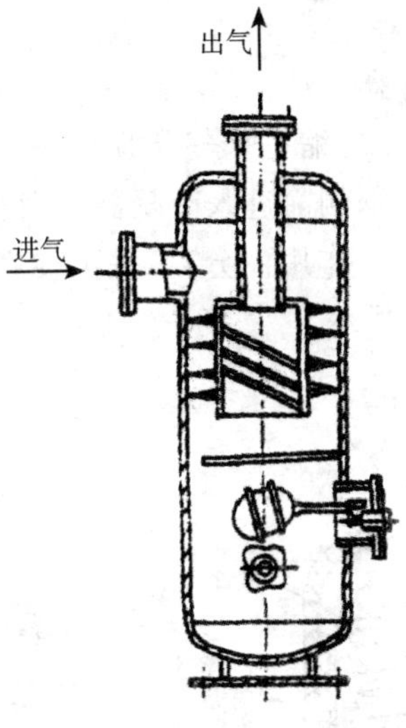

图 3-33　离心式油分离器

3. 填料式油分离器

适用于中、小型制冷压缩机。分离器的桶内装有金属丝网、陶瓷环或金属屑等填料，如图 3-34 所示。油滴靠气流速度降低，流向改变及过滤而分离。其中以不锈钢丝填料的油分离器分离效率最高，可达 96%～98%，但阻力比较大。

4. 过滤式油分离器

图 3-35 示出了它的结构，氟利昂制冷系统常用。压缩机排气从顶部管子进入，与润滑油分离后从上部侧面引出。润滑油靠排气减速、改变流向及金属网丝过滤而分离并集于下部。通过浮球阀间断地利用回油管进出压差使油回到压缩机曲轴箱。

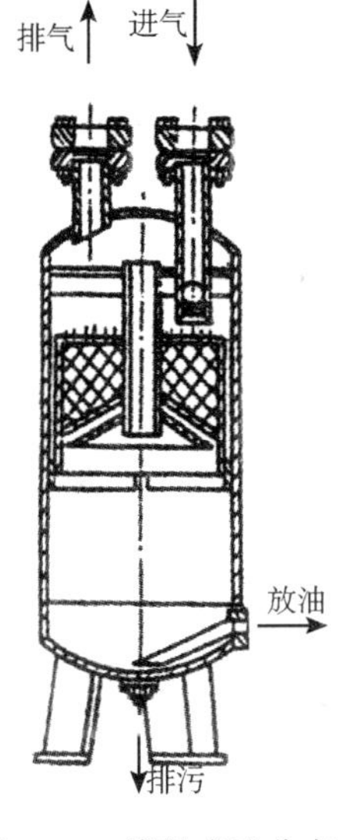

图 3-34　填料式油分离器

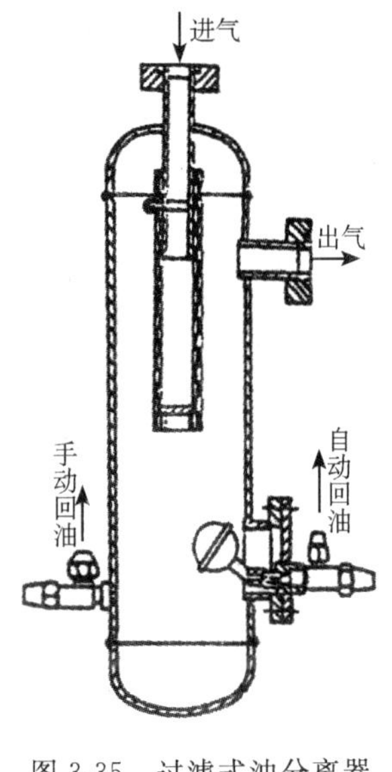

图 3-35　过滤式油分离器

(五)集油器

在氨系统中,由于油分离器不可能把润滑油分离出来,因此其他容器中也存在润滑油。从这些容器中直接放油是不安全的,而且会造成氨损失,故将油先排进集油器,其结构如图 3-36 所示。在放油前应先把集油器中氨抽走,然后在低压下放油。

(六)不凝性气体分离器

系统内不凝性气体的来源是:

①安装、检修设备后,充灌制冷剂前,系统抽真空不彻底,内部留有空气。

②补充制冷剂、润清油,更换干燥器或清洗过滤器时,使空气混入系统中。

③当蒸发压力低于大气压力时,空气从不严密处渗入系统内。

④制冷剂及润滑油在高温下分解产生不凝性气体。

⑤金属材料的腐蚀。

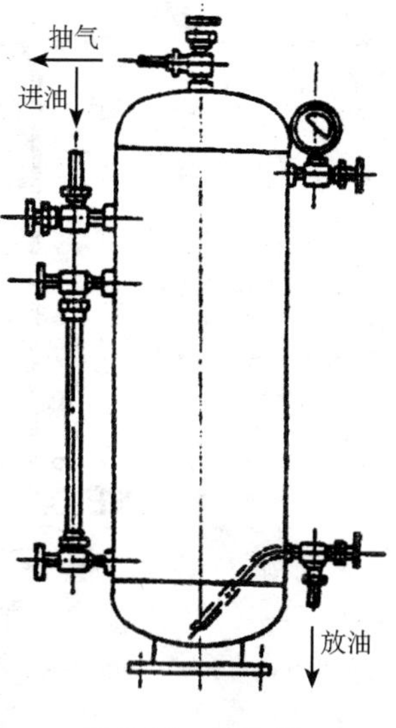

图 3-36　集油器

不凝性气体(主要是空气)在运行中最终集中在冷凝器中。其后果将使冷凝压力升高,排气温度升高,制冷量减小,功耗增大,经济性降低。尤其是氨系统,氨和空气混合后,在高温下有爆炸危险。

不凝性气体分离器结构很多。图 3-37 所示为氨制冷装置的卧式套管式空气分离器结构。它由四根不同直径的无缝钢管做成的同心套管焊成。氨液经膨胀阀进入中心内管和与内管相通的第三层,吸收由冷凝器或高压贮液器来的不凝性气体的热量成为饱和气体,从第三层出口引入机房的气液分离器。不凝性气体进入壳体最外层和与它相通的第二层。在第一、三层液体制冷剂冷却下部分制冷剂气体冷凝成液体,积聚在最外层右下部,到一定量时打开下方节流阀,将氨液送入第一、三层中,不能冷凝的混合气体由第二层的放空气口排放到环境中。对氨系统,排气应插入水中,以便吸收未冷凝的氨气。

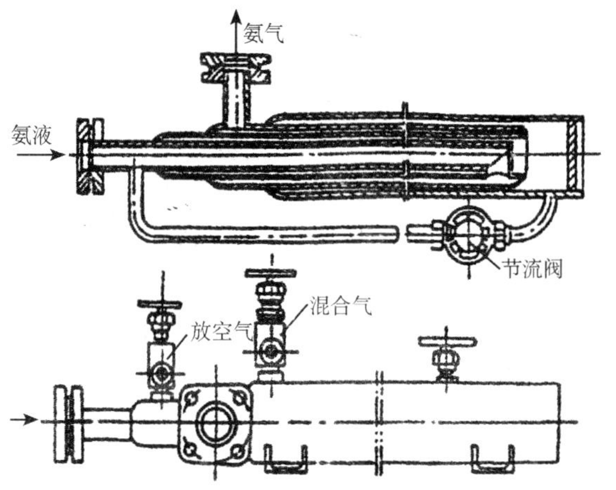

图 3-37　卧式套管式空气分离器

氨系统中还使用立式盘管式不凝性气体分离器，现在已实现自动控制。对氟利昂系统的螺旋冷却管式不凝性气体分离器可以直接安装在卧式冷凝器或贮液器上。

（七）过滤器与干燥器

1. 过滤器

分气体过滤器和液体过滤器，其结构如图 3-38 所示。气体过滤器装在压缩机吸气管路上或压缩机的吸气腔，以防止机械杂质（如金属屑、焊渣、氧化皮等）进入压缩机汽缸；液体过滤器装在调节阀前的管路上，防止污物堵塞或阀件损坏。过滤器是利用金属丝网来阻挡污物。

2. 干燥器

只用在氟利昂系统中，装在液体管路上用于吸附制冷剂中的水分，以防管道冰塞。干燥器外壳是无缝钢管，内装金属网内胆，胆内装有吸附剂（硅胶或分子筛），如图 3-39 所示。为防止干燥剂进入系统管路，干燥器两侧装有铁丝或铜丝网等过滤层。

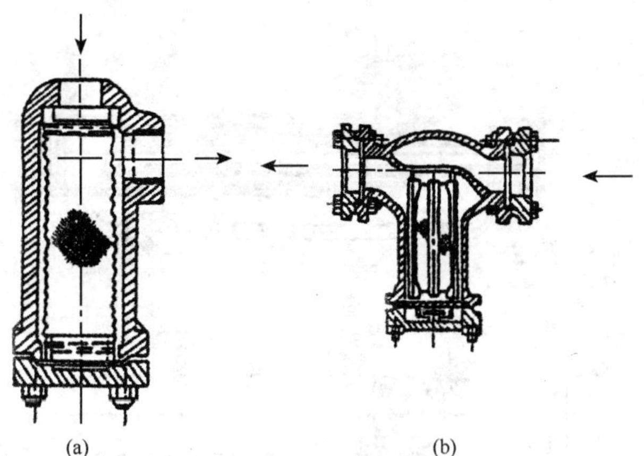

图 3-38 氨过滤器

(a)气体过滤器;(b)液体过滤器

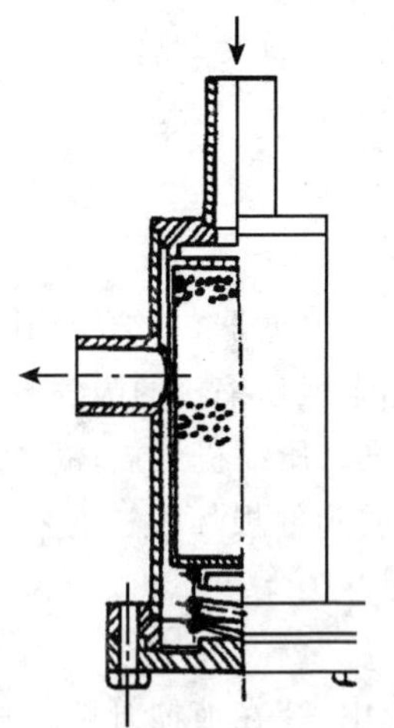

图 3-39 干燥器

(八)紧急泄氨器

制冷系统中充氨较多时设置,以便在紧急情况下,如火灾时,迅速将氨液放掉,保护人身和设备的安全,其结构如图 3-40 所示。系统中贮氨量较大的容器(高压贮液器、蒸发器等)都与紧急泄氨器相连。必须紧急排氨时,将氨液泄出阀和进水阀打开,在器内让水吸收氨液后排入下水道。

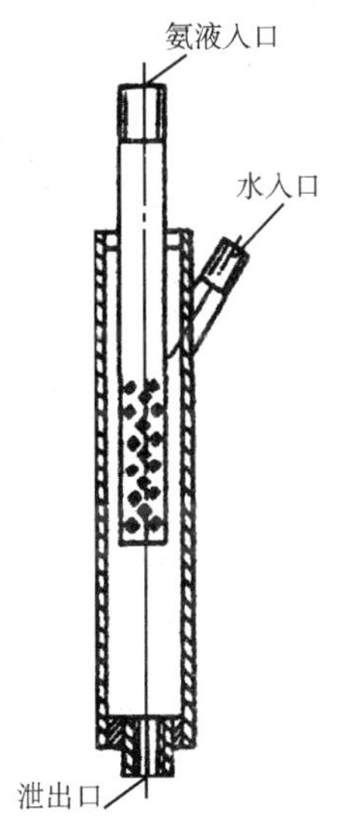

图 3-40　紧急泄氨器

第二节　空调用冷水机组

空调用冷水机组是直接为空调工程提供冷水的制冷机组,简称为冷水机组。多数冷水机组采用氟利昂为工质,少数采用氨为工质。下面将介绍常用的几种冷水机组。

一、活塞式冷水机组

以活塞式压缩机为主机的冷水机组称为活塞式冷水机组。机组的压缩机、蒸发器、冷凝器和节流机构等设备，都组装在一起，并安装在一个机座上，设备间管路也在制造厂装配完毕，用户只需现场连接外接冷水管和冷却水管以及连接电气线路，并对管道保温，即可运行。活塞式冷水机组根据冷凝器冷却介质不同可分为水冷或风冷两种，它具有结构紧凑、占地少、安装快、操作与管理简便等优点。

我国活塞式冷水机组过去用开启式、新产品多采用半封闭制冷压缩机组装。蒸发器出口冷水温度为7℃，冷凝器进、出水温度分别为32℃和36℃，制冷量范围为35～580 kW。

图3-41、图3-42为活塞式冷水机组外形图和系统图。机组的制冷剂为R22，制冷量约为342 kW，主机为6FW12.5型压缩机。它装有能量调节机构，制冷量可按1/3、2/3、1三档来调节。压缩机后盖上装有一组0.5 kW的电加热器，在油温低时可以用来加热。压缩机上装设了一些安全和自动保护设备。在压缩机吸、排气腔之间装有安全旁通阀，保护机器不受损坏。在排气和吸气管路上设高低压力控制器，控制压缩机停机，实现安全和经济运行，还设置了油压差控制器，一旦油压低于规定值就停机以免运动部件摩擦损坏。

在图3-42中，冷凝器2为水冷式，冷却水温不高于32℃，进出水温差为4～6℃，冷凝器上有高压安全阀。冷却管为低肋滚压螺纹管。

干式蒸发器4采用纯铜铝芯复合内肋片管，R22在管内汽化，水在管外流动被冷却，蒸发器没有冻裂的危险。

为保证压缩机干压缩，设置了气液热交换器7。

R22在蒸发器内蒸发后，由压缩机吸气，压缩后送入冷凝器冷凝成液体并在气液热交换器中过冷，然后液体制冷剂经干燥过滤器8、电磁阀6和外平衡热力膨胀阀5节流后进入蒸发器，在蒸发器中吸收冷媒水热量，如此不断循环。在蒸发器出口处设 WJ35 型温度控制器作防冻保护、JD550 型压力控制器作冷媒水断水保护。冷却水的断水保护用 YT1226B 型压力控制器。

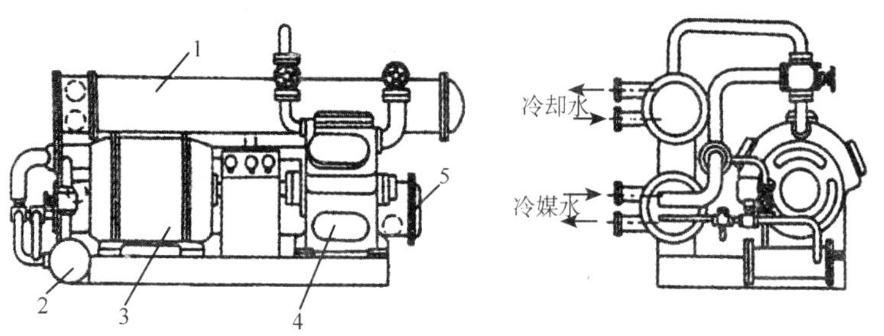

图 3-41　活塞式冷水机组外形

1—冷凝器　2—气液热交换器　3—电动机　4—压缩机　5—蒸发器

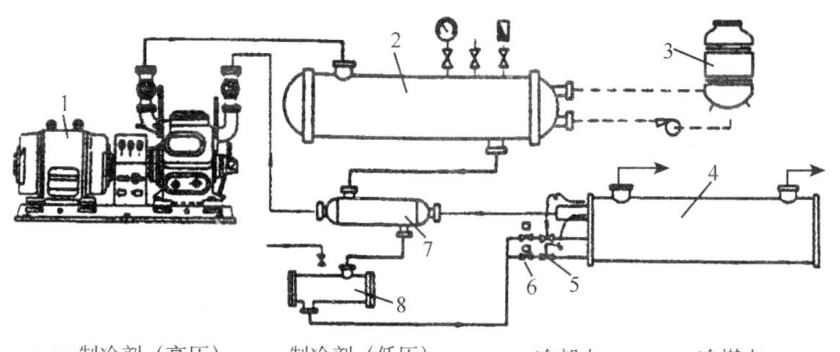

图 3-42　活塞式冷水机组系统

1—压缩机组　2—冷凝器　3—冷却水塔　4—干式蒸发器
5—外平衡热力膨胀阀　6—电磁阀　7—气液热交换器　8—干燥过滤器

二、螺杆式冷水机组

以螺杆式压缩机为主机的冷水型机组，称为螺杆式冷水机组。它由螺杆制冷压缩机、冷凝器、蒸发器、节流装置、油泵、电气控制箱及其他控制元件等组成。它的优点是结构紧凑、体积小、重量轻、振动小,基础简单、运转平稳、操作简便,还设有能量调节装置,可使压缩机减荷启动和实现制冷量无级调节,能量调节范围可在15%～100%。此外,还设有内压比调节,使压缩机在比较理想的工况下运行,其功率消耗小,运行经济。目前螺杆式制冷压缩机都为喷油式。喷油有五个方面的作用:

①可吸收压缩热并将它带出机外,使螺杆压缩机排气温度大为降低;

②油可充填阴阳转子齿面间隙,减少工质在内部泄漏,起到密封作用;

③使压缩机的零件和运动都得到较好的润滑,延长机件的寿命;

④降低噪声;

⑤冲洗尘埃与杂质。

由于螺杆式制冷压缩机喷油量大,所以机组上还设有油处理设备—油分离器、油冷却器、油过滤器、油泵等。

1. 螺杆式冷水机组制冷系统

该系统的流程如图 3-43 所示。自蒸发器出来的制冷剂蒸汽,经过滤器 1、吸气止逆阀 2 进入螺杆压缩机 3 的入口。压缩机内的一对转子由电动机带动旋转,油在滑阀 4 适当位置喷入,气油混合物被压缩后排出,进入一次油分离器 5,使油沉降在油分离器底部,含少量油的气体通过排气止逆阀 6 进入二次油分离器 7,此时纯净制冷剂气体进入冷凝器。系统中吸气止逆阀 2 是防止转子前后压差引起气体倒流,使转子倒转损坏。排气止逆阀 6 可防止停机后高压气体倒流,使机内呈高压。旁通管路 8,当停机后,电磁阀开启,使机内较高压力的蒸汽旁通到蒸发器,便于下次启动。压差控制器 G 控制系统高低压力。排气温度超过规定值时,由温控器 H 切断电源。

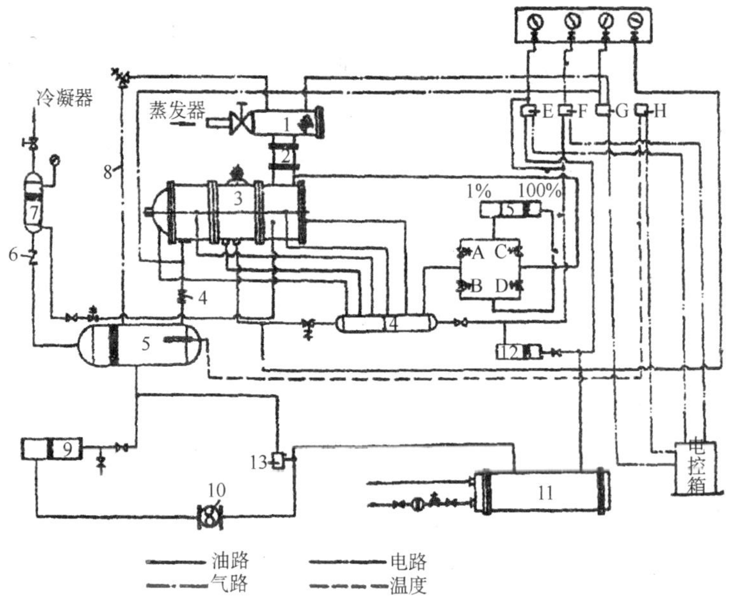

图 3-43　螺杆式冷水机组制冷系统

1—过滤器　2—吸气止逆阀　3—螺杆压缩机　4—滑阀　5—油分离器　6—排气止逆阀　7—二次油分离器　8—旁通管路　9—粗过滤器　10—油泵　11—油冷却器　12—精过滤器　13—油压调节阀　14—油分配总管　15—滑阀油缸

2. 机组油路系统

在油分离器 5 下部温度较高的冷冻油，经截止阀由粗过滤器 9，被油泵 10 吸入排至油冷却器 11，油被水冷却后进入精过滤器 12，然后压入油分配总管 14，将油分别送入油封装置、滑阀喷油孔、前后主轴承、平衡活塞、四通电磁换向阀等能量调节装置。送入轴封装置、前后主轴承、四通电磁阀的油，经机体内油孔返回到低压侧。部分油与蒸汽混合后，由压缩机至油分离器。在转子机腔中的气、油混合物被排至一次油分离器中，分离后的油积于底层。一次油分离器中的油经循环再度使用。二次油分离器中的油，一般定期放入压缩机低压侧。在油冷却器与一次油分离器之间设油压调节阀 13，使油压较排气压力高 98～294 kPa。多余的油经压力调节阀回到一次油分离器中、二次油分离器 7 中分离出来的油经电磁阀回到压缩机的低压侧。油过滤器的油压差，由压差控制器 E 控制（压差控制约 98～147 kPa）。

3. 冷却水系统

冷却水经截止阀、过滤器、电磁阀、截止阀、油冷却器等对油进行冷却。

4. 能量调节装置

当能量不变时，电磁阀 A、B、C、D 均为关闭状态。当能量增加时，由温度控制使电源接通 A、D，从油分配器来的高压油，通过电磁阀 A 进入滑阀油缸 15 左室，而右室的油经电磁阀 D 流入压缩机低压侧，实现增荷。反之，当能量减小时，接通电磁阀 B、C，活塞带动滑阀移动实现减荷。

5. 螺杆式冷水机组运行条件

冷凝温度≤40℃；蒸发温度 5～2℃；排气温度≤100℃；油温≤65℃，油压高于排气压力 $2\sim3\times10^5$ Pa。

6. 机组指示仪表和安全装置

在机组仪表箱上部装有压力表、排气温度表、手动能量调节四通阀；下部装有高压控制器（调定值为 1.6 MPa）、低压控制器（调定值为 0.32 MPa）、油温控制器（油温高于 70℃停机）、油压差控制器（油压高于排气压力 0.2 MPa 可运行、低于 0.15 MPa 停机，压差控制器有将近 60s 的延时机构）、精滤油器压差控制器（当压差达 0.1 MPa 时，应对精滤油器清洗）、冷水出水温度控制器（控制冷水出口温度高于 2℃），安全阀（压力达 1.8 MPa 时起跳，将高压制冷剂导入低压部分）。此外，还有主电动机过载保护、冷水流量开关保护等。

三、离心式冷水机组

以离心式制冷压缩机为主机的冷水机组，称为离心式冷水机组。它将离心式压缩机、蒸发器、冷凝器、节流装置、主电动机、抽气回收装置、润滑油系统和电气控制柜等组合成一整体，装在同一底座上面。当前空调用冷水机组一般以 300 kW 为下限，大型单机容量可达 30000 kW。系统使用的制冷剂有 R22、R123 和 R134a。机组密封形式有开启型、半封闭型和全封闭型。

(一)单级半封闭离心式冷水机组

该机组的制冷循环见图 3-44。半封闭离心压缩机是指压缩机、增速装置、主电动机装在所连接的封闭壳体内。压缩机体 4 从蒸发器 6 吸入工质(蒸发温度一般为 3～6℃)，经进气导叶 3 吸入叶轮 2。利用调节进气导叶的开度和导角调节吸入制冷剂流量。高速旋转的叶轮 2 使气体制冷剂高速流动，并在蜗室中转化为压力能，成高压气

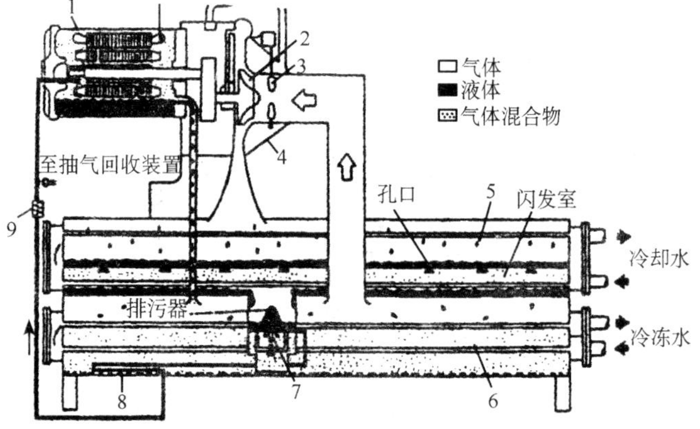

图 3-44 半封闭离心式冷水机组的制冷循环

1—电动机 2—叶轮 3—进气导叶 4—压缩机体 5—冷凝器 6—蒸发器 7—节流阀 8—过冷盘管 9—过滤器

体，排气温度可达 37～40℃，然后进入冷凝器 5 内冷凝成液体，冷凝热由循环水带走。液体制冷剂由限流孔进入闪发过冷器，闪发过冷器压力较低，部分液体制冷剂闪发为气体，吸取液体热量后液体制冷剂得到进一步冷却。闪发气体在闪发过冷器中由冷却水冷却下再次冷凝成液体，流至除污器除污后，通过节流阀 7 节流后进入蒸发器 6，在蒸发器内吸收管中冷水的热量再次气化并被压缩机吸入进行循环。此外，在节流阀前，引出部分制冷剂液体进入蒸发器中过冷盘管 8 过冷，再经过滤器 9 进入电动机转子端部的喷嘴，喷入电动机，使电动机冷却。

（二）半封闭离心式压缩机的润滑系统

润滑系统如图 3-45 所示。润滑油经油冷却器冷却后，经油过滤

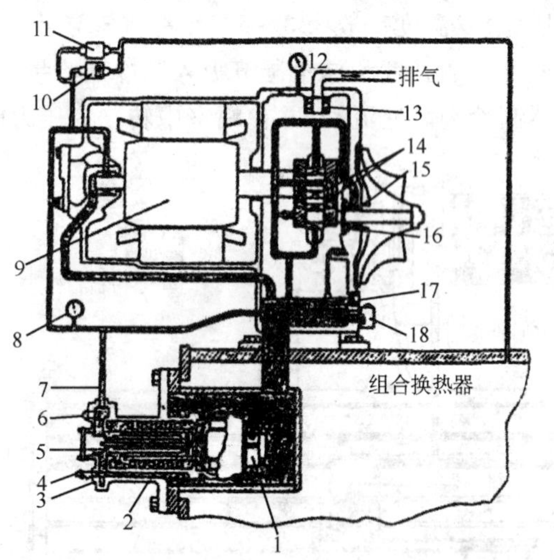

图 3-45　半封闭离心式压缩机的润滑系统

1—油泵　2—油冷却器　3—油压调节阀　4—注油阀　5—油过滤器　6—磁塞
7—供油管　8—油压表　9—电动机　10—低油压断路器　11—关闭导叶的油压开关
12—油箱压力表　13—除雾器　14—小齿轮轴承　15—径向轴承
16—推力轴承　17—喷油嘴窥镜　18—油加热器的恒温控制器与指示灯

器过滤进入油泵，然后进入磁力塞，油中的金属微粒被磁力吸附，使油净化，部分油送至径向轴承、推力轴承及传动机构；部分油进入电机末端轴承。之后，油流回油箱，油箱中设带恒温装置的加热器，使油温保持在55～60℃。油泵必须在压缩机启动前30 s先启动，在停机后40 s内仍运转，确保压缩机有良好的润滑。当压差小于69 kPa时，油压保护开关使主机停车。

（三）离心式抽气回收装置

抽气回收装置的作用是把存在系统中的水分、空气及其他不凝性气体排出装置，同时用来对机组抽真空。它的工作原理见图3-46。在冷凝器1设取样管，将水分和不凝性气体抽入抽气冷凝室5，在冷却盘管冷却下，制冷剂和水被冷凝，不凝性气体在上方不断增加，压力也升高，当压力高于机组冷凝压力14 kPa时，抽气泵启动并打开电磁阀，把不凝性气体排出。由于水的密度比制冷剂小，浮在液态制冷剂上面，定期排出。

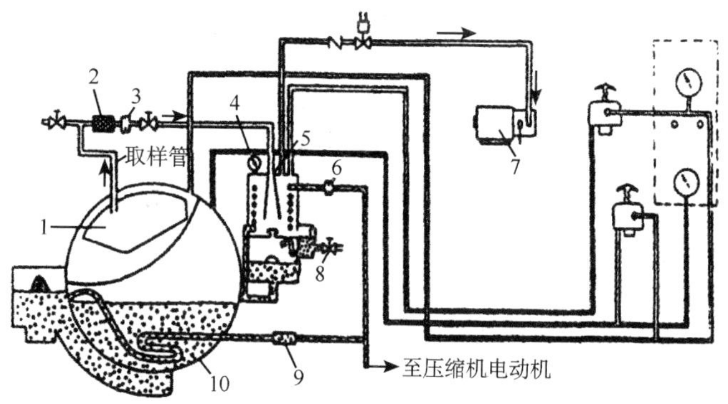

图 3-46　离心式压缩机抽气回收装置工作原理图

1—冷凝器　2—除污器　3、6—孔板　4—抽气压力表

5—抽气冷凝室　7—抽气泵　8—排水阀　9—过滤器　10—蒸发器

（四）指示仪表和安全保护仪表

1. 指示仪表

为了判断机组运行情况和存在问题需要指示仪表，主要有压力表、温度计、电流表、电压表。

多数离心式冷水机组只设冷凝压力表、蒸发压力表和油泵排出压力表，为使油方便回到油箱（箱中压力比蒸发器压力低 10～30 Pa）时可增加油泵吸入压力表。

机组一般设有油箱温度计，有的在吸气管道上设温度计，有的在冷凝器底部设温度计，测量高压饱和液体的温度；还有靠近机组主轴承位置设温度计，以测量主轴承的温升。

2. 安全保护仪表

主要有冷凝器高压控制器、蒸发器低压控制器、油压差保护器、油温控制器、防冻结温度保护器、主电动机温度控制器、导叶关闭继电器（导叶应在零位状态空载启动）、冷水温度控制器（当冷水回水温度降到某一设定值时，切断主电动机电源、停机。当其温度上升到设定值时机组又重新启动。它不用复位，只要满足温度条件和 20～30 min时间间隔条件即可）、安全阀或安全膜片（遇火警或其他意外事故，如不及时从系统引出制冷剂排放到下水道，机组有可能会爆炸）。

四、溴化锂吸收式冷水机组

溴化锂吸收式冷水机组，近年来在我国应用日益增多。其最大特点：①可以利用低温位的热能（余热、废热、排热，即(0.5～0.7)×10^5 Pa 的低压蒸汽或 80～120℃的热水）作补偿，所以，很适于在工业余热或电厂废热的地方应用。②以热能为动力的溴化锂吸收式冷水机组与以电能为动力的压缩式冷水机组相比，明显节约电耗。以 3500 kW 的冷量比较，压缩式制冷机组耗电约 900 kW，而溴化锂吸收式制冷机组仅耗电 10 多个 kW。在电力紧缺的条件下更具意义。

③制冷剂安全可靠，对环境无害（不会破坏大气臭氧层和引起温室效应等）。④能量调节范围大（能在10%～100%范围内调节制冷量）。

但是溴化锂吸收式冷水机组节电不节能。若以一次能源（煤）的消耗作比较，制取11.6 kW冷量，标煤的耗量是：电动压缩式为1.42 kg；单效溴化锂吸收式为4 kg；双效溴化锂吸收式为2 kg。从节能出发，如果为溴化锂吸收式冷水机组专门修建锅炉房，或以扩容提供冷水机组低位能蒸汽，甚至将高位能蒸汽降压使用，从能源的利用角度来看是不合理的，它仅适用于有工业余热或电厂废热可利用的场合。一般来说单机空调制冷量Q_0<582 kW时，宜用活塞式冷水机组；当Q_0−582～1163 kW时，宜用螺杆式或离心式冷水机组；当Q_0>1163 kW时，宜用离心式冷水机组。当空调制冷量在170～3490 kW时，且有工业余热或废热可供利用的场合时，选用溴化锂吸收式冷水机组是比较合理的。

（一）溴化锂吸收式冷水机组的分类

溴化锂吸收式冷水机组分类方法很多。以能源使用可分为蒸汽型、热水型、燃气型、燃油型、太阳能型等；以能源利用程度可分为单效型、双效型等；以机组换热器布置可分为单筒型、双筒型、三筒型；以应用范围可分为冷水机型和冷温水机型。

目前常用的溴化锂吸收式冷水机组有单效、双效和直燃式三种。

1. 单效溴化锂吸收式冷水机组

单效溴化锂吸收式冷水机组如图3-47和图3-48所示。由于受溶液结晶条件的限制，机组的热源温度不能很高，一般采用0.1 MPa（表压）的加热蒸汽为热源，其热力系数在0.65～0.75之间，而蒸汽消耗量则高达约2.6 kW。为了提高热效率，降低冷却水和蒸汽的消耗量，在有较高的加热蒸汽可供利用时，通常采用双效溴化锂吸收式冷水机组。

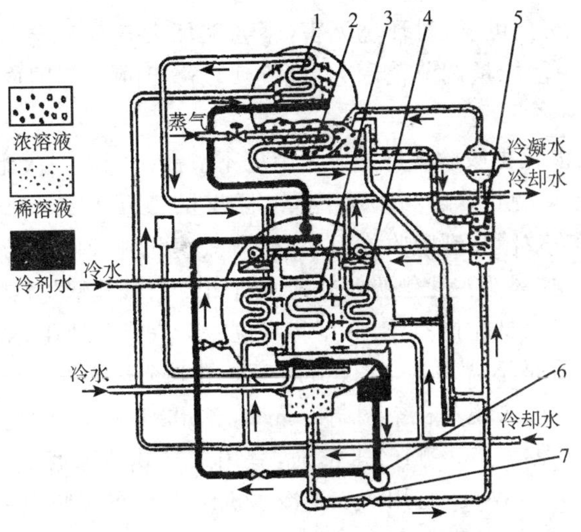

图 3-47 双筒单效溴化锂吸收式冷水机组(双泵型)

1—冷凝器 2—发生器 3—蒸发器 4—吸收器

5—溶液热交换器 6—冷剂泵 7—溶液泵

2. 双效溴化锂吸收式冷水机组

双效溴化锂吸收式冷水机组的流程如图 3-49 所示。在第一发生器中送入 0.7～1.0 MPa 的高压蒸汽(或 160～200℃的高温水),使稀溶液第一次发生。发生后的高温溶液经过第一热交换器和凝结水热交换器进入第二发生器。在其中又被来自第一发生器产生的高温制冷剂水蒸气加热。在第二发生器中,溶液得到进一步发生,并经过第二热交换器流入吸收器,与吸收器中的溶液混合组成中间溶液。由第二发生器出来的制冷剂水蒸气和第一发生器出来并经过第二发生器后的制冷剂水蒸气一起进入冷凝器,在其中冷凝成冷剂水。冷剂水进入蒸发器后压力降低,部分汽化,液体部分进入水盘,并由蒸发器泵加压,均匀地喷淋在蒸发管簇的外表面。冷剂水吸收管内冷水热量汽化,管内冷水冷却。蒸发器产生的制冷剂水蒸气进入吸收器,被吸收器泵喷淋的中间溶液吸收,形成稀溶液。稀溶液由发生器泵，送经第二热交换器和第一热交换器，温度升高后进入第一发生器，被高压蒸汽加热。图 3-50、图 3-51 为两种双效溴化锂吸收式冷水机组结构。

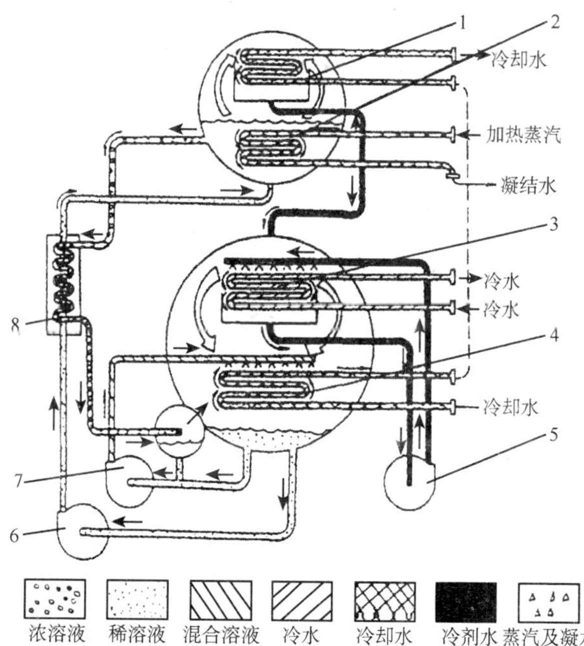

图 3-48 双筒单效溴化锂吸收式冷水机组(三泵型)

1—冷凝器 2—发生器 3—蒸发器 4—吸收器 5—冷剂泵

6—溶液泵Ⅰ 7—溶液泵Ⅱ 8—溶液热交换器

同单效冷水机组相比，双效机组的热效率提高了 50%（热力系数为 1.1～1.2～1.4），蒸汽耗量降低了 30%，放出的热量减少了 25%，因此冷却水消耗量相应减少，机组经济性大为提高。该机组的主要缺点是高低压差较大，设备结构复杂，发生器溶液温度高，高温下的防腐应该引起注意。

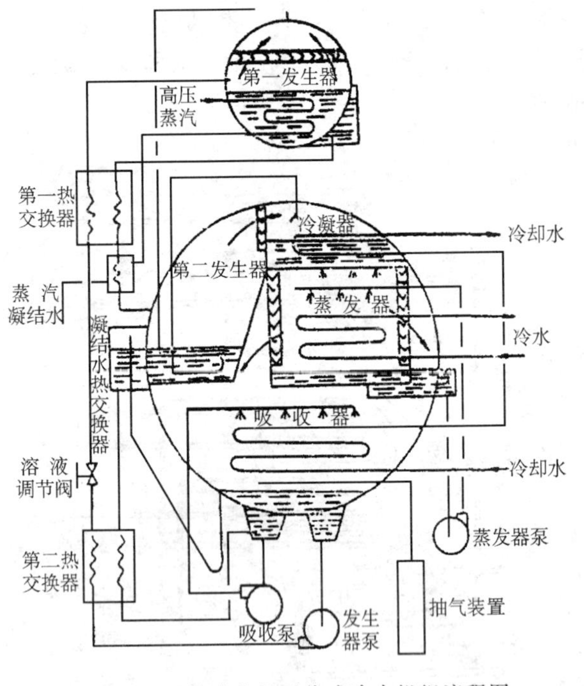

图 3-49　双效溴化锂吸收式冷水机组流程图

3. 直燃式溴化锂吸收式冷热水机组

直燃式冷热水机组不用蒸汽热源，而采用燃气或煤油燃烧直接加热溴化锂水溶液，因而机组的热效率高。它是双效冷水机组的另一种形式，高压发生器相当于一个火管锅炉，而其他部分与双效冷水机组都相同。这种机组的最大优点是夏天用来制冷，制取 5～7℃冷水，冬天可用来供热，制取 70℃的温水。

直燃式溴化锂冷热水机组的循环原理如图 3-52 所示。机组的制冷循环与双效溴化锂吸收式冷水机组相同。供热时关闭冷却水阀门 5，冷媒水阀门 7、8 以及冷凝器至蒸发器的冷剂水管路上的阀门 2。打开冷却水与热水之间的旁通阀 6 和 9，高压发生器至冷凝器的高温冷剂水蒸气阀 4 和冷凝器到低压发生器管路上的阀门 1，使冷凝器中凝结的冷剂水直接流入低压发生器，将浓溶液稀释。同时使蒸发器泵停止运行，并将冷却水管路改为提供热水的供热管路。

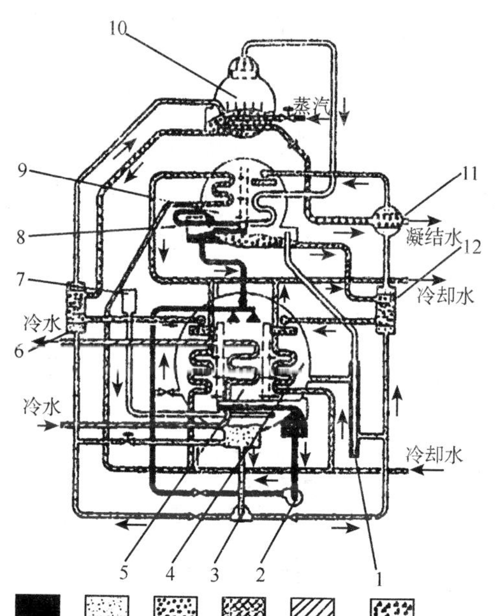

图 3-50 双效溴化锂吸收式冷水机组（溶液并联循环）

1—自动熔晶管 2—冷剂泵 3—溶液泵 4—吸收器
5—蒸发器 6—高温热交换器 7—集气室
8—低压发生器 9—冷凝器 10—高压发生器
11—凝水换热器 12—低温热交换器

工作流程如下：吸收器出来的溴化锂稀溶液，由发生器泵输送，经低温热交换器和高温热交换器加热后，进入高压发生器，被燃气或燃油直接加热，产生高温冷剂水蒸气。浓缩后的溴化锂溶液，经高温热交换器降低温度后，进入低压发生器。来自高压发生器的高温冷剂水蒸气，进入低压发生器盘管，加热浓缩后的溴化锂溶液，使其再次发生释放出冷剂水蒸气后，生成浓度更高的浓溶液。低压发生器产生的二次冷剂水蒸气进入冷凝器，与来自高压发生器的高温冷剂水蒸气一起加热冷凝器管簇中的热水，放出汽水潜热后，凝结为冷凝水，经阀门 1 进入低压发生器。低压发生器中的溴化锂浓溶液，被冷凝器中的凝结水稀释为稀溶液，经低温热交换器降温后，进入吸收器，喷淋在吸收器管簇上，预热吸收器管簇内流动的热水。预热后的热水进入冷凝器被再次加热，成为用户所需要的热水。吸收器的稀溶液，再由发生器泵送往高压发生器，循环周而复始。

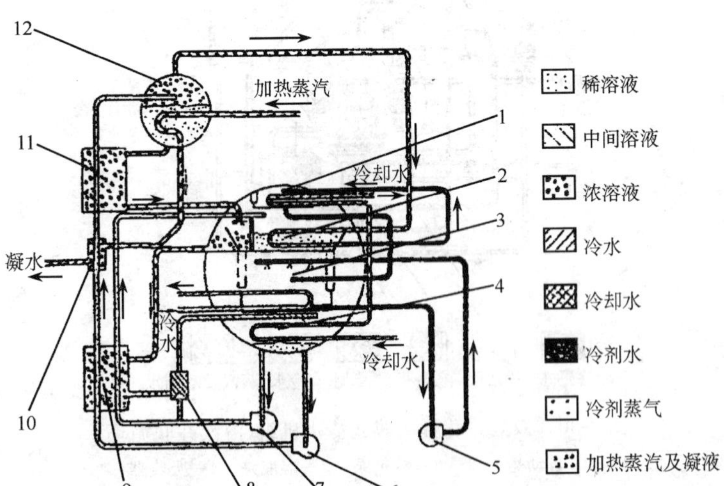

图 3-51　双效溴化锂吸收式冷水机组（溶液串联循环）

1—冷凝器　2—低压发生器　3—蒸发器　4—吸收器　5—冷剂泵
6—溶液泵Ⅰ　7—溶液泵Ⅱ　8—引射器　9—低温热交换器
10—凝水换热器　11—高温热交换器　12—高压发生器

图 3-53 为另一种直燃双效双筒溴化锂吸收式冷热水机组。

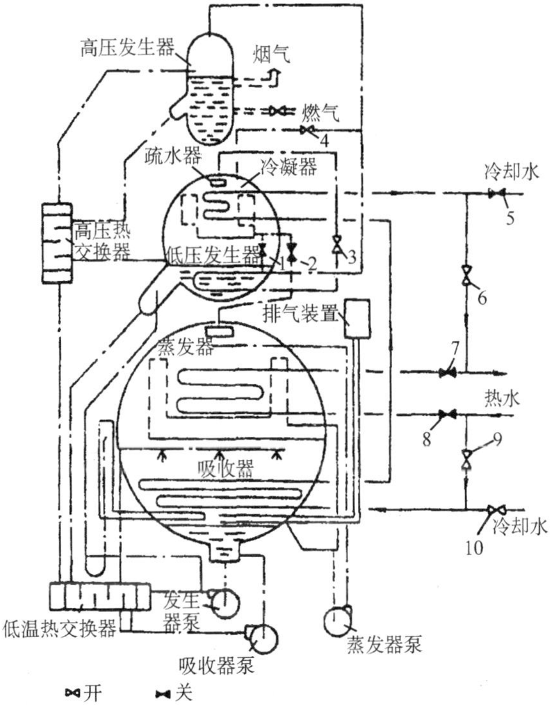

图 3-52 直燃式溴化锂冷热水机组供热循环原理图

(二)溴化锂吸收式冷水机组各部件的结构

1. 高压发生器

高压发生器的作用是利用外界热源使溴化锂稀溶液沸腾产生冷剂蒸汽，同时使稀溶液浓缩。

高压发生器筒体用碳钢制作，传热管用不锈钢管、紫铜管等。由于其工作压力为 0.4～0.8 MPa(饱和温度为 143～170℃)、筒体与传热管的材质差异大，会产生热应力与应力腐蚀。为消除内应力可采用图 3-54 所示的结构，常用的为浮头结构。

挡液装置的作用是防止溶液沸腾时把溴化锂溶液液滴随冷剂蒸

汽带入冷剂循环造成冷剂水污染，其结构形式如图 3-55 所示。

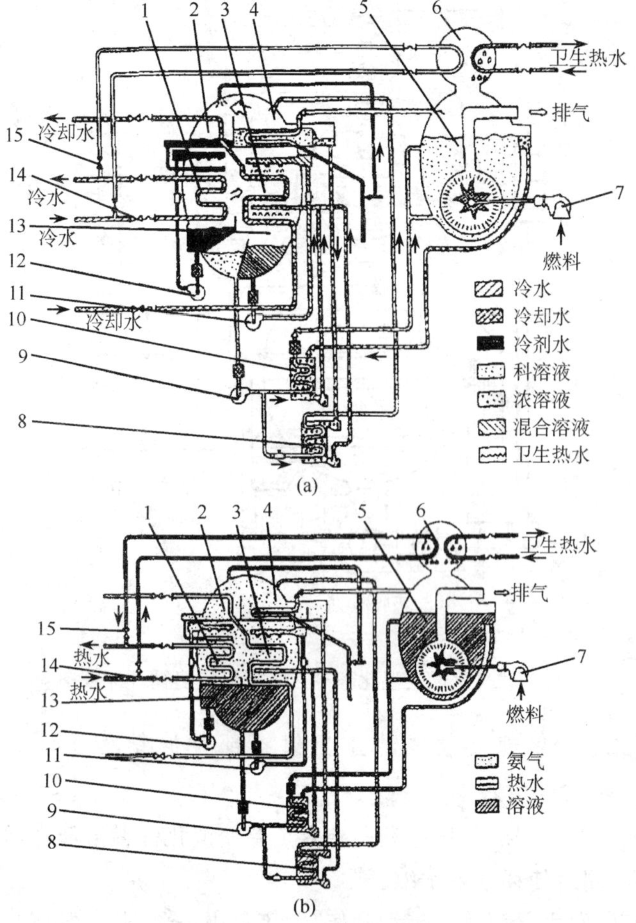

图 3-53 直燃双效双筒式溴化锂吸收式冷热水机组

(a)制冷循环；(b)采暖循环

1—蒸发器 2—冷凝器 3—吸收器 4—低压发生器 5—高压发生器 6—热水器 7—燃烧器 8—低温热交换器 9—溶液泵Ⅰ 10—高温热交换器 11—溶液泵Ⅱ 12—冷剂泵 13—预冷却装置过滤器 14—冷水阀 15—热水阀

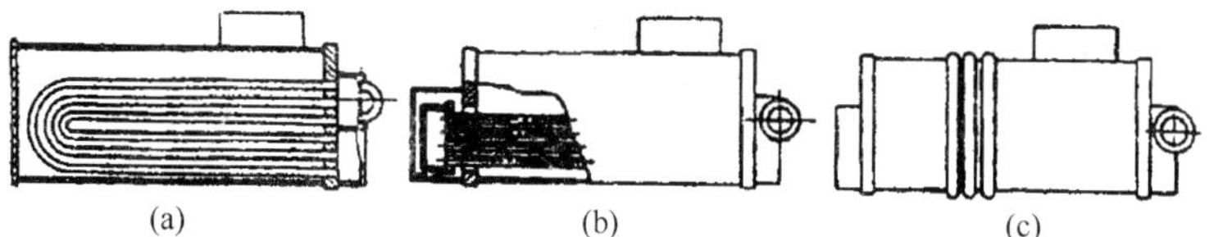

图 3-54 消除发生器热应力的结构

(a)U 形管结构发生器;(b)浮头结构发生器;(c)膨胀节结构发生器

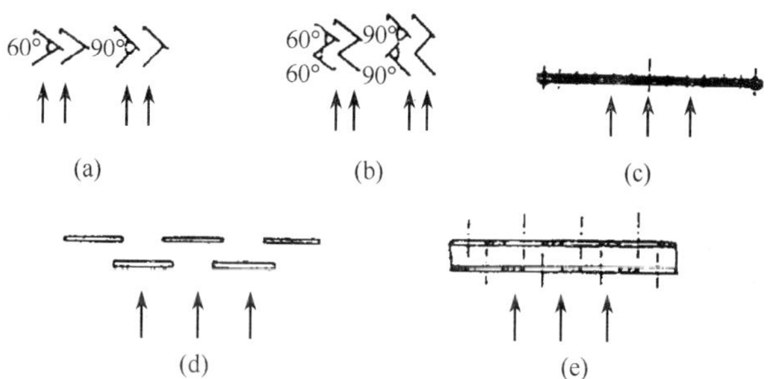

图 3-55 高压发生器挡液装置

(a)单人字形结构;(b)双人字形结构;(c)滤网型结构;

(d)交错板型结构;(e)交错孔型结构

2. 低压发生器

其作用是利用高压发生器冷剂蒸汽对稀溶液或中间溶液加热沸腾产生冷剂蒸汽和浓缩稀溶液。

低压发生器有沉浸式与喷淋式两种结构。常用的为沉浸式,其管排和结构与高压发生器相似,但热应力影响小,因此,结构相应简单。

3. 冷凝器

冷凝器传热管一般用紫铜管,并经钝化处理。冷凝器和发生器为同一筒体,因此,冷凝水盘设有真空隔热层,以减少发生器和冷凝器之间的温差传热。

4. 节流装置

节流装置起到液体由高压变成低压的作用。其型式很多，有 U 形管节流装置和孔板节流装置。U 形管型式为常用装置，其高度为 1～3 m，管径由冷剂水量来确定，它对机组变工况运行有很强的适应能力。

5. 蒸发—吸收器

蒸发—吸收器由筒体、封盖、传热管、喷淋系统、抽气管系、隔板、液囊、挡液装置和水盘等组成。为增加汽液两相接触面积，提高传热、传质效果而采用喷淋系统。喷淋系统分为喷嘴喷淋式和淋激式两种。喷嘴结构如图 3-56 所示。离心式喷嘴有四个切向孔，特点是喷射锥角较大，不易堵塞，但液滴较粗，旋涡式喷嘴内有旋涡器，液滴较细，分布较均匀，但通道小易堵塞。新型旋涡式喷嘴具有前二种的优点。淋激式，液体通过钻有许多小孔的淋板均匀地淋到热管上。它有压力型，依靠泵排出压力喷淋；重力型淋板靠自身位差喷淋，应用较普遍。图 3-57 为常用配液方式。

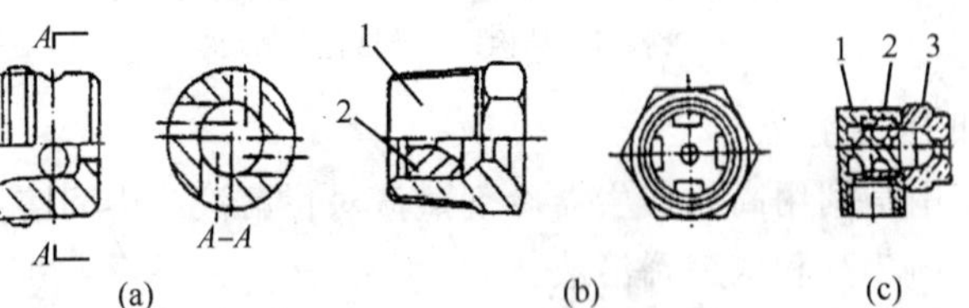

图 3-56　喷嘴结构图

(a)离心式喷嘴；(b)旋涡式喷嘴；(c)新型旋涡式喷嘴

1—喷嘴体　2—旋涡器　3—喷头

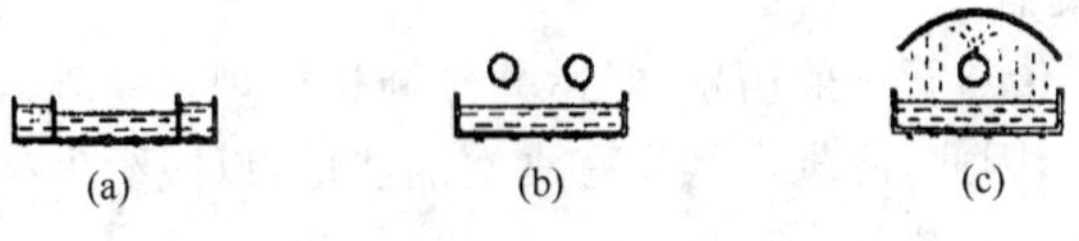

图 3-57　淋板的配液方式

(a)溢流式配液；(b)布液管式配液；(c)阻液板式配液

6. 溶液热交换器

溶液热交换器的作用是发生器到吸收器去的高温浓溶液和由吸收器到发生器的低温稀溶液进行热交换的设备。它可使前者温度降低，吸收水分能力强，冷却水耗量小，而后者从中获得热量，节省了蒸汽，它是一个经济性的设备，其结构如图 3-58 所示。

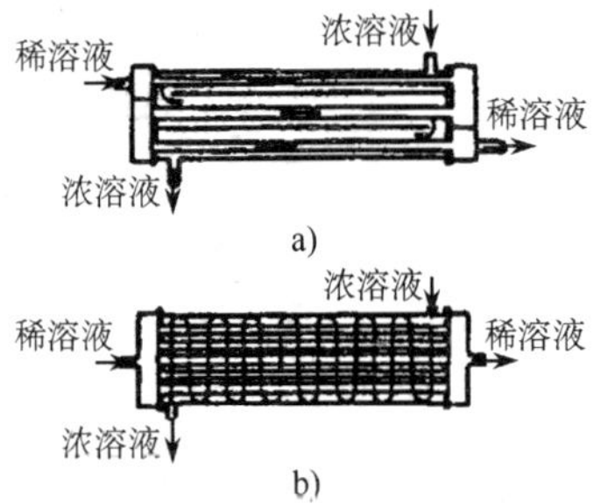

图 3-58　壳管式溶液热交换器

(a)对流换热方式；(b)横掠管簇换热方式

7. 屏蔽泵

对屏蔽泵要求是在输送制冷剂和吸收剂时不允许有空气渗入。因此采用电动机和泵做成一体。屏蔽泵的吸入高度一般在 1～1.5 m，这样可避免泵的汽蚀、噪声和振动。

8. 抽气装置

溴化锂吸收式冷水机组在高真空下工作，极少量不凝性气体存在会加剧对金属的腐蚀和降低机组的制冷能力。实践证明，大部分不凝性气体积存在吸收器溶液的上部，小部分不凝性气体积存在冷凝器内。

抽气装置种类很多，可分为真空泵装置、自动抽气装置和钯膜抽气装置等。

(1)机械真空泵抽气装置如图 3-59 所示，机组运行时，从吸收器和冷凝器中把带有冷剂蒸汽的不凝性气体抽入冷剂分离器的底部。

冷剂分离器的作用是防止冷剂水排出影响溶液组分的平衡和降低真空泵油的黏度，产生乳化现象，影响抽气效果。由吸收器输出的部分稀溶液在分离器上部喷淋，吸收不凝性气体中的冷剂蒸汽，其溶液流回吸收器，吸收时放出的热量由盘管内的冷剂水冷却，不凝性气体被真空泵排出机外。

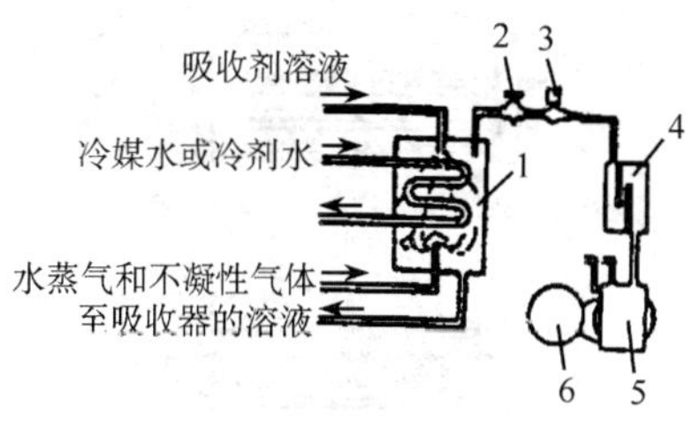

图 3-59　机械真空泵抽气装置

1—冷剂分离器　2—手动截止阀　3—电磁阀
4—阻油器　5—真空泵　6—电动机

真空泵如有意外原因突然不工作时，阻油器可防止大气逆流把油带入系统，此外电磁阀和真空泵是联动的，泵停，电磁阀也关闭，切断抽气管路并使真空泵的抽气口与大气相通，防止油倒流。

(2)自动抽气装置。与机械真空泵抽气装置比较，它的抽气量较小，不能排除大量不凝性气体，但在机组运行中能自动不断地抽气。其结构如图 3-60 所示。其工作原理：溶液泵把部分高压稀溶液泵入气体引射器，抽取机组内的不凝性气体，进入气液分离室。分离后的溶液回到吸收器，气体通过管道进入集气室，聚集在顶部气包中，当分离室视镜中见到液面时，关闭抽气管和回液管上的阀门，引射器仍在工作，集气室内空气被压缩。压力逐步升高，等到略大于大气压时，打开排气隔膜阀排气。排出气体进入带有溴化锂溶液瓶中，当溶液中见不到气泡时，排气结束。在集气室顶部设薄膜式真空压力计，测量集气室内的不凝性气体。当达到一定值时发出信号排气，它可作为判断机组气密性好坏的措施。

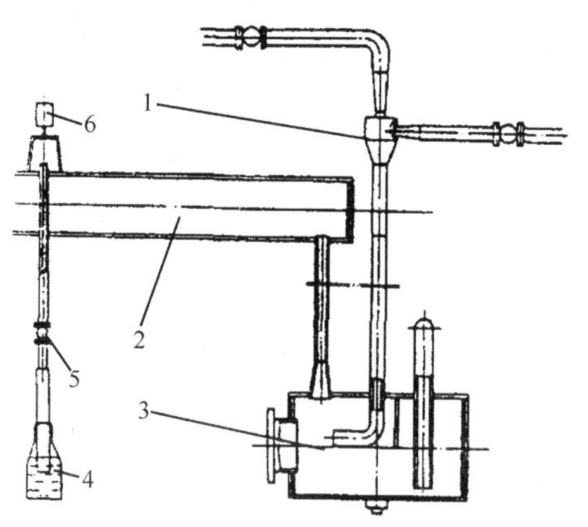

图 3-60　自动抽气装置之一

1—气液引射器　2—集气室　3—气液分离室

4—排气瓶　5—隔膜阀　6—薄膜式真空压力计

(3)钯膜抽气装置。在机组中由于溶液对金属材料的腐蚀作用产生氢气，如机组密封性能好，则不凝性气体主要是氢气，钯金属对氢气具有选择透过性，可将氢气排到机外。钯膜抽气装置(见图3-61)在工作时，必须保持高温，因此除长期停机外，一般加热器加热不停。钯膜抽气装置设在自动抽气装置的集气室上。

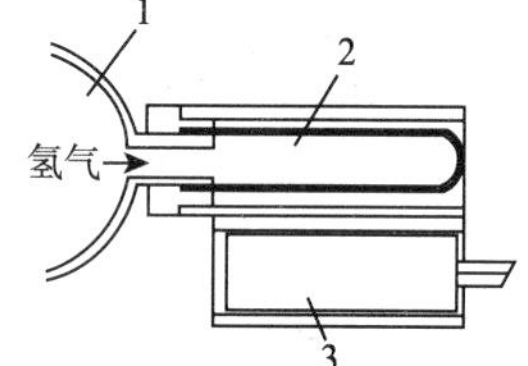

图 3-61　钯膜抽气装置

1—集气室　2—钯膜　3—加热器

9. 三通阀

三通阀设在由热交换器到发生器去的稀溶液管路上。其作用是当机组负荷减轻时，调节三通阀，使其旁通流回吸收器。这样使进入吸收器浓溶液的浓度降低，同时降低了吸收的能力，使蒸发器蒸发量下降。此时，由于进入发生器稀溶液量的减少，发生的冷剂蒸汽量也减少，冷凝器的冷剂液体也减少，起到调节制冷量的目的。它的调节范围较大。

（三）直燃式溴化锂吸收式冷水机组的燃烧系统

1. 直燃型发生器

直燃型机组与其他机组的最大差别是发生器的结构不同。它是以燃油、燃气为燃料、用产生的烟气直接加热稀溶液。发生器除了与蒸汽型发生器类似部件外，还具有类似锅炉系统的炉筒、对流换热器、余热回收装置、烟囱等设备。直燃型发生器工作时，燃油或燃气由燃烧器喷出，在炉桶中燃烧，形成高温气体，烟气通过炉桶和传热管加热稀溶液，经余热回收器从烟囱排出。

（1）炉筒

燃烧在炉筒中进行。图 3-62 和图 3-63 分别为干、湿燃烧室。前者烟室不与溶液接触，后者炉桶后部沉浸在溴化锂溶液中。

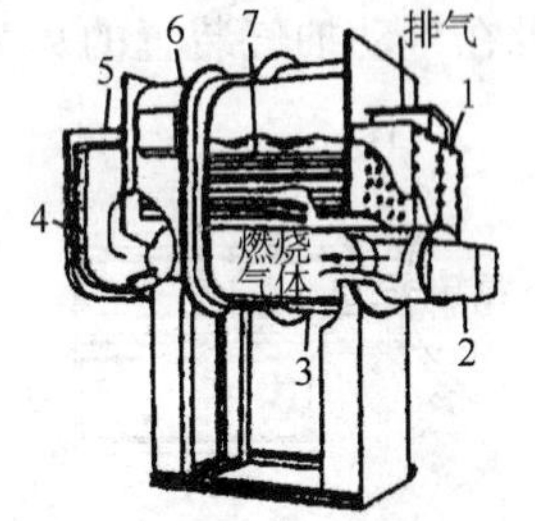

图 3-62　干燃烧室型高压发生器

1—前烟室　2—燃烧器　3—炉筒　4—耐火隔热材料

5—后烟室　6—高压发生器筒体　7—烟管

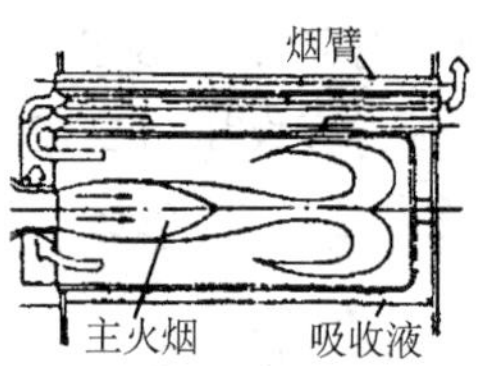

图 3-63　湿燃烧室型高压发生器

(2)对流换热管

它分为火管式和水管式。高温烟气在传热管流动,管外为溴化锂溶液,叫火管式;反之为水管式。

2. 供热系统

供热系统是溴化锂吸收式冷水机组的动力系统。

(1)蒸汽系统

蒸汽系统如图 3-64 所示。调节阀应离发生器入口 1.2 m 以上,使蒸汽均匀分布到传热管。如果蒸汽压力高于机组要求值,须在调节阀前设减压阀,其位置离机组 3 m。管路中汽水分离器和疏水器用来提高蒸汽干度;放泄阀的作用是在开机前排除机内存水,避免开车时水击。

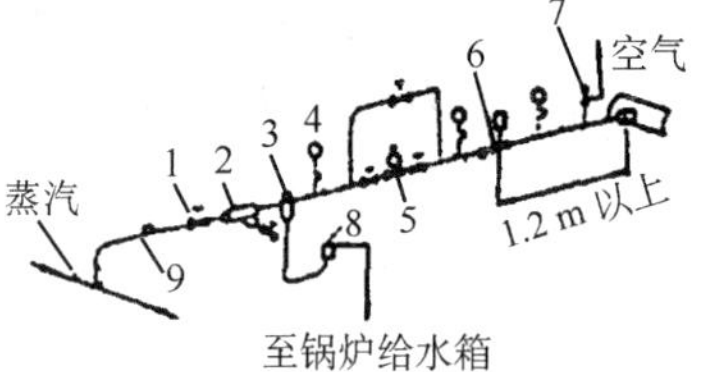

图 3-64　蒸汽接管示意图

1—截止阀　2—过滤器　3—汽水分离器　4—压力表
5—减压阀　6—蒸汽调节阀　7—放泄阀
8—疏水器　9—温度计

(2)燃油系统

①燃油配管。如图 3-65 所示。油罐到燃烧器总管长不超过

50 m,管道高处设排气阀,管道低处设排污阀,油箱出口设粗过滤器,燃烧器入口设细过滤器。应设压力表监视燃烧器喷油压力,油罐和供油系统应处在良好通风环境下,机房配备灭火设备。

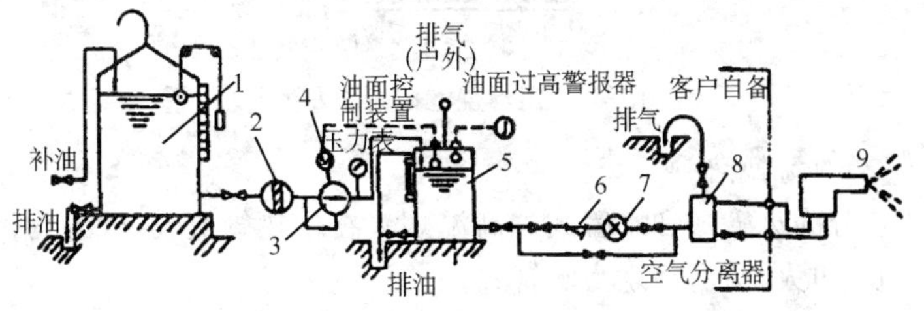

图 3-65　燃油配管线图

1—储油罐　2—过滤器　3—燃油输送泵　4—电动机　5—工作油罐
6—过滤器　7—流量计　8—空气分离器　9—燃烧器

②燃气配管。直燃式机组的主要供应方式是中低压方式,燃气压力为 3.92～9.8 kPa;还有中压供应方式,供应压力为 78.4～98 kPa。燃气配管如图 3-66 所示。注意事项:主燃气和点火系统安全截止阀应串联安装,燃气进入机房压力不宜低于 1.2 kPa,高于 14.7 kPa,应设减压阀;应尽可能缩短燃烧器和安全截止阀的距离;使用先混合后燃烧,要安装止回阀,防止回火;配管中设过滤器和调节阀以及燃气压力开关,机房内要设泄漏报警器,并有良好的通风条件;安全阀不设旁通阀。

③排气系统。废气靠烟道通风排向室外。

(3)热水系统

我国冷水机组一般使用温热水作热源,热水温度在 150℃以下,均为单效机组,其配管如图 3-67 所示。管道上应设压力表、温度计、流量计。高处设自动排气阀,低处设放泄阀,防止启动时发生水击现象。

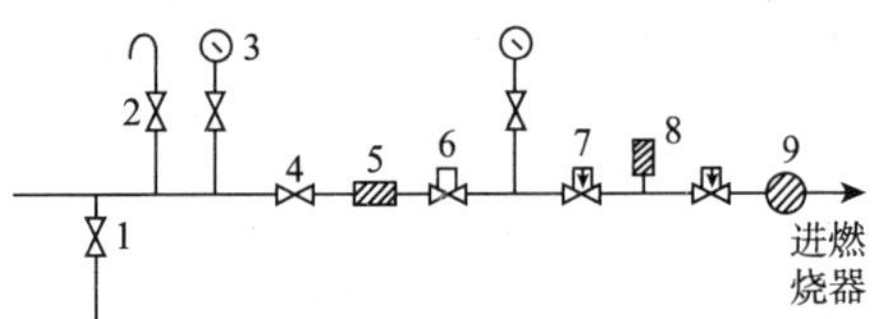

图 3-66 燃气配管线图

1—放泄阀 2—安全放散阀 3—压力表 4—球阀 5—过滤器
6—减压阀 7—电磁阀 8—检漏仪 9—流量计

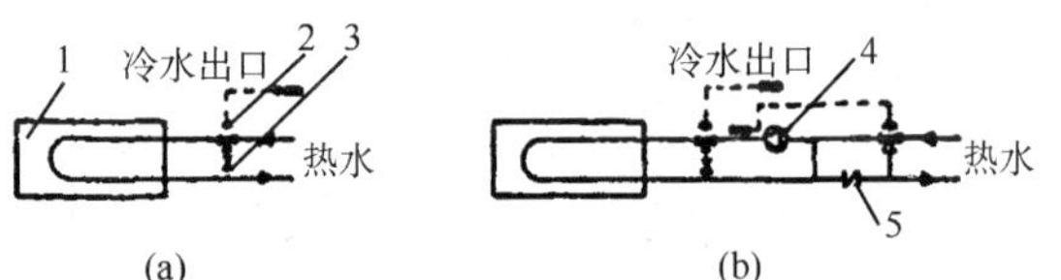

图 3-67 热水配管图

(a)热水温度低于 148℃的配管;(b)热水温度高于 148℃的配管

1—热水发生器 2—三通调节阀 3—截止阀
4—循环泵 5—单向阀

第三节 空气热湿处理设备和冰蓄冷装置

一、空气热湿处理设备和过滤器

(一)喷水室

喷水室可以实现多种空气的热湿处理过程,并具有净化空气的空气处理设备。图 3-68 为自流回水式喷水室及水系统。回水泵 4 把从喷水室流回的水送入蒸发器 1,经冷却后进入冷冻水箱,再由喷水泵将其在喷水室中喷淋处理新风和回风混合后的空气进行热质处理。喷水室中的喷嘴密度为 13~24 个/(m^2 · 排)为宜,水压不宜大于 0.25 MPa,根据喷嘴直径不同可实现细喷、中喷和粗喷。在工程上多采用双排对喷。为了节省水可以采用双级喷水室。空气先经第一级，再经第二级，冷水进入第二级先喷淋，之后用泵从水池中抽出，在第一级中喷淋，使空气有较大温降和焓降，水有很大的温升。在某些场合为减小喷水室尺寸，可提高风速（3.5～6.5 m/s）采用高速喷水室。

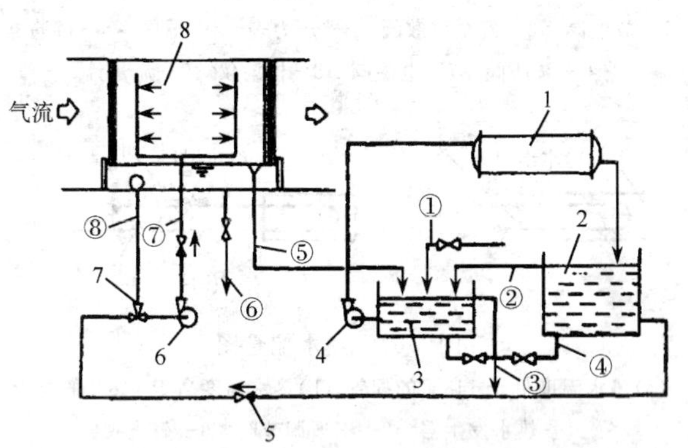

图 3-68　自流回水式喷水室及其水系统

1—壳管式蒸发器　2—冷冻水箱　3—回水箱　4—回水泵
5—止回阀　6—喷水泵　7—三通混合阀　8—喷水室
①—补给水管　②、③、⑤—溢流管　④、⑥—排污管　⑦—喷水管　⑧—循环水管

（二）表面式换热器

表面式换热器在工程中广泛使用，结构简单、占地少，水质要求不高，水系统阻力小。其结构由管子和肋片构成。它可分为表面式加热器和表面式冷却器。前者可用蒸汽和热水做热媒，后者以冷水和制冷剂作冷媒。

除上述加热方法外，在风口处还可以利用管状电热元件对空气进行加热处理。

（三）空气加湿设备

空气的加湿可在空气处理室或送风道内对送入房间的空气进行

加湿;也可对房间内空气局部加湿。

加湿设备分两类:等温加湿类和等焓加湿类设备。

1. 等温加湿类设备

①蒸汽喷管和干式蒸汽加湿器(见图 3-69),它是利用外界热源产生蒸汽,然后将蒸汽混到空气中去,其过程近似为等温加湿过程。

②电热式加湿器(见图 3-70),把管状电热元件置于水中,通电后使水产生蒸汽。用浮球阀控制补水,水用蒸馏水。加热量的大小决定于水温和水表面积。

③电极式加湿器(见图 3-71),它利用三根铜棒或不锈钢棒插入盛水容器中做电极,通电后,水为电阻并被加热成蒸汽。水位高,导电面积大,电流愈强,发出热量越大。蒸汽量可用水位调节。

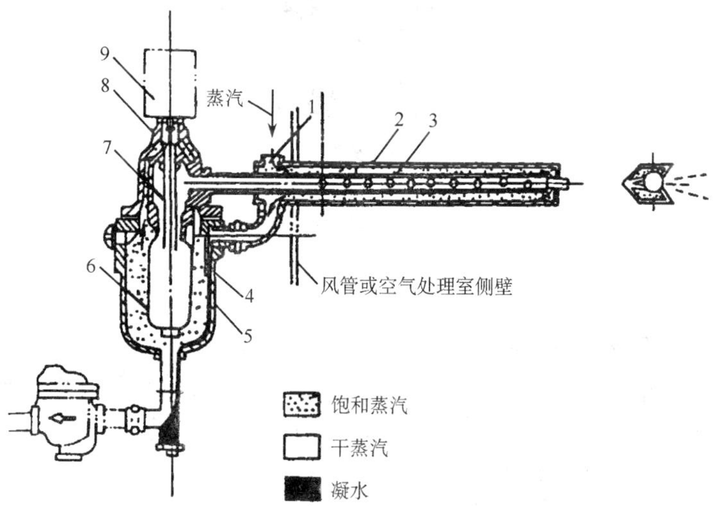

图 3-69　干式蒸汽加湿器

1—蒸汽入口　2—喷管外套　3—加湿器喷管　4—导流板
5—加湿器外筒体　6—加热器内筒体　7—导流管　8—阀孔　9—控制器

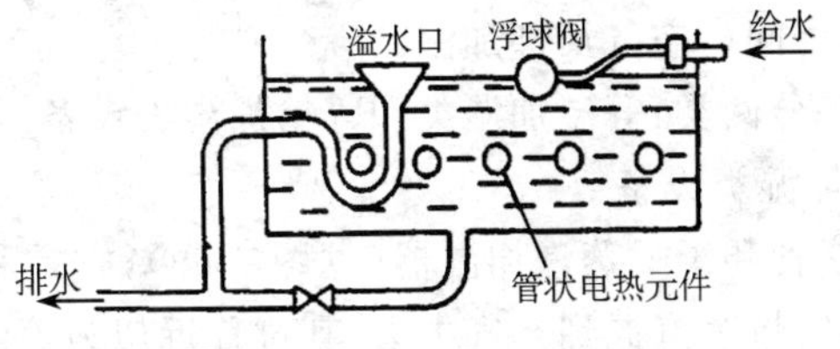
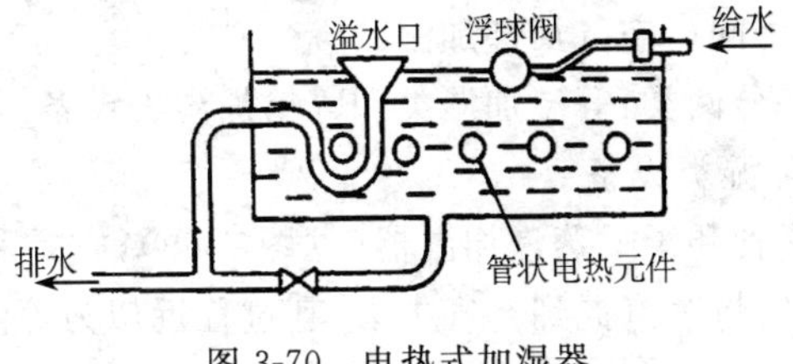

图 3-70　电热式加湿器

图 3-71　电极式加湿器

1—外壳　2—保温层　3—电极　4—进水管
5—溢水管　6—橡皮管　7—蒸汽管　8—接线柱

2. 等焓加湿设备

湿帘加湿器如图 3-72 所示，其过程近似为等焓加湿过程。它是用特制的蒸发湿帘制成。它具有很大的水与空气接触的表面。每 1 m^3 湿帘的交换面积为 440～660 m^2，有相当强的吸湿能力，加湿器的加湿量，可用调节供水量来控制。

其他这类装置还有压缩空气喷雾器、电动喷雾器、离心加湿器、超声波加湿器等。

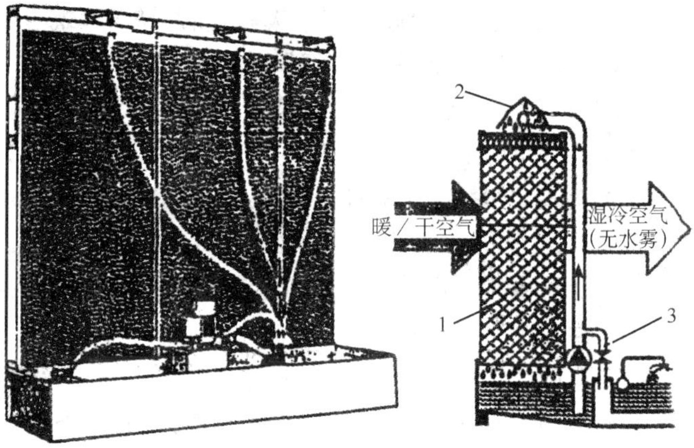

(a)　　(b)

图 3-72　湿帘加湿器原理图

(a)湿帘加湿器;(b)加湿原理图

1—蒸发湿帘　2—供水系统　3—排放阀

(四)减湿设备

1. 冷冻减湿机(除湿机)

冷冻减湿机由制冷系统和风机组成。其原理是将蒸发温度降到空气露点温度以下,使空气经过它时将空气中的水汽凝结析出,为不降低除湿后的空气温度,可利用冷凝器来提高其温度。除湿机宜用于减湿和同时要求加热的场合。

2. 固体吸湿剂吸湿

工程中广泛采用吸附剂硅胶,其吸湿能力可达到其质量的30%。它对空气处理过程是一个近似等焓减湿升温过程。硅胶使用一段时间后需要再生。还原硅胶中 1 kg 的水需$(12\sim16)\times10^3$ kJ的热量。

3. 液体吸湿剂减湿

液体吸湿剂吸湿的原理是盐水水蒸气压力低于空气的水蒸气分

压力，使空气中的水蒸气被吸收。随着吸收过程，浓度变稀，需要将溶液再生。常用的液体吸湿剂有三甘醇和氯化钙等。

4．氯化锂转轮除湿机

它是利用一种特殊的吸湿纸来吸收空气中的水分。吸湿纸是以玻璃纤维滤纸为载体，将氯化锂和保护加强剂等液体均匀地涂在滤纸上烘干而成。除湿机的工作原理见图 3-73。它由转轮、传动机构、外壳、风机及再生用的电热器组成。转轮以缓慢速度旋转，潮湿空气进入 3/4 面积的蜂窝形通道，水分被吸收后，从另一侧出去，送入需要干燥的房间。再生空气经过滤器、加热器，从转轮另一侧进入另外 1/4 面积上的蜂窝通道，带走吸湿剂中的水分，排往室外。

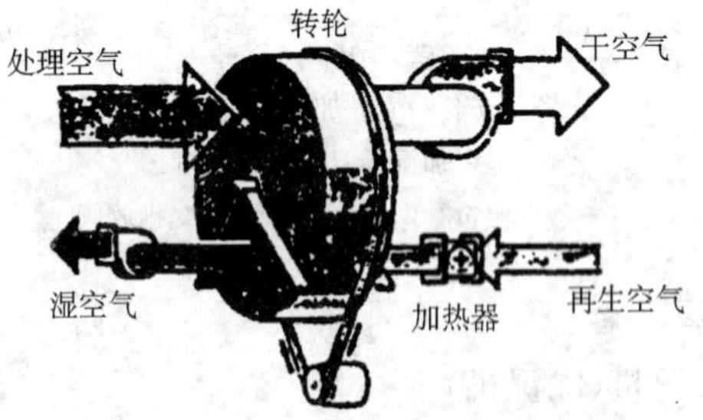

图 3-73　转轮除湿机工作原理图

（五）空气过滤器

空气过滤器的作用是净化空气，满足室内的要求。常用过滤器有四大类。

初效过滤器用于新风过滤，过滤粒径＞10 μm，滤料一般为中孔泡沫塑料。

中效过滤器过滤粒径 1～10 μm，滤料为细孔泡沫塑料或其他纤维滤料，如无纺布等。

亚高效空气过滤器过滤粒径＜5 μm，采用棉短纤维纸或玻璃纤维纸制做过滤器，如静电过滤器等。

高效空气过滤器过滤尘径<1 μm，采用玻璃纤维纸和合成纤维纸制作的过滤器。

二、通风机与水泵

（一）通风机

工程中用的通风机，可分为离心式、轴流式和贯流式三种。它是输送空气的动力装置。

1. 离心式通风机

离心式通风机在空调中用得最多。以叶片的型式有后向式和前向式之区分。后向式的离心风机，空气与叶片之间撞击小，能量损失小，效率高，为目前大、中型空调所采用。前向式叶轮较后向式的能量损失较大，效率低，主要用于小型空调设备。当两者叶轮直径相等，转速也相同时，前向式风压比后向式大。要获得相同风量风压时，前向式的圆周速度小，因此叶轮外径可用得较小，转速可低些，有利于减小噪声，缩小风机体积。

2. 轴流式通风机

在轴流式通风机中，空气沿轴向流过风机，叶轮装在圆形风筒内，另外有钟罩形的入口来避免进风的突然收缩。采用机翼型的扭曲叶片，调整叶片安装角度，有助于提高空气的动力性能和效率，减少噪声。和离心式通风机相比，它具有风量大、风压小的特点。

3. 贯流式通风机

目前仅用于如风机盘管等设备中。

空调中通风机的性能指标有风量、风压（指总压头，它包括动压和静压）、有效功率和全压效率（通风机的有效功率与输入功率之比）。

（二）水泵

空调中常用的水泵都为离心式水泵。水泵的流速与转速成正比；扬程与转速平方成正比；功率与转速的立方成正比。

离心泵的类型较多，但作用和原理基本相同，它们的主要部件有以下部分。

①叶轮。清水泵都采用闭式叶轮（设有前后盘），且多为后向叶型。

②吸入室。其结构形状对泵吸入性能影响最大，常用锥度为7°～18°的锥体管式。

③机壳。其作用是收集液体，使流体部分的动能转为压力能，最后将流体均匀地导向排出口。

④密封环。其作用是减少机壳内高压区泄漏到低压区的液体量。通常在泵体和叶轮上分别安设密封环（减漏装置）。由于密封环的动环和定环易磨损，故应定期检查或更换。

⑤轴封。轴封的作用是防止流体渗漏到泵外，也防止空气浸入泵内。常用的轴封有填料轴封、骨架橡胶轴封、机械轴封与浮动环轴封等。填料轴封机构中用的填料常为浸透石墨或黄油的棉织物（或石棉）等。填料应用压盖调节其松紧度，允许自填料以每分钟20～50滴的速率向外渗漏为宜。

⑥轴向力平衡装置。由于叶轮两侧流体压强不平衡，将使泵轴和叶轮窜动而使部件损伤而采用。

三、冰蓄冷装置

常用的冰蓄冷装置分类如图3-74所示。

（一）盘管外融冰装置

盘管外融冰装置是由温度较高的回水或二次冷剂（载冷剂）直接进入结满冰的盘管外贮槽内循环流动，使盘管外表面的冰层自外向内逐渐融化。由于空调回水与冰直接换热，融冰速度快，释冷温度可≥1～2℃；贮槽一般为开式，充冷温度为－9～－4℃，制冷性能系数COP值为2.5～4.1。为能达到快速触冰，贮槽内水与冰的空间比，即蓄冰率约为 50%，所以贮槽容积较大，一般为 0.023 $m^3/(kW \cdot h)$。如果盘管外结冰不匀，易成死区，影响蓄冷效率，因此在贮槽内用清洁压缩空气鼓泡作为水流的搅拌器。盘管为钢制组装式蛇形盘管，放置在钢制成混凝土结构矩形槽内。图 3-75 为外融冰蓄冷贮槽的原理图。

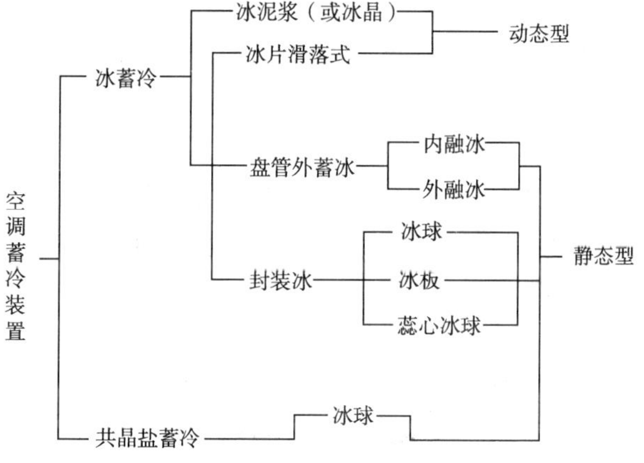

图 3-74　冰蓄冷装置分类

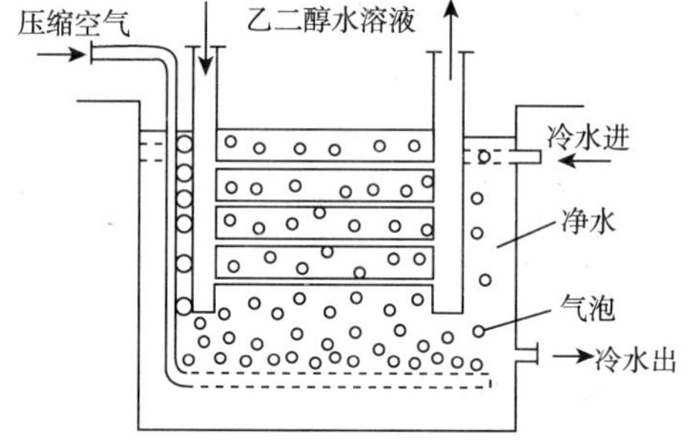

图 3-75　外融冰蓄冷贮槽原理图

(二)内融冰蓄冷装置

目前国内外应用较多的是内融冰蓄冷系统及封装冰蓄冷系统，其他蓄冷系统应用较少。

内融冰蓄冷装置是由沉浸在充满水贮槽中的盘管组成的结冰蓄冷装置。当充冷时，低温载冷剂在盘管内循环，将盘管外表面的水逐渐冷却至结冰。释冷时，经空调负荷加热的载冷剂在盘管内循环，将盘管外表面冰逐渐融化，使载冷剂降温，供用户需要。

与外融冰方式相比，内融冰方式避免了外融冰方式在周期蓄冷循环时，在盘管外表面可能产生剩余冰，从而使传热效率下降，以及结冰厚度不匀现象；此外内融冰式为闭式循环，对设备的防腐和流体静压问题处理简单、经济，所以工程上常用。沉浸式盘管结构常用有三种，即蛇形盘管、圆筒形盘管和 U 形立式盘管。

1. 蛇形盘管式蓄冷装置

蛇形盘管式蓄冷装置的结构如图 3-76 所示。盘管为钢制，固定在钢架上，装配后外表面镀锌。相邻两组盘管流向相反，使充冷和释冷时温度均匀，传热效率提高。贮槽由双层镀锌钢板制成，内填＞100 mm 厚的聚苯乙烯绝热层。使用 25％乙烯乙二醇水溶液，充冷时进液温度为－5.6℃，释冷时出口温度为 0.1℃。盘管组在贮槽内的布置如图 3-77 所示。

2. 圆筒形盘管式蓄冷装置

盘管为聚乙烯材质，外径为 16 mm，结冰厚一般为 12 mm，其结构如图 3-78 所示。相邻两组盘管内，载冷剂进出口流向相反，改善了传热效果，并使筒内温度均匀。盘管组装在构架上，并放置在筒内，充冷到最后时筒内水全部冻结，又称完全冻结式蓄冷装置。筒体由厚 9.6 mm 的聚乙烯板制成，外敷 50 mm 厚的绝热层，再包 0.8 mm厚铝板。

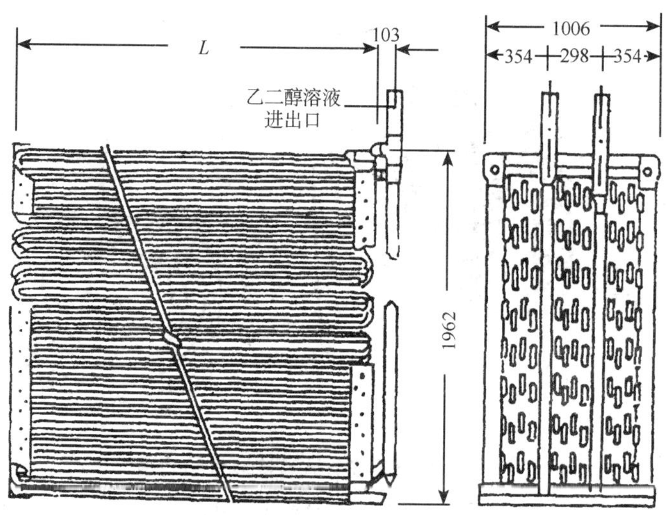

图 3-76　蛇形盘管组合结构图

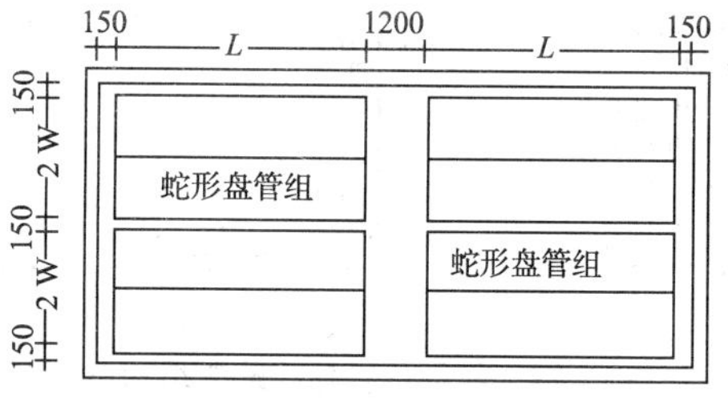

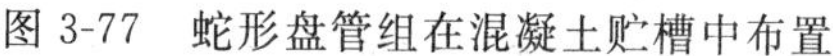
图 3-77　蛇形盘管组在混凝土贮槽中布置

3. U 形管蓄冷装置

U 形管蓄冷装置的结构如图 3-79 所示。盘管材料为耐高、低温的聚烯烃石蜡脂，管外径为 6.35 mm，结冰厚度为 10 mm。盘管分片组合成型。贮槽壁为 1.6 mm 厚的镀锌钢板，内壁敷有防水膜的保温层。

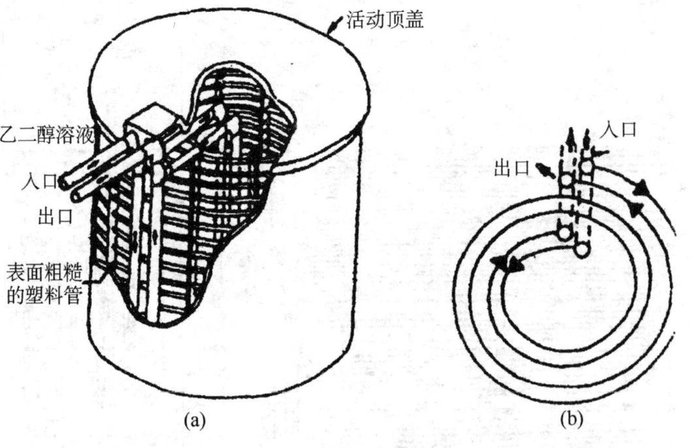

图 3-78　圆筒形盘管式蓄冷装置结构图

(a)结构示意　(b)盘管内溶液流向

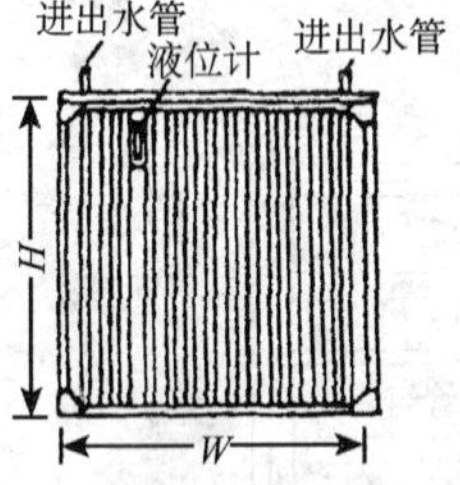

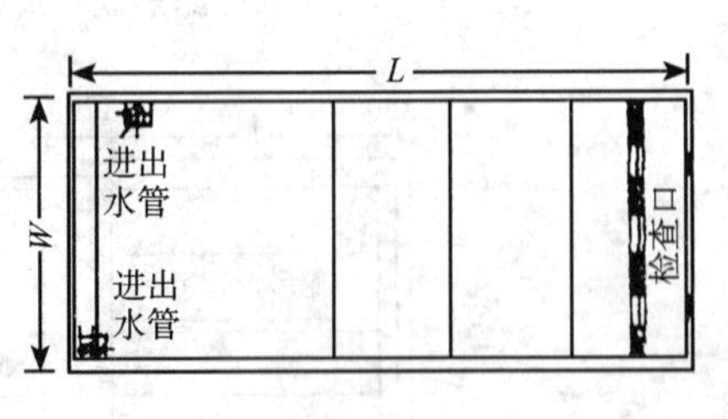

图 3-79　U 形盘管标准贮槽结构图

以上三种内融冰蓄冷装置的性能特点见表 3-3。

表 3-3　几种标准型号的内融冰蓄冷装置的性能

性　能	单　位	蛇形盘管	圆筒形盘管	U 形盘管
蓄冷能力	kW・h/台	833～2676	288～570	448～1758
盘管材质		钢	塑料	塑料
盘管外径	mm	～27	～16	～6.5
传热面积	m^2/(kW・h)	0.137	0.511	0.449

续表

性　能	单　位	蛇形盘管	圆筒形盘管	U形盘管
贮槽材质		钢	塑料	钢
贮槽体积	m^2/(kW·h)	0.021	0.019	0.018
乙二醇溶液量	kg/(kW·h)	0.284	1.024	0.625
盘管内工作压力	MPa	1.05	0.6	0.62
压降	kPa	～75	～115	～75
装置质量	kg/(kW·h)	～2.56	～1.24	～1.65

蓄冷贮槽可以设置在屋内或屋外，也可放在屋顶，埋在半地下或地下，也可以叠置在支架上。

(三)封装冰

封装冰蓄冷是将封闭在一定形状的塑料容器内的水制成固态冰的过程。容器的形状有球形、乳凸状(齿球)球形、蕊心褶囊冰球、板形等，如图3-80、图3-81和图3-82所示。容器内充有95%的去离子水和5%的添加剂。容器浸沉在充满乙二醇溶液的贮槽内。容器内的水随乙二醇温度变化进行结冰或融冰。封装冰贮槽内的充冷温度为－6～－3℃，释冷温度为≥1～3℃。贮槽分为开式和闭式两种。

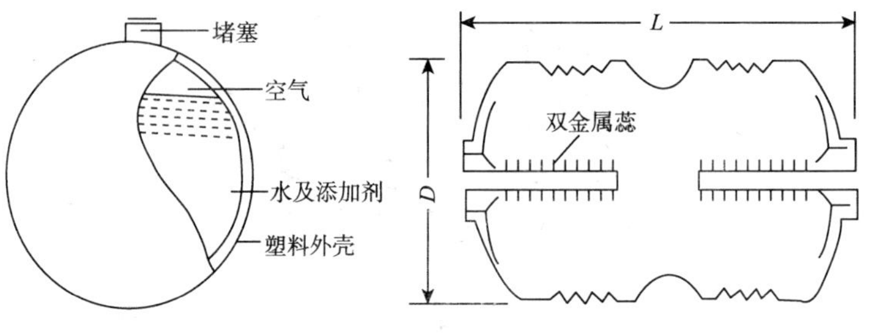

图3-80　冰球结构图

图3-81　双金属蕊心冰球结构示意图

开式贮槽为矩形贮槽。它用钢板或钢筋混凝土制作,贮槽顶部有保温盖板,槽最高处有溢流口(常设有液位报警不使溢流)。贮槽上部在液面下设格栅,以保证容器全部浸沉在液面以下,其结构如图 3-83 所示。

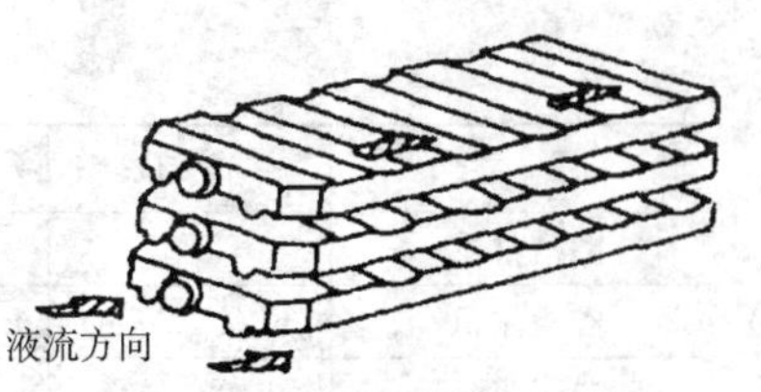

图 3-82 冰板堆放示意图

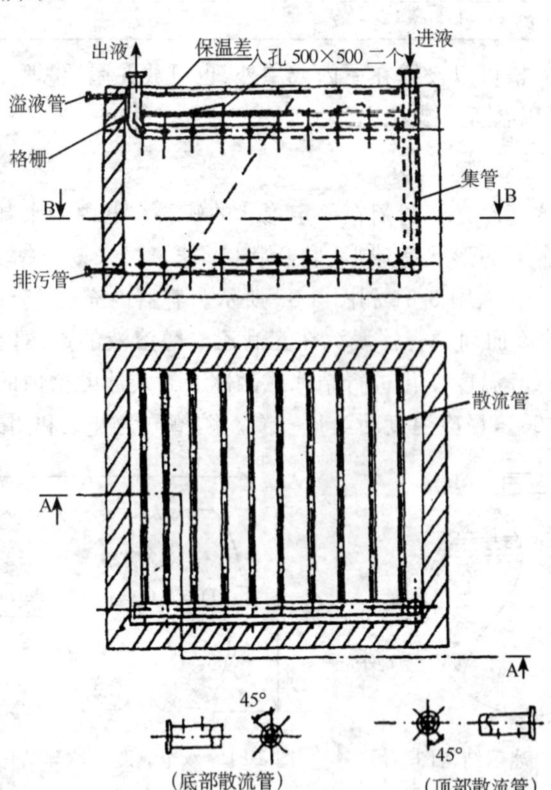

图 3-83 冰球开式贮槽结构示意图

密闭式贮槽有卧式和立式之分。图 3-84 为卧式贮槽结构示意图，贮槽上部有入孔可以填球，底部入孔可以卸球。支架和底板应有保温层。乙二醇溶液经上、下扩散管在贮槽上、下两端进出；溶液流经贮槽的压降主要是进出散流管的阻力，而流经冰球的压降几乎等于零。

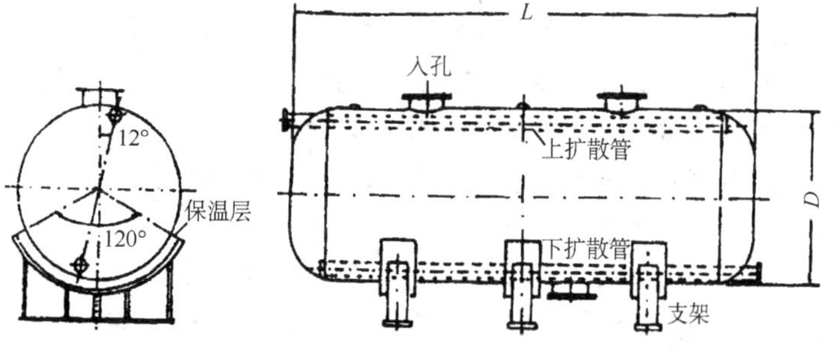

图 3-84　STL 卧式贮槽结构图

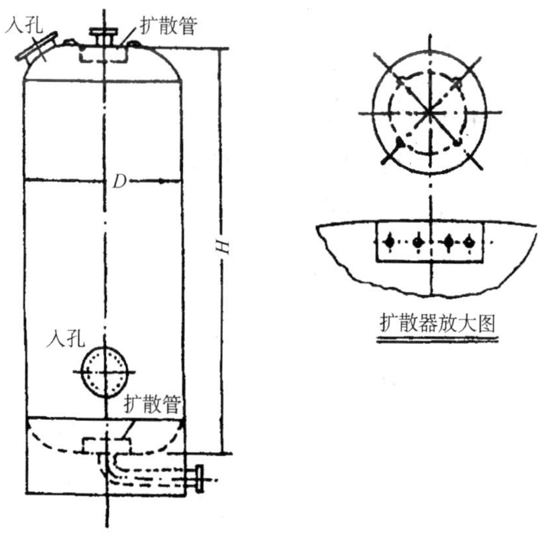

图 3-85　STL 立式贮槽结构图

图 3-85 为立式贮槽结构图，上下部各设入孔以供装、卸球之用；下部入孔设有格栅，防止打开时漏球。底部用裙座作支托，上、下散流器使溶液在贮槽内均匀流通。贮槽外壁及底座均有良好的包温。

（四）共晶盐蓄冷容器

共晶盐是一种相变材料，将其封装在塑料容器内，沉浸在充满循环水的贮槽中。随循环水温度变化，共晶盐结冰或融化，其过程与封装冰相似。评价高温相变的共晶盐蓄冷介质和容器应注意：

①具有固定的冻结温度，不发生过冷现象。保证容器完全冻结及释冷时供冷水的温度不致过高。

②释冷介质在容器内不发生分层化。有的共晶盐在过饱和状态溶解时，部分无机盐可能沉淀在容器底部，而部分液体浮在容器上部，这种层化现象将使蓄冷能力大幅度下降。因此要选好共晶盐和添加剂，封装容器要适当加厚。一般共晶盐蓄冷装置的充冷温度为4～6℃，释冷温度为9～10℃。由于充冷温度较高，可使用常规冷水机组，机组的性能系数COP值为5.0～5.9。

贮槽为敞开式，多为钢筋混凝土结构。贮槽体积通常为0.048 $m^3/(kW \cdot h)$。图 3-86 为堆积的共晶盐蓄冷容器示意图。图 3-87 为共晶盐蓄冷贮槽原理图。

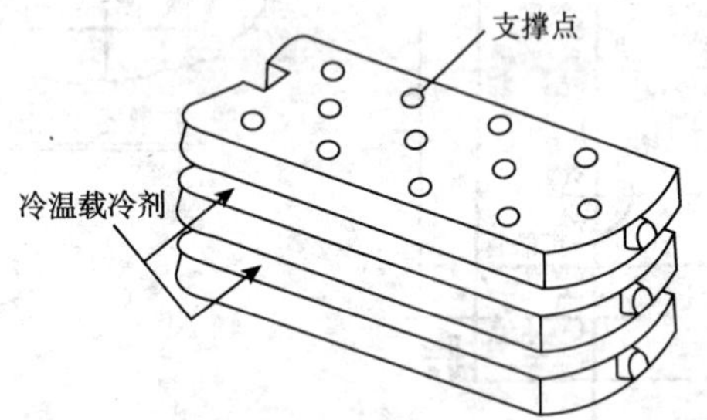

图 3-86　堆积的共晶盐蓄冷容器示意图

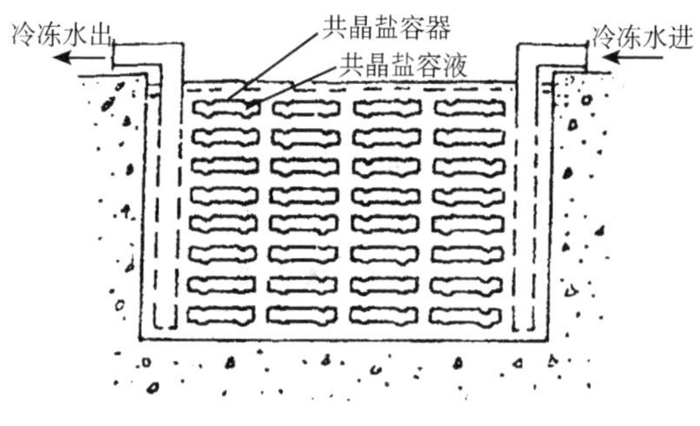

图 3-87　共晶盐蓄冷贮槽原理图

(五)冰片滑落式蓄冷装置

冰片滑落式和冰晶式等属动态型结冰方式,它与前面几种静态结冰相比,以前的结冰,冰层由薄至厚,它要求蒸发温度变低,这使制冷机耗电增加,动态制冰可降低其能耗。

动态冰片滑落式装置如图 3-88 所示,制冰时部分水流经板式蒸发器表面固化成冰(蒸发温度为−4～9℃),一般控制在 10～30 min,冰层厚度为3～6 mm。在收冰期,热的制冷剂(不低于 32.5℃)进入蒸发器通常为 20～60 s,使冰脱落进入槽中。贮槽蓄冰率为 40%～50%。

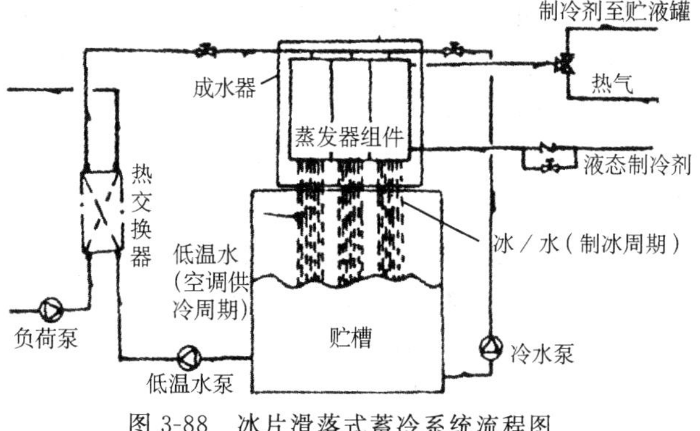

图 3-88　冰片滑落式蓄冷系统流程图

(六)冰晶式蓄冷装置

冰晶式蓄冷装置是动态制冰,其原理是将蓄冷介质(8%的乙烯乙二醇溶液)冷却到低于0℃,将过冷的水送至贮槽中,分离为0℃的水和0℃的冰;如过冷水温度为−2℃,即可产生2.5%直径为100 μm的冰晶,见图3-89。充冷时蒸发温度为−3℃,贮槽为钢制,其蓄冰率约为50%。

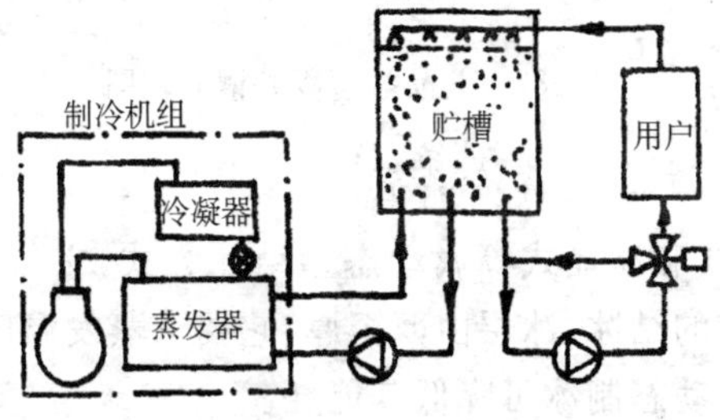

图3-89　冰晶式蓄冷原理图

第四节　循环水系统与水处理设备

在制冷和空调系统中,冷凝器还是大多数采用水冷冷凝,在吸收式制冷中吸收器内也用水冷却。冷却水使用后,一般温升3～5℃,甚至8℃,使用后的水排放掉是一个浪费。目前我国很多地区严重缺水,所以采用冷却水循环系统。

一、冷却塔

在水循环系统中最主要的设备为冷却塔,其冷却原理为:冷却水与空气接触时,水蒸发时吸收水的潜热,使水降温;当水温高于空气温度时,传热也使水降温。所以水在冷却塔中冷却是一个传热、传质的过程。对于30℃的水,水蒸发量1%,可使水降温5℃。冷却水因蒸发而损失的水，一般只占冷却水量的1%～5%。在夏季水蒸发冷却的热负荷占总热负荷的90%左右，冬季因环境温度低只占总热负荷的30%～50%。

根据通风方式，冷却塔可分为自然通风和机械通风两类。自然通风方式常用于电厂等冷却水量大的地方。机械通风方式适用于气温高、湿度较大的地区，是制冷空调中常用的水冷却设备。机械通风冷却塔的工作原理见图3-90。通风的供给方式分为抽风式和鼓风式两类。抽风式冷却塔的风机设在塔顶出口处，空气从塔底侧进入，塔内呈负压，有利于水的蒸发，但风机在高温、较高湿度环境中工作，易出故障。鼓风式冷却塔的风机安装在塔下侧面，塔内呈正压，对水蒸发不利，空气流动也不均匀，冷却效果差些，风机工作环境可改善，宜用于水质较差或有腐蚀性的场合，以保护电机。

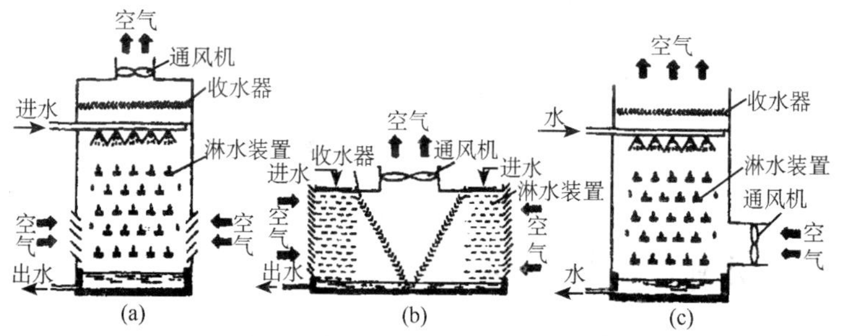

图3-90 机械通风冷却塔工作原理图

(a)逆流抽风式；(b)横流抽风式；(c)逆流鼓风式

冷却塔一般由塔体、淋水装置、配水系统、通风设备、空气分配装置、通风筒、收水器、集水池等组成。

塔体是冷却塔的外围护结构。

淋水装置又称填料，其作用是将热水分离成细水滴或薄水膜，增加水和空气接触，是冷却塔重要部分，它有点滴式、薄膜式和点滴薄膜式三种。

配水系统是尽可能地把热水均匀分布到整个淋水装置中，以获得最佳冷却效果。它可分为固定式和旋转式。其中旋转配水系统在制冷冷却塔中常用，它是由固定的轴及轴上可转动配水管组成，见图3-91。水经设在轴中的管子进入配水管，并由配水管上的圆孔或条形孔喷出，借助水流喷出时形成的反作用力，绕轴心朝水流反向旋转，使水均匀地周期地落到填料各处。周期性配水，有利于空气流动和热交换。冷却塔的冷却效果随空气温度和相对湿度而变化。冷却水的温度一般高于湿球温度，湿球温度为冷却塔的极限温度。

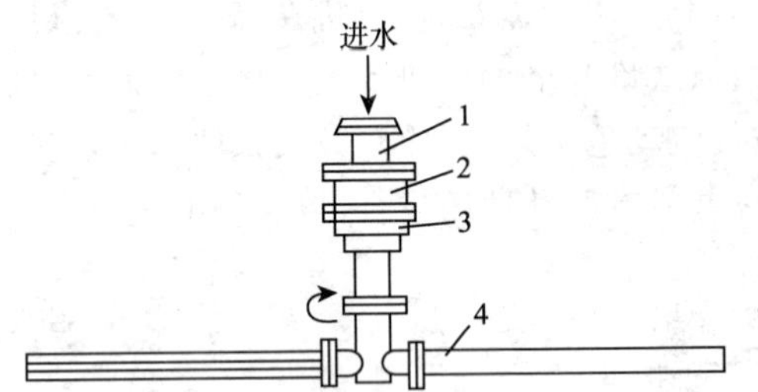

图 3-91 旋转配水系统

1—接管 2—轴承部分 3—密封箱 4—布水管

二、水处理及水处理设备

(一)冷却水系统中的问题和水质要求

冷却水系统中最大的问题是腐蚀和水垢。腐蚀一般分为化学反应腐蚀和电化学反应腐蚀两种，后者是主要的。

电化学反应腐蚀，是指有电子转移的化学腐蚀，它包括氧化(阳极)和还原(阴极)反应，由于金属材料的材质不匀和表面粗糙不平，在不同材质和不同部位形成了不同的电位而产生了电位差，即出现了阴阳极，传递电子，形成电路，从而在表面上出现电化学反应，使金属腐蚀、穿孔，形成事故。

水垢主要是水的硬度造成的。水垢的导热性很差，它比钢的导热性小 30～50 倍，冷凝器水管结垢后会使冷凝压力显著升高，并使压缩机超压停机，使制冷机制冷量下降到 70%～50%。

水的硬度通常用德国硬度表示，1 度相当于水中含 10 mg 的 CaO。水中钙、镁、碳酸盐的含量称为碳酸盐硬度，加热时能从水中析出，又称暂时硬度。其他盐类的含量合称非碳酸盐硬度，亦称永久硬度。软水为 4～8 硬度/度、硬水为 16～30 硬度/度。硬水在 40℃以上时，由于钙、镁的碳酸式碳酸盐分解使碳酸盐析出成水垢。纯水的 pH 值为 7，小于 7 为酸性，大于 7 为碱性，pH 值在 6.7～7.5 之间可称为中性水。

水中的微生物是非常有害的。微生物主要有藻类、细菌、真菌。冷却塔是藻类生长的最好环境。微生物的危害表现在产生污泥和沉积物，它还是一种黏结剂。当出现丝缕状黏滑的污泥，说明微生物腐蚀严重。冷却塔水的污染是军团病等空调病发生的主要原因之一。

冷却水和补水水质的基本要求见表 3-4。

表 3-4　水质要求

	项目	单位	基准值	
			冷却水	补水
基准项目	酸碱度 pH(25℃)		6.5～8	6.5～8
	电导率(25℃)	μs/cm	<800	<200
	氯离子 Cl^-	mg/L	<200	<50
	硫酸根离子 SO_4^{2-}	mg/L	<200	<50
	酸耗量(pH4.8)	mg/L	<100	<50
	全硬度 $CaCO_3$	mg/L	<200	<50

（二）水质处理及水处理设备

1. 离子交换水处理

离子交换处理可以降低制冷、空调中用的原水（生水即未软化的水）硬度和碱度，以达到用水水质的要求。

阳离子型的离子交换剂是由阳离子（如钠离子 Na^+）和复合阴

离子根(用 R 表示)组成。Na^+ 与水中 Ca^{2+} 和 Mg^{2+} 交换反应，结果 Na^+ 转入水中，使原水由硬水变成软水，Ca^{2+} 和 Mg^{2+} 被吸附在交换剂上。它可用钠盐还原，重复使用。但钠离子只能软化水，而不能除碱。离子交换剂常用的有磺化媒和合成树脂。

为了除碱，可用氢—钠，铵—钠系统降低水的碱度。氢离子交换软化、除钙的原理是将离子交换剂用酸溶液去还原，变成氢离子交换剂 HR。原水流经氢离子交换剂后，水中的钙、镁离子被置换。例如，让碳酸盐硬度的水经 HR 变成水和二氧化碳，它不仅消除硬度，同时降低了水的碱度和盐分。常用的水处理设备有逆流式固定床离子交换设备。

2. 磁化水处理

(1)磁化水处理的原理

磁化法属物理水处理。其原理如下：水及其溶液是多相系统，极性很强或含较多的离子。它们以一定的速度流经磁场，垂直切割磁力线，使大分子链变成单分子或双分子水，离子受到劳伦茨力的作用做圆周运动，流经非均匀磁场，像带电粒子在交变磁场中活动，产生感应电流，因为水有很大的内聚力，使水中固体粒子细化，溶解在水中不析出，同时水磁化后产生大量氢离子，其中氢离子水合物与管道、设备壁面电荷相吸，形成一层保护膜，使氧、氯等离子不与管内壁接触，起到防护作用。如果设备和管道已结垢，则与垢上电荷结合，即通过磁场带电粒子与垢表面电荷相撞产生高压放电，把垢粉碎，细化并溶于水中，沉降的粒子从排污口排出。

(2)磁水器

磁水器是永久磁铁，使用时把它放在水泵出口处的水管周围，离设备约 5 m，在它们之间最好安装 1～2 个止逆阀，在补水处也设磁水器。磁水器的磁场强度通过导磁板使磁场能力集中，达约3000 O_e(奥斯特)，它和铁磁性金属闭合后，加到管壁内部磁场强度约 10000 O_e 以上。水通过这段管子得到了处理。其优点是体积小、重量轻、用单体或多体组合使用，在运行时就可安装。磁化了的水不应超过72小时，以免磁力衰退。

3. 电子水处理

(1)电子水处理的原理

电子水处理是通过改变水的物理结构，达到防垢、除垢，杀菌灭藻的功能，而且不污染环境。电子水处理的工作原理是采用集成电路，利用高频振荡产生交变电场作用于水，使链状的水分子变成单个水分子。水分子在电场作用下定向地按正、负极顺序排列。水中溶解盐类的正负离子被单个水分子包围，并按正、负顺序整齐地排列在水的偶极子群中，使它不能自由运动，降低了速度和彼此间的有效碰撞，使器壁上的水垢不易生成。此外，由于水分子偶极矩的增大，使它与盐的正、负离子的水合能力增大，使管壁上的水垢加快在水中溶解，水垢变软、脱落，具有防垢、除垢的效果。单个水分子充分与水中氧气接触能生成对菌、藻类有强烈抑制和消灭作用的双氧水(过氧化氢)，它具有损伤生物大分子，使微生物膜过氧化，破坏歧化酶的作用，达到杀菌灭藻的效果。

(2)电子水处理器

①电子水处理器如图3-92所示，它由两部分组成，一部分为水处理器，壳体为阴极，壳体中心装有一根金属阳极，水通过壳体与金属电极之间再流入用水设备；另一部分为电源(电子水处理控制器)，它把220 V、50 Hz的电流变成低压直流电，使水处理器中产生电子场。

②静电水处理器结构与电子水处理器相似，不同的是壳体中心的阳极芯棒外面套有四氟乙烯管，以保证良好的绝缘。水处理控制器的高压发生器产生高压静电，它适用于水温≤80℃，总硬度<550 mg/L，最大工作压力<1.6 MPa，水中固体颗粒或悬浮物含量较高的情况。

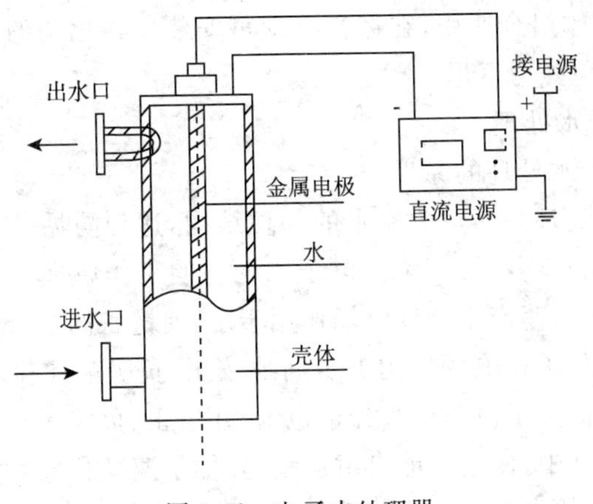

图 3-92　电子水处理器

思考题

1. 制冷压缩机怎样分类?

2. 活塞式制冷压缩机主要由几个部分组成?

3. 概述螺杆式制冷压缩机的工作原理、结构与工作过程。

4. 离心式制冷压缩机的工作原理与结构是什么?

5. 冷凝器的主要作用是什么,按冷却介质可以分为几种类型,其结构、特点是什么?

6. 蒸发器的主要作用是什么,按被冷却介质可以分为几种类型,其结构、特点是什么?

7. 节流装置主要有哪几类,它们是怎样工作的?

8. 制冷系统主要有哪些辅助设备,各有什么作用?

9. 螺杆式冷水机组制冷系统和油路系统是怎样工作的?

10. 离心式冷水机组制冷系统和油路系统是怎样工作的?

11. 双效溴化锂吸收式冷水机组是怎样工作的?

12. 直燃式溴化锂吸收式冷热水机组是怎样工作的?

13. 空气加湿设备主要有哪些?

14. 空气减湿设备主要有哪些?

15. 冰蓄冷装置主要有哪些,内融冰蓄冷系统及封装冰蓄冷系统是怎样工作的?

16. 冷却塔可分为哪两类,机械通风冷却塔的主要组成部分是什么?

17. 对冷却水和补水水质的基本要求有哪些?

第四章 安全装置与仪表

第一节 压力显示控制装置

一、压力表

用来测量介质压力的仪表称为压力表。

制冷系统中常用的压力表是弹簧管压力表。因为这种压力表构造简单，使用方便，测量范围广，价格低廉，读数明显，具有一定的精确度，因此得到广泛应用。

（一）构造

单圈弹簧管式压力表其构造如图 4-1 所示。

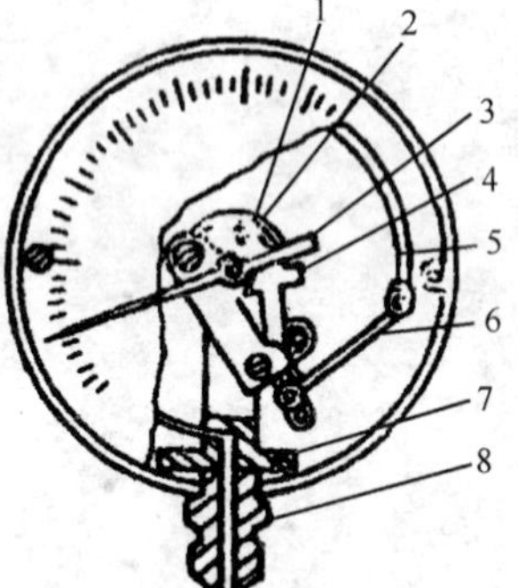

图 4-1 弹簧管式压力表

1—小齿轮 2—游丝 3—指针 4—扇形齿轮 5—单圈弹簧管 6—拉杆 7—支座 8—管接头

（二）工作原理

单圈弹簧管 5 是一个扁圆或椭圆截面的圆形弯管，通常用磷铜、黄铜或钢制成，椭圆的长轴应与指针 3 的轴线相平行。弹簧管的一端固定在与压力表壳连接牢固的支座 7 上，并能通过带螺纹的管接头 8 与被测介质相连通。而另一自由端是封闭的，并以拉杆 6 与扇形齿轮连接。扇形齿轮又与小齿轮 1 相连接，在小齿轮的轴心上装有指针。为了消除扇形齿轮和小齿轮的间隙，在小齿轮的转轴上装上了游丝 2，在介质的压力作用下弹簧管伸张，同时使指针转动。由弹簧管自由端变化的大小决定了指针旋转角度的大小，它们都与弹簧管所受压力的大小成正比，所以其刻度标尺是均匀的。

（三）种类

弹簧管式压力表分为三种：

①压力表；

②真空表；

③压力真空表。

通常测量高于大气压力的制冷剂采用压力表，测量低于大气压力的制冷剂则采用真空表，测量在大气压力上下波动的制冷剂需采用压力真空表。

（四）量程的规定

压力表量程的选择应在稳定的负荷下，不超过压力表刻度标尺的三分之二，即若压力表盘的最大标尺为 1.96 MPa 时，则制冷剂的压力测量范围不应超过 1.46 MPa。在波动的负荷下则不应超过刻度标尺的一半，则最低压力最好高于刻度标尺的三分之一。

二、压力控制器

压力控制器又称压力继电器或压力调节器，是一种由压力信号来控制的电开关，即当压力超过（或低于）调定值时，控制器就能切断电路，使被控制系统停止工作，以起到保护和自动控制的作用。

制冷系统中采用的压力控制器型式较多，其差别主要在于幅差调节机构不同，所以调节的方法各异。常用的压力控制器有以下几种类型。

(一)YWK 系列压力控制器

YWK 系列压力控制器主要用于制冷系统中 0.08～2 MPa 压力范围内的自动控制。控制方式为两位式，在所调定的上、下限位发出通路或断路的电讯号。在制冷系统中，压力控制器分为保护性和调节性两种。其中 YWK—22 型用于压缩机保护性的高、低压控制，在系统出现危险时发出自动停机讯号；YWK—11、YWK—12 型属于调节性的压力控制器。

1. YWK—22 型压力控制器的构造

YWK—22 型压力控制器的构造如图 4-2 所示。

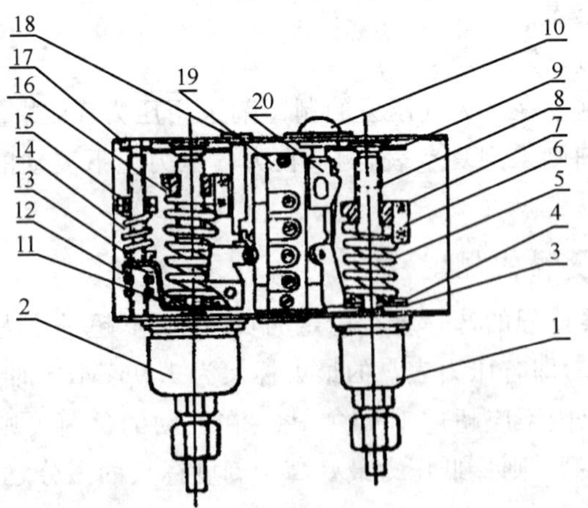

图 4-2　YWK—22 型压力控制器结构图

1—高压气箱　2—低压气箱　3—跳板　4—高压弹簧座
5—高压调节弹簧　6—指针板　7—调节螺母　8—调节螺杆
9—调节盘　10—复位按钮　11—低压跳板
12—锁紧螺母　13—差值调节套　14—差值弹簧
15—差值调节盘　16—低压调节盘　17—差值调节螺杆
18—抽空拨杆　19—双微动开关　20—跳脚

2. YWK—22 型压力控制器的工作原理

YWK—22 型压力控制器，是将高压（冷凝压力）过高保护和低压（蒸发压力）过低保护两部分合并组装在一个器壳内。其高压部分在控制器右方，当系统管路中压力升高时，气箱内的波纹管被压缩，压力超过上限，波纹管上顶杆克服弹簧力，顶动跳脚板，推动电气开关动作，触头变位，切断电路使压缩机停车。

当开关动作后，跳脚板上突出边缘即被扣住，按手动复位按钮，可使跳脚板脱扣恢复正常。

低压部分在控制器左方，其波纹管内加有负压小弹簧，此小弹簧预先压缩，正常运转时，电气开关处于压紧的通路状态。当压力下降，气箱内波纹管被拉长，压力低于调定值下限，弹簧力向下推动跳脚板，电气开关动作，触头变位，断路停车。

YWK—22 型低压部分的运转——抽空旋钮为一机械装置，旋杆末端剖去二分之一，往抽空方向旋转 90°角，使未剖部分挡住跳脚板，不准往回转动，使原被压紧的开关不能松开等于暂时解除这一部分的保护。往回运转方向旋回 90°角，剖去部分不再能够阻挡跳脚板，仍恢复原有的保护作用。

（二）KD 系列压力控制器

KD 型压力控制器的气箱，接受压力信号后产生位移，通过顶杆与弹簧的张力作用，并用传动杆直接推动微动开关，省去了杠杆机构。高、低压部分用两只微动开关分别控制电路，使继电器结构紧凑，调节方便。

1. KD—155 型压力控制器的构造

其构造如图 4-3 所示，其接线方法如图 4-4 所示。

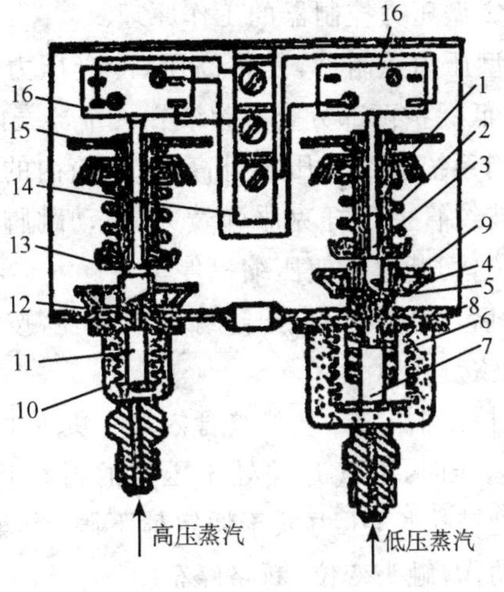

图 4-3 KD—155 型压力控制器结构图

1—压力调节盘 2—压力调节弹簧 3—传动杆 4—碟形弹簧 5—调整垫片 6—低压波纹管 7—传动芯棒 8—调节螺丝 9—压差调节盘 10—高压波纹管 11—传动螺丝 12—垫圈 13—弹簧座 14—接线架 15—支架 16—微动开关

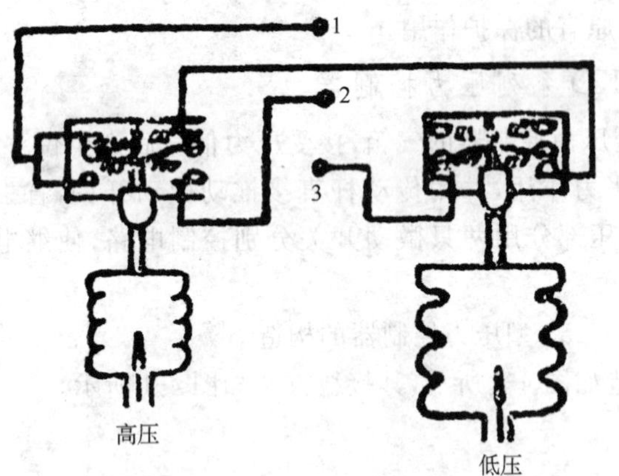

图 4-4 KD—155 型压力控制器接线图

1—接电源进线 2—接事故报警线(灯或铃) 3—接接触器线

2. KD—155 型压力控制器的工作原理

低压气体通过毛细管进入低压波纹管 6，若低压气体的压力大于调定值时，由波纹管的弹力通过传动芯棒 7 和传动杆 3，传动到微动开关 16 的按钮上，并使其按下面电路闭合，压缩机正常运转。若吸汽压力低于调定值时，则压力调节弹簧 2 的张力克服波纹管的弹力，把传动芯棒抬起，解除传动杆对微动开关的压力，再由开关自身的张力使按钮抬起，于是电路断开，压缩机停止运转。

高压气体通过毛细管进入高压波纹管，当其压力小于调定值时，这时调节弹簧的压力大于气体压力，将传动螺丝抬起并解除传动杆对微动开关的压力。微动开关的按钮靠自身弹力抬起，使电路闭合，压缩机正常运转。如果压缩机排气压力超过调定值时，高压波纹管上的压力通过传动螺丝和传动杆压下按钮，使电路断开，压缩机停止运行。

调整压力控制器的压力控制值，可通过转动压力调节盘来调节，调整微动开关断开和闭合的差值可以通过转动压差调节盘来调节。以低压为例，当顺时针转动压力调节盘时，使调节弹簧压缩，弹力增加，控制的低压额定值就增高，逆时针旋转时则压力降低。而压差调节盘顺时针转动时，则压缩碟形弹簧 4，使差动值增加；反之则减少。高压的调节方法和低压是相似的。

（三）FP 型压力控制器

FP 型压力控制器是一种组合式高、低压压力控制器。这种控制器设有指示调定值的刻度板，调整时，应参看压缩机吸、排气压力表的指示值。调整后应试验调定的断开压力和闭合压力是否符合要求。为了保证安全可靠，这种试验应重复进行三次。在调整低压幅差螺钉时，应切断电源以保证安全。

1. FP 型压力控制器的构造

FP 型压力控制器的构造见图 4-5。

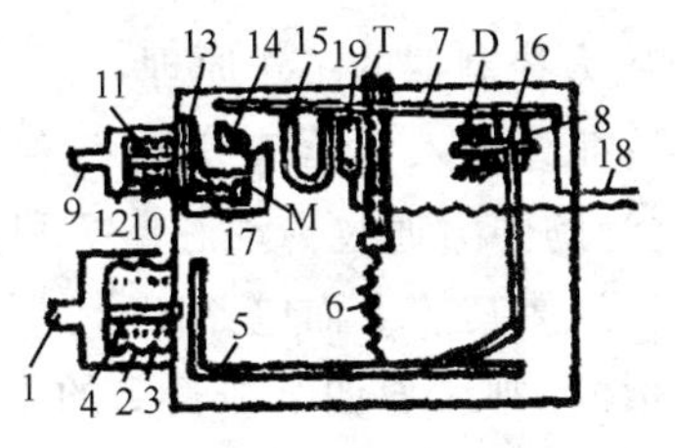

图 4-5　FP 型压力控制器构造原理图

1—低压接管　2—低压波纹管　3—弹簧　4—低压顶针
5—低压杠杆　6—弹簧　7—触头板　8—支架　9—高压接管
10—高压波纹管　11—弹簧　12—高压顶针　13—杠杆
14—高压断路开关　15—永久磁铁　16—调整器　17—弹簧
18—接磁力启动器电线　19—触头　T—低压调整螺钉
M—高压控制螺钉　D—压力差调整螺钉

图 4-6 所示为 FP 型压力控制器与制冷系统的连接方法图。

2. FP 型压力控制器的工作原理

低压控制元件控制蒸发压力，不要过低，以免制冷机在不必要的低温下工作而浪费电能。低压接管 1 和压缩机的吸气管道连接。当蒸发压力过低(低于调定值时)，低压波纹管由于弹簧 3 的作用而伸张，低压顶针 4 退进波纹管中，低压杠杆 5 由于弹簧 6 的作用而按逆时针方向转动，因此与杠杆连接的触头板 7 向上运动而使触头 19 跳开，电路被切断，压缩机停止工作。随着蒸发压力的逐步上升，当蒸发压力上升至一定值时，低压波纹管被压缩。顶针由波纹管伸出，推动杠杆使整个杠杆按顺时针方向转动，并使触头板下落到触头 19，接通磁力启动器，电路通电后，压缩机重新工作。

高压控制元件是控制冷凝压力的元件，不应过高，以免造成事故。高压接管 9 和压缩机排气管道连接，当排气压力过高(高于调定值)时，高压波纹管 10 被压缩，高压顶针 12 推动杠杆 13 运动，使高压断路开关 14 上翘，顶动触头板，电路切断，压缩机停止工作。随着制冷剂蒸汽在冷凝器中不断被冷凝，排气压力也不断下降，当下降到一定值时，高压顶针的杠杆就朝相反方向运动，触头板和触头接通，压缩机因通电而重新运转。

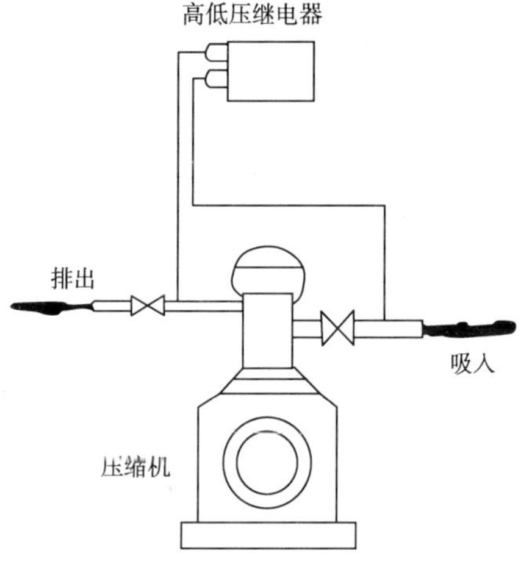

图 4-6　FP 型压力控制器与制冷系统连接图

高、低压压力控制器中装置了永久磁铁 15，可以使触头板和触头 19 接通或断开时的速度加快，以免跳火而烧毁触头。

调整低压控制器的压力控制值（即切断电源的压力值）可旋转低压调整螺钉 T，顺时针旋转，低压平衡弹簧收紧，拉力增加，控制的低压额定值就增高，逆时针旋转则减小。其可调范围较大。

调整高压控制器的压力控制值（即切断电源的压力值）可旋转高压控制螺钉 M，顺时针旋转，高压平衡弹簧压缩，张力增大，控制的高压额定值就增高；逆时针旋转则减小。

（四）RT 型压力控制器

RT 型压力控制器在船舶制冷装置中常用的有低压压力控制器 RT1（RT1A）和高压压力控制器 RT5（RT5A），带有字母“A”的可用于氟利昂和氨，不带 A 只能用于氟利昂。

(五)压力控制器的使用与维护

为了能在制冷系统中直接调整和测定压力控制器的控制值,可以与压力控制器并联一个标准压力表。其量程范围必须包括这个压力控制器在闭合和释放时所对应的压力值,可在压力控制器上接指示灯,在指示灯亮和熄的时候从压力表上读得。

为了保证压力控制器的正常使用应做到如下要求。

①每年校验一次。按设定值调压,检查刻度是否准确,电讯号能不能及时发出。

②单件校验后,应装回系统后再人为地制造压力条件,观察保护作用是否可靠。

③控制器发出的讯号如有闪动不稳定现象,主要是开关里 U 形弹簧片有问题,应拆下开关调整弹簧片,使触头上下跳动稳定。有时也可能是丝杠上凹形螺母与开关传动杆的相对位置有移动,可拧松凹形螺母紧定螺钉,调整相对位置,使开关传动杆跳动稳定。

④维修时不能大拆大卸零件,没有必要,尽量不拆。

⑤气箱和波纹管部分如有渗漏,需更换。

第二节 温度显示控制装置

一、温度计

制冷设备中常用的温度计是玻璃棒式温度计和压力式温度计。

(一)玻璃棒式温度计

玻璃棒式温度计如图 4-7 所示,其中充有水银或乙醇等液体,前者称水银温度计,后者称酒精温度计,它们都是根据液体热胀冷缩的性质制成的。由于不同的液体其冰点和沸点不同,因此应根据被测介质不同的温度范围选用不同液体的玻璃棒温度计。一般水银温度计用于－30～300℃的温度范围，酒精温度计用于－100～75℃的温度范围。由于酒精可染成红色，读数便于观察，因此制冷系统中广泛使用酒精温度计。

（二）压力式温度计

压力式温度计如图4-8所示。

图4-7　玻璃棒式温度计

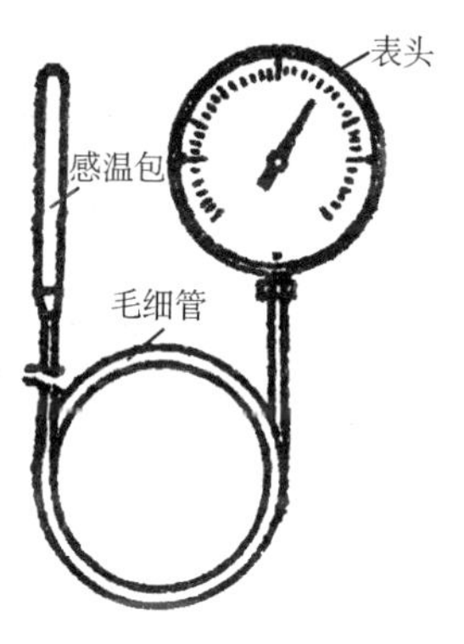

图4-8　压力式温度计

压力式温度计的感温包用一毛细管与一弹簧式压力计相连接，组成一个密闭的测温系统。根据测量的范围在感温包内充以相应的液体，如氯烷、乙醚或氟利昂等。测量时感温包插在被测的介质中，当被测介质的温度产生变化时，例如，温度升高时，感温包中的液体汽化成饱和蒸汽，该蒸汽的压力随被测介质温度的变化而变化，此压力的变化经毛细管传递给压力计中与单管弹簧自由端相连的拉杆，带动齿轮传动机构，使装有指针的转轴偏转一定的角度，并在标度盘上指示出被测介质的温度值。

二、温度控制器

温度控制器是控制冷藏库或空调房间温度恒定在某一个范围内

的电开关。

制冷系统中常用的温度控制器的原理大都是利用液体或气体因温度变化引起压力的变化，使传动机构产生位移推动触点断开或闭合来控制电动机的停止或运行。

温度控制器的形式较多，目前制冷系统中常用波纹管式或电接点压力式两种温度控制器，以及电子式温度调节器。

（一）波纹管式温度控制器

1. WT—1226 型温度控制器

WT—1226 型温度控制器的结构如图 4-9 所示。

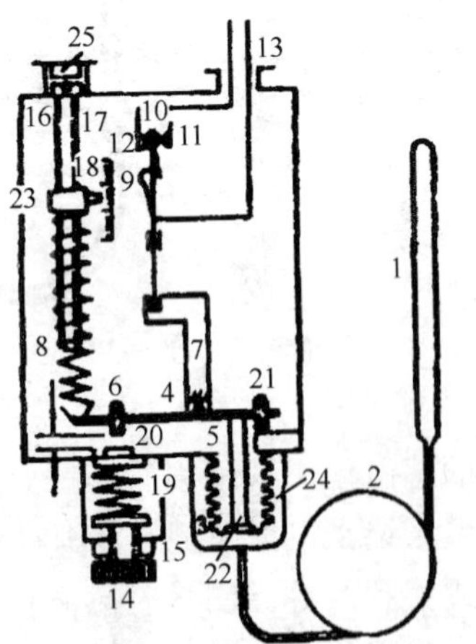

图 4-9　WT—1226 型温度控制器

1—感温包　2—毛细管　3—波纹管　4—杠杆　5—刀口支点
6—螺钉　7—拨臂　8—主调弹簧　9—跳簧片　10—动触头
11、12—定触头　13—进线孔　14—幅差旋钮　15—幅差标尺
16—主调螺杆　17—温度标尺　18—指针　19—幅差弹簧
20—弹簧座　21—止动螺钉　22—导杆　23—活动螺母
24—波纹管室　25—接线柱

当感温包感受的温度较低时，在主调弹簧 8 的作用下，杠杆处于水平位置，止动螺钉 21 碰在底板上，动触头 10 与定触头 12 断开，切断电源，使主电机停转。当感温包感受的温度升高时，杠杆沿逆时针方向转动，开始时只需克服主弹簧的拉力，但当螺钉 6 压住幅差弹簧 19 后，杠杆的继续旋转就必须克服幅差弹簧的张力。当温度升高到调定值的高限时，由于杠杆旋转的程度已使跳簧片 9 积累了足够的弹力，所以动触头 10 就会迅速地与定触头 12 接触，使电源接通，主电机恢复运转。当感温包感受的温度回降时，由于主调弹簧和幅差弹簧的共同作用，杠杆就要沿顺时针方向旋转，一旦杠杆旋转了某一角度，致使螺钉 6 与弹簧座 20 脱离后，杠杆的旋转就仅仅受主弹簧的作用了。当温度回降到调定值的低限时，动触头 10 在跳簧片的作用下又会迅速地与定触头 12 断开，电源再次被切断。这样，制冷系统的温度就可以被控制在某一个温度范围之内。

主调螺杆 16 调节主调弹簧 8 的拉力大小，以调整被控制的温度范围。标尺上标有温度控制器可以控制的温度范围。顺时针调节主调螺杆 16 时，主调弹簧 8 的拉力增大，即升高调整温度，反之则降低调整温度。

2. WJ35 型温度控制器

WJ35 型温度控制器的结构如图 4-10 所示。

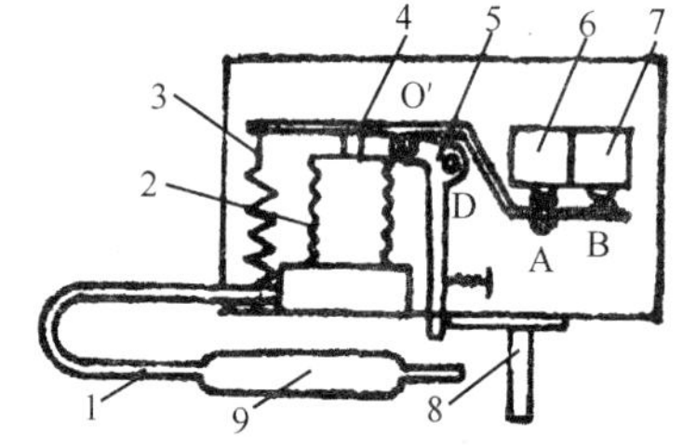

图 4-10　WJ35 型温度控制器

1—毛细管　2—波纹管　3—弹簧　4—杠杆　5—曲杆

6、7—微动开关　8—偏心凸轮　9—感温包

当感温包感受的温度升高时，温包内充入的工质的压力升高，这样就使波纹管伸长，波纹管上部的顶针推动杠杆 4 使杠杆克服弹簧的拉力，以 O′点为支点顺时针转动，从而使杠杆 4 的端部与微动开关的按钮分离，按钮随即向外弹出，使微动开关 B 的电路断开。如温度继续升高，杠杆 4 继续旋转，微动开关按钮继续弹出到一定值时，开关 A 的电路闭合。电路的断开和闭合可使制冷系统根据气候和外界变化来维持温度被控制在一定范围。

当感温包所感受的温度降低时，温包内工质的压力降低，波纹管收缩，杠杆 4 由于弹簧的作用，按逆时针方向转动，从而使端部推上按钮，开关 A 的电路断开。若端部继续上升，则开关 B 的电路闭合。

如果要改变所控制温度的数值，可以旋转凸轮 8 的旋柄。

（二）WTQ—288 型电接点压力式温度控制器

电接点压力式温度控制器适用于远距离测温，并能在工作温度达到和超过调定值时发出电讯号，作为温度调节系统中的电路接触开关。

WTQ—288 型电接点压力式温度控制器的结构如图 4-11 所示。

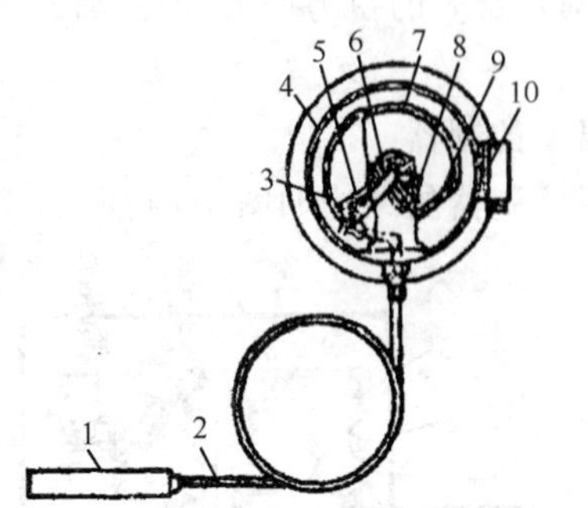

图 4-11　WTQ—288 型电接点压力式温度控制器

1—感温包　2—毛细管　3—接点指示计　4—表壳　5—示值指示针
6—游丝　7—弹簧管　8—齿轮传动机构　9—传动杆　10—接线盒

当被测介质的温度变化时，感温包中氮气的压力也相应变化，此压力经毛细管 2 传给表内的弹簧管 7 并使其变形，借助于弹簧管 7 的自由端所连接的传动杆 9，带动齿轮传动机构 8，使装有示值指示针 5 的转轴偏转一定的角度，于标度盘上指示出介质的温度值。

温度控制器电接点装置的上、下限接点，可根据需要，用专门的钥匙来调整接点指示针 3 的位置，根据上、下限指针的位置，使其被控制的温度限制在一定范围内；而动接点则随示值指针一起移动，当被测介质的温度达到和超过最大（或最小）给定值时，动触点便和上限（或下限）接点相接触，并发出电讯号，同时闭合（或断开）控制电路。按图 4-12 所示的电路接线，则被测介质的温度超过最高温度时，指针 3 同接点 1 相碰，高温讯号灯亮，电铃响，则启动制冷系统；若被测温度低于最低温度时，指针 3 同接点 2 相碰，低温讯号灯亮，则停止制冷系统运行。

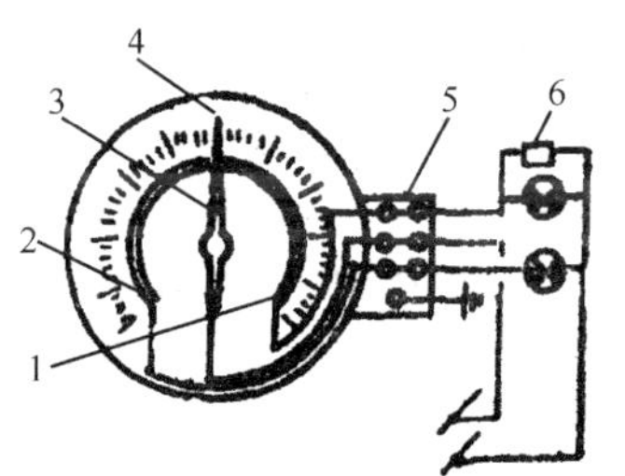

图 4-12　WTQ—288 型温控器接线图

（三）电子式温度调节器

电子式温度调节器本身不带感温元件，必须与铂电阻、铜电阻、热敏电阻等配合使用，并通过执行元件达到调节温度的目的。

电子式温度调节器可装在制冷装置上，也可装在机房控制室的主控屏上，温度调节范围有 −100～+50℃、−50～+50℃、0～+50℃、−50～+100℃、−50～+150℃等，调节温度上下限幅差有±0.5℃、±1℃等多种，可以根据需要选用。

(四)温度控制器的使用与维护

1. 温度控制器的使用

在使用温度控制器时应根据实际需要对幅差进行调整,温包的安装位置也是一个重要因素,应注意如下几点。

①温包置于库内时不能过于接近墙壁或冷却排管。

②温包应装于空气流动处,不应置于死角。在风冷的库房里,温包一般应靠近回风口,因为回风基本上可代表库房的平均温度。如对出风口温度有一定限制时,温包也可置于出风口,但不应在最高风速处。

③温包不应置于热货处,以免直接受热货温度的影响。

④温包不应置于门口,免受库外热空气侵入的影响。

⑤温包和控制器的连接毛细管不应穿过比控制的冷库库房温度低的其他库房或走道,也不应与其他管道相接触。

⑥在安装毛细管时应绕一圈或数圈以免震坏,注意其弯曲圆弧半径不得小于 50 mm,每相距 300 mm 应该用卡子将毛细管固定并防止轧偏或磨破毛细管。

⑦为了防止温包损伤而加保护罩时,要注意其热传导不应受阻碍。

⑧各型号温度控制器的限位和幅差,由各使用单位自行按照要求调整,出厂时的设定值只供参考。

2. 温度控制器的维护工作

①应每年校验一次,校验时须从现场取回,放在可增温或降温的专用设备上校验。校验时发现测温值与显示值上下限,经多次校验均出现同向偏差时,可移动刻度标对准。如发现不规则偏差,则以所用温度值对正,或记下各点误差备查。

②使用单位在维修温度控制器时,不能大拆大卸,除非有必要时,零件尽量不拆,它的内部有些零件是铜的,不能在氨味浓的地方拆修。盖板要压紧,注意防氨、防潮。

③感温系统若有渗漏,控制器即失效,必须送回制造单位修理。

④控制器发出讯号时,如有闪动不稳定现象,主要是开关里 U

形弹簧片有问题。拆下开关调整弹簧片，使触头上下跳动稳定，装回控制器后再试几次。如弹簧变形或折断，应送回制造单位换配重调，使用单位不可自己修换。

⑤更换温控器时，应尽可能采用相同型号。如需用其他型号代替时，应注意温度控制范围是否适当，幅差调整范围及触头作用方式与接法是否符合使用要求。

第三节　液位显示控制装置

在制冷系统中，有些容器用于分离气、液或贮存液体，必须控制在一定的液位上，是制冷系统中必不可少的安全保护装置。

在泵循环供液系统中，由于制冷剂的供应量大，在容积确定以后，就应考虑容器的液位控制。主要是指最高液位及正常液位。

图 4-13 所示为立式低压循环贮液桶的液位控制示意图。图中最高液位是安全液面线，在自动控制中，当液面达到此线时，就应发出警报信号或者停止压缩机运转。这个液面一般为容器总容积的 60%～80%。

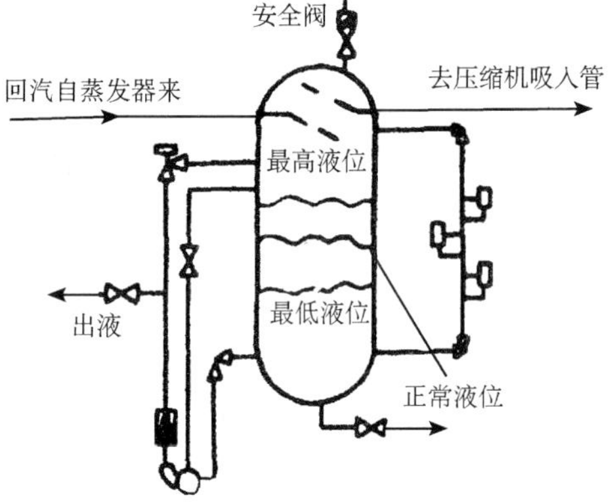

图 4-13　立式低压循环贮液桶的液位控制

一、常用液位控制器的种类、工作原理

(一)电容式液位计

电容器之间充以不同的介质时,电容量的大小就有所不同,而充以液体介质的电容量要远比充气体介质时为大。因此,通过测量电容量的变化就可以用来检测液位的高低。

电容式液位计的种类较多,有采用高频电桥线路进行液位测量的国产 URF、QER 型电容液位计;有根据电容充放电原理对液位进行测量的国产 XR—1 型电容液位计。

(二)UQK—40 型浮球液位控制器

UQK—40 型浮球液位控制器适用于氨、R12、R22 等制冷剂的制冷系统,用于控制容器里的制冷剂液位,在所调定的液位上、下限发出信号。

1. 阀体构造

UQK—40 型浮球液位控制器是由阀体和电气盒两部分组成,阀体构造如图 4-14 所示,电气盒内的电气线路方块图如图 4-15 所示。

2. 工作原理

液位控制器工作时依靠不锈钢浮球随液位浮动,浮球上浮杆跟随在线圈内上下移动,使线圈电抗发生改变,输出位移讯号。再通过电气盒的晶体管开关线路,按照所调液位高度导通,吸动继电器触头,以起控制作用。

液位控制器在自控中只是作为一次元件,必须与二次仪表或执行元件配合使用。可控液位范围在 60 mm 以内,即起始液位不动,控制的液位高低可在 60 mm 以内调整。

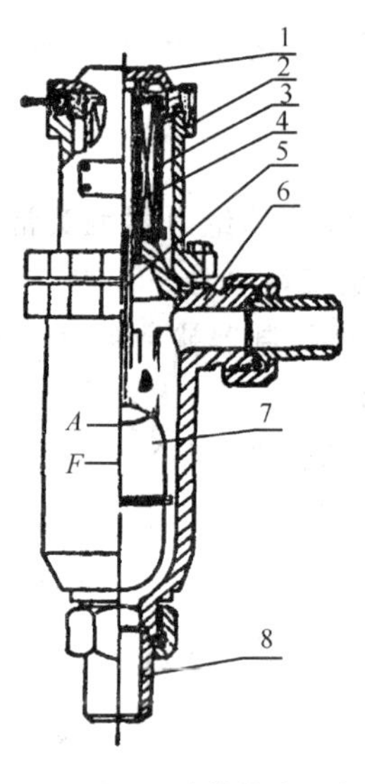

图 4-14　UQK—40 型液体控制器阀体构造图

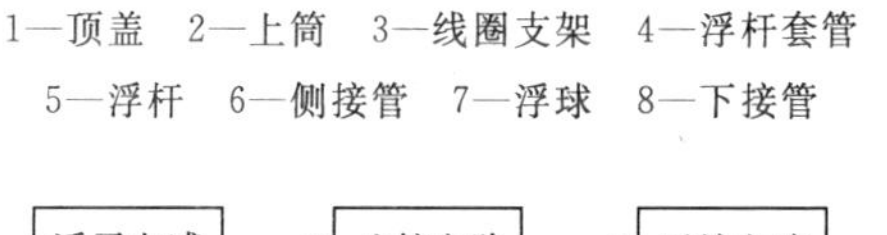

1—顶盖　2—上筒　3—线圈支架　4—浮杆套管

5—浮杆　6—侧接管　7—浮球　8—下接管

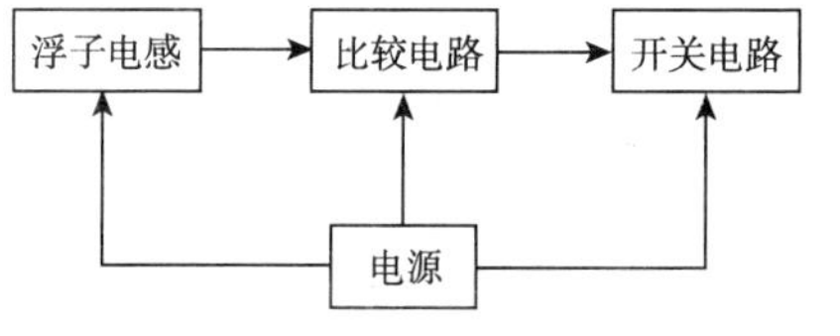

图 4-15　电气线路方块图

（三）UQK—41 和 UQK—42 型浮球液位控制器

UQK—41 型浮球液位控制器是专用于氨制冷系统中氨液和冷冻油并存的容器自动放油。

UQK—42 型浮球液位控制器用于机器的自动加油。

1. UQK—41 和 UQK—42 型浮球液位控制器的构造

它们是由玻璃管液位指示器和浮子开关两部分组成，玻璃管液位指示器部分与常规所用基本相同，浮子开关是晶体管无触点式接近开关。

2. 工作原理

当浮子进入开关工作区前继电器触头常开，进入工作区时触头吸合，超过工作区后触头又恢复常开状态。

如图 4-16 所示，液位控制器就是利用浮子开关的通断特性发出自动加油或放油的讯号。

根据浮子开关的通断特性，无论是下限位加油或上限位放油，一旦浮子离开工作区，其讯号均消失，因此必须设置自保触头，以便在另一限位停止加油或停止放油。电气线路如图 4-17 所示。

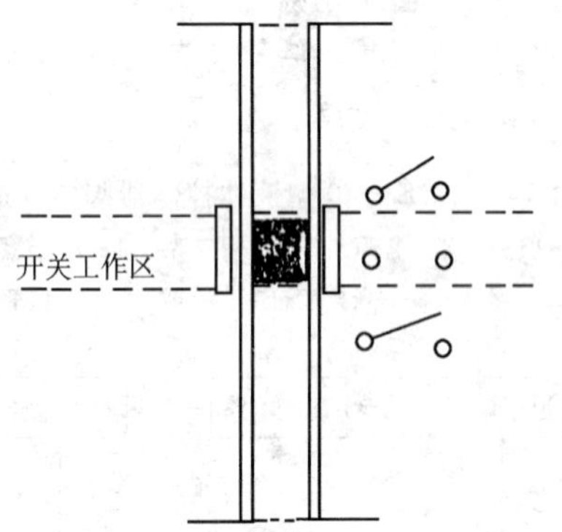

图 4-16　浮子开关工作图

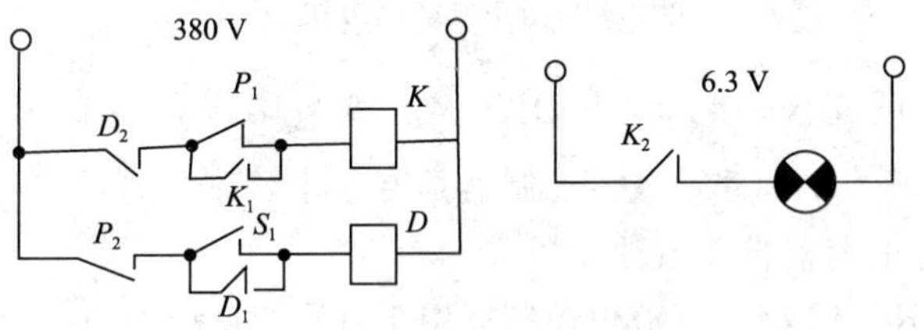

图 4-17　电气线路原理图

二、浮球液位控制器的安装调试与使用维护

(一)UQK—40型液位控制器安装调试注意事项

1. 安装

①控制器的起始液位用红漆标在阀体外壳下部,画有“A”用于氨;画有“R”用于R12、R22,安装时应以起始液面为液位标准。

②须作正、侧两方面的垂直吊线,点焊定位后拆下阀体再烧焊。

③控制器下部平衡管应倾斜15°以上,避免油污堵塞,使浮球失灵。

④为拆检方便,阀体气、液平衡管均应加装截止阀,如图4-18(a)所示。

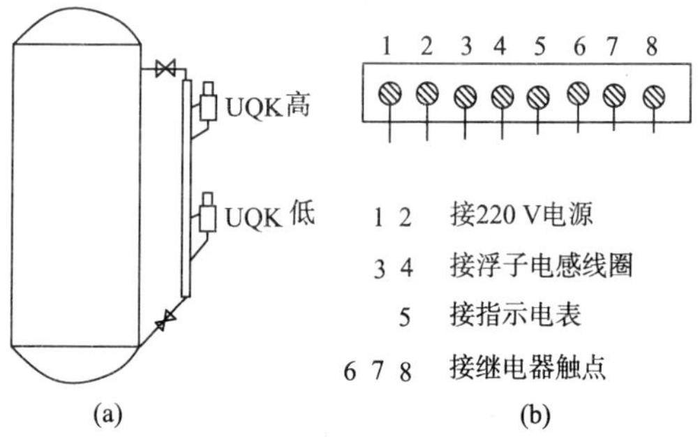

UQK高
UQK低
(a)

1 2 3 4 5 6 7 8

1 2 接220 V电源
3 4 接浮子电感线圈
5 接指示电表
6 7 8 接继电器触点
(b)

图4-18 安装和接线示意图
(a)安装示意图;(b)电气盒接线示意图

⑤阀体线包室上盖的密封橡胶垫圈应予压紧,最好压紧后再用胶带纸包一圈,避免水汽进入,使线圈受潮而失灵。

⑥电气盒安装地点要远离潮湿和有腐蚀气体的地方。

2. 调试

①调试前,检查电气盒接线是否按图4-18(b)所示连接。

②控制器电气盒内,带刻度1至6的旋转是可调高度旋钮,左上

角带锁紧螺母的小旋钮是调零旋钮，用于起始时将下液位讯号调出。

③上、下限液位可调高度为1～6 cm，可调高度的确定，在正常运转工况下，以供液电磁主阀不频繁动作为主，一般可调在半小时左右动作一次。

④当线包处于－30℃以下低温条件时，因电阻改变很大，使下液位讯号显著下移，以致发不出讯号，此时就需要补偿电位器把零位调出。

（二）UQK—41和UQK—42型浮球液位控制器安装调试注意事项

①玻璃管液位显示器四周虽有保护架，仍应注意不要安装在交通要道或易受到撞击的地方。

②玻璃管液位器应作垂直吊线安装，不得歪斜，试压时，应将浮子取出，待试压后再装好。

③指头焊接时，应先点焊定位，把附件拆除后烧焊。

④检查晶体管开关动作是否灵敏。接好线后，用铁棒在中间上、下游移动，如开关胶木盒有响声，说明动作灵敏。

⑤开关胶木盒应紧贴玻璃管安装，并注意密封，电气盒宜放在控制柜内。

（三）浮球式液位控制器的维护

①每年校验一次控制器，定期拆开顶盖，检查线包有无受潮。

②若不是漏氨，传感器壳体可数年不拆，因壳体内只有不锈钢浮球。

第四节　安全阀等释压装置

安全阀和易熔塞是制冷系统中的安全保护释压装置，当系统中的压力超过规定的数值时，安全阀或易熔塞即自动开启并排出制冷剂，使系统中压力下降，达到保护制冷机、系统设备以及人身安全的作用。

一、安全阀

（一）安全阀的结构与应用

安全阀常见的结构为弹簧式，如图 4-19 所示。

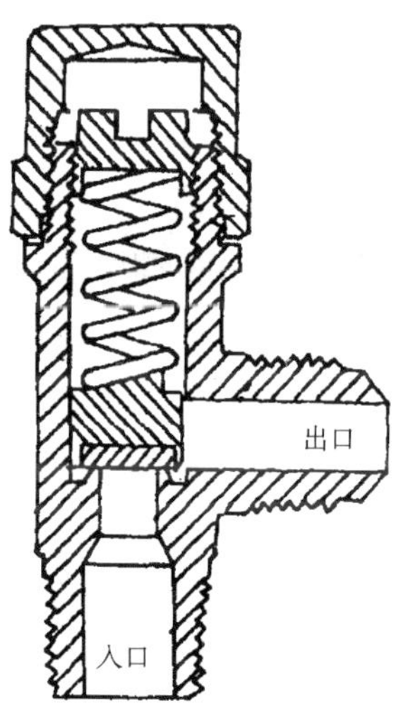

图 4-19　安全阀

当阀的入口压力与出口压力差超过设计值时，阀盘被顶开。阀盘一旦离开阀座，由于它下部的受压面积突然增加，可以将阀门一下子开得很大，使工质从容器中迅速排出。

制冷系统中，氨压缩机、冷凝器、低压循环贮液桶、低压贮液器、中间冷却器等设备上均应装有安全阀。

为了便于检修和更换，要求在安全阀前设置截止阀，而且在设备运行中该阀必须处于开启状态，并加以铅封，以免失去安全保护作用。

安全阀的开启压力设定值由保护容器的设计最高工作压力决定，而且要高于最高工作压力的1.05～1.1倍。这是因为一旦安全阀在超压时自动开启，往往不容易恢复到完全密封状态，而造成制冷剂的经常泄漏损失；另一方面也不会因为容器内压力的偶尔波动，造成误开启动作。这样，对系统的强度和气密性来说，都是安全的。

在氨制冷系统中，压缩机上的高压安全阀，其开启压力为吸排气侧之间的压力差达到1.57 MPa时，能自动开启，在冷凝器、贮液器等高压设备上的安全阀，当压力到1.81 MPa时，应能自动开启，在中间冷却器、低压循环贮液桶、低压贮氨器等设备上的安全阀，当达到1.23 MPa压力时，应能自动开启。

在使用氟利昂制冷剂的制冷设备中，由于制冷剂品种比较多，安全阀的开启压力差异也比较大。

表4-1为R134a和R22制冷设备中，安全阀的开启压力表。

表4-1　安全阀的开启压力

制冷剂名称 / 容器名称	开启压力(MPa)	
	R134a	R22
冷凝器和高压贮液器	1.57	1.81
低压贮液器、中间冷却器、低压循环桶、排液桶	0.98	1.23

在制冷设备上设置安全阀，最重要的一点是要求在开启时必须具有足够的排气能力。因此，安全阀应经额定排量试验合格方能出厂，排放时气流阻力尽可能小，以确保迅速排除超压部分的制冷剂。

（二）安全阀的选用原则

①安全阀的压力等级和使用温度范围必须满足承压设备工作状况的要求，不得互相替代；

②安全阀的材质必须满足承压设备内工质不发生腐蚀或不发生较严重腐蚀的要求，不同的工质应选用不同的安全阀。

工作压力不高、温度较高的承压容器一般选用杠杆式安全阀，高压容器大多选用弹簧式安全阀。

（三）安全阀安装及运行注意事项

在安全阀的安装及运行中，应注意以下几点：

1. 直接相连，垂直安装

安全阀应与承压设备直接相连，除在安全阀与承压设备之间加一常开截止阀外，不得加任何其他设施。安全阀应装在设备的最高位置，而且要垂直于地面。

2. 保持畅通，稳固可靠

为了减少安全阀排放时的阻力，使全量排放时设备超压值尽可能小些，其进口、中间截止阀和排放管等在安装时，应保持通畅；安全阀与承压设备间的连接短管的流通截面积、装上的截止阀以及安全阀的排放管的流通面积都不得小于安全阀的流通截面积。若数个安全阀装在一根与承压设备本体相连的管道上，则管道的流通截面积应不小于所有安全阀流通截面积总和的 1.25 倍。排放管原则上应一阀一根，要求直而短，尽量避免弯曲，并禁止在排放管上装任何阀门。排放管应有可靠的支承和固定措施，防止大风刮倒或安全阀动作时的晃动。

3. 防止腐蚀，安全排放

若安全阀排放管内产生积累凝液或受雨水侵入时，应在排放管底部装上泄液管，以防积液时对安全阀和排放管的腐蚀。泄液管应接至安全的地方，并应有防止冬季冻结的措施，同时禁止在泄液管上装任何阀门。

4. 一旦起跳，立即检验

安全阀应每年由法定检验部门校验一次并铅封。无论是由于打压还是运行中引起的安全阀起跳，每开启一次须经法定检验部门校验。不允许操作者随意拆卸或调整螺栓以消除泄漏。这也是安全阀必须铅封的主要原因之一。

二、易熔塞

采用不可燃的制冷剂(如氟利昂)时,对于小容量的制冷系统,即不满 1 m^3 或直径在 152 mm 以下的压力容器,可采用易熔塞来代替安全阀。

易熔塞除了作为压力容器的高压保护装置外,还可以防止因外部火灾而出现的爆炸事故。因为易熔塞的熔点在 70℃左右,遇高温而熔化,易熔塞如图 4-20 所示。

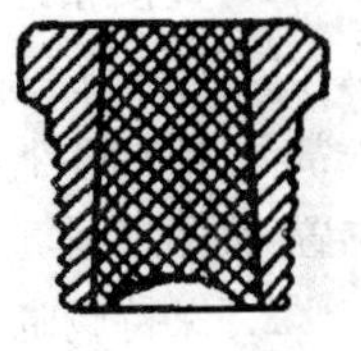

图 4-20　易熔塞

易熔塞一般为黄铜制品,中心钻有一上小下大的小孔,在小孔中浇灌了易熔合金。易熔合金为铅(Pb)、锡(Sn)、铋(Bi)等合金制成,合金配方见表 4-2。

易熔塞在安装时,也应安装在容器顶部,系统定压时,要仔细检查,以防易熔合金与黄铜之间有渗漏。一旦发现有漏,应立即更换。

表 4-2　易熔塞合金配方(重量百分比%)

成分	铋(Bi)	铅(Pb)	锡(Sn)	镉(Cd)	锑(Sb)
熔点 70℃	50	25.7	13.3	10	1

第五节　溴化锂吸收式制冷机组安全装置

溴化锂吸收式制冷机组可能因某些事故而影响机组的安全运行,危及人员和财产的安全。例如,在机组运转过程中其蒸发器中传热管冻裂、溶液的结晶、冷剂水被污染、屏蔽泵故障以及直燃式溴冷机组燃烧系统出现故障等。因此,在机组中必须配备安全保护装置,以保证制冷机组的安全正常运行。

一、溴化锂吸收式制冷机组安全装置的配备

我国标准中规定,溴化锂吸收式制冷机组应具备以下安全装置:

①冷却水断水保护；

②冷热水断水保护；

③自动稀释装置；

④熔晶高温保护；

⑤高压发生器出口浓溶液高温保护；

⑥冷水低温保护、热水高温保护；

⑦屏蔽电机过热保护；

⑧高压发生器高压保护；

⑨高压发生器液位过低保护。

除此之外，直燃型机组还应具备以下安全装置：

①直燃型机组排烟高温保护；

②燃烧监视控制器；

③火焰检测器；

④燃料安全截止阀(燃油一只，燃气两台)；

⑤燃气压力开关；

⑥燃气风压开关；

⑦过滤器；

⑧油温开关(有油加热器时)；

⑨风机电机过热保护；

⑩燃烧系统的爆破门。

二、冷剂水和冷媒水防冻装置

(一)冻结原因

①在溴冷机运行过程中，由于发生故障、过滤器堵塞、冷水阀门未开或冷水流量降至额定值的50%以下以及突然停电等原因导致冷水水流中断。

②出现低负荷、冷量自动调节系统失灵。

③加热蒸汽量供应过大，则会引起蒸发温度过低。

冷剂水和冷水的冻结，严重时冻裂传热管，造成设备事故。如某单位一台蒸汽式溴冷机组在开机时违反操作规程，忘开冷水泵进水阀门，大约 20 分钟左右，蒸发器内冷剂水和冷水冻结，造成蒸发器 400 多根传热管冻裂的事故，直接经济损失达 10 余万元。

（二）防冻安全装置

1. 低温保护装置

（1）温度继电器

在冷剂水管或出蒸发器冷水道上装一温度继电器。当冷剂水水温低于 2～3℃或冷水出口温度低于 3～4℃时，温度继电器动作（断开），使蒸发泵停止运行，并关闭加热蒸汽阀门。这样由于蒸发泵不起作用，制冷效果消失，蒸发器中蒸发温度升高，直至冷剂水温度高于给定值时，温度继电器重新闭合，蒸发泵继续启动运行，并打开加热蒸汽阀门，使制冷机重新投入正常运行。

（2）低温保护装置的检验

机组安装时必须检查低温保护装置。每个使用季节至少要检查一次，检查时，把螺丝刀伸进调节槽中，旋转刻度盘，把所希望的机组停机温度正好对准表上的固定指针，然后，把温包浸在装满水和碎冰的混合液的容器里，用温度计搅拌此混合液，冰溶化时，温度会降低，记下温度继电器截止时的温度，这一温度只能与刻度盘上的设定值相差 1～2 度。

2. 冷水断水保护装置

（1）压力压差控制器

在冷水管道上安装一个压力继电器或压差继电器。当冷水泵等发生故障时，冷水水流中断或减少，冷水管道上的压力降低，压力继电器动作，使制冷机停止运行，压差继电器的作用与压力继电器相同，只是压差继电器能更可靠地反映冷水水泵是否发生故障。如冷水管道发生阻塞时，输送冷水的压力不一定降低，此时压力继电器不能及时发出讯号，而压差继电器则可消除这个缺陷，保证制冷机的安全运行。

(2)靶式流量控制器

靶式流量控制器采用靶式传感器,与执行器配套,主要用于对冷却水、冷水系统的流量控制及报警。图 4-21 为 LKB—01 型靶式流量控制器的结构示意图。正常工作时,水流对靶片产生的作用力与弹簧的拉力平衡,形成一种电路状态。当水流发生变化时,靶片所受到的作用力与弹簧力的平衡被破坏,靶片产生转动,拨动微动开关,使电路闭合或断开,从而达到控制和报警的目的。每个靶式流量控制器上有三副靶片,不同的管径与流量应选用不同的靶片,以达到最佳调节效果。其流量设定值为水流量不低于 50%。

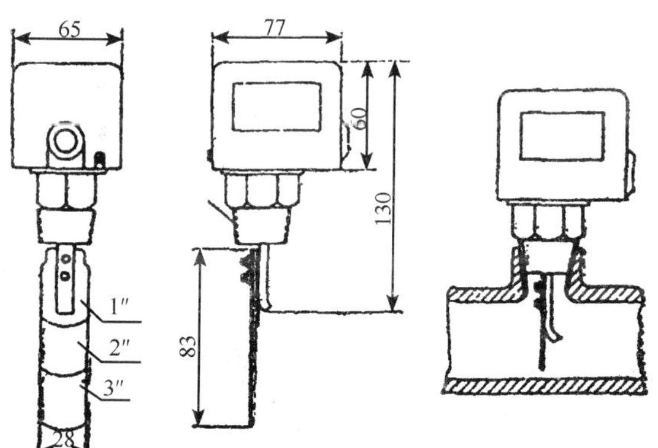

图 4-21 靶式流量控制器

安装时应注意外壳上箭头与水流方向一致,控制器前需要有 10D(管径)长度的导向直管段。

三、防结晶装置

在机组运行或停机过程中因溴化锂溶液的浓度过高或温度过低,会使溴冷机中溴化锂溶液结晶,迫使制冷机停止运行。

产生结晶的原因如下:

①加热蒸汽压力不稳定、加热蒸汽量突然增大,使发生器出口浓

溶液浓度过高；

②由于操作不当或系统大量漏气使吸收器中吸收冷剂蒸汽的能力大大减弱，而引起发生器出口浓溶液的浓度过高；

③运行过程中突然停电，由发生器出来的浓溶液来不及稀释；

④冷却水温度过低，稀溶液与浓溶液在热交换器进、出口处热交换程度过于剧烈，致使浓溶液温度过低。

为解决溴化锂溶液结晶问题，在制冷机的结构上通常采用J型管（防结晶管）作为溶晶装置。当浓溶液在热交换器出口处结晶（这是最容易结晶的部位）时，浓溶液不能流入吸收器致使发生器液位升高。当液位升高到某一位置时，高温的浓溶液便通过J型管直接进入吸收器，而当溶液泵将此高温的溶液经热交换器送入发生器时，就会使热交换器中的结晶自动地溶解，从而消除结晶现象。

除了采用J型管（防结晶管）作为自动溶晶装置外，在溴冷机中，还须配置一定的自控装置，预防结晶的产生，如高压发生器溶液高温保护装置。

当高压发生器溶液的温度达到165℃时进行超温保护，高压发生器溶液温度的测量一般用铂电阻温度传感器，传感器将温度信号输送给一个动圈式电子双位调节器，调节器有一单针仪来指示温度，当溶液温度升高指针右移，溶液温度达到165℃时，输出信号关闭或关小蒸汽阀并声光报警。其传感器、调节器系统与冷水温度控制系统共用。当溶液温度降到150℃时自动开启蒸汽阀，投入正常运行。

四、冷却水温度过低保护装置

冷却水温度过低会造成冷凝器冷凝压力过低，使发生过程变得剧烈，发生器中的溶液液滴可能被冷剂蒸汽带入冷凝器中，致使进入蒸发器的冷剂水中含有微量溴化锂而使冷剂水被污染，影响制冷机的性能。因此，冷却水温度必须随负荷变化加以控制。图4-22所示为借助装在吸收器出口至冷凝器进口之间的冷却水管道上的冷却水量调节装置，来控制冷却水温度，以防止冷剂水被污染。当冷却水温度低于给定值时，安装在吸收器出口管上的感温元件发出讯号，通过调节器和执行机构，减少进入吸收器的冷却水量，使进入冷凝器的冷却水温度保持恒定。其设定值下限为24℃。

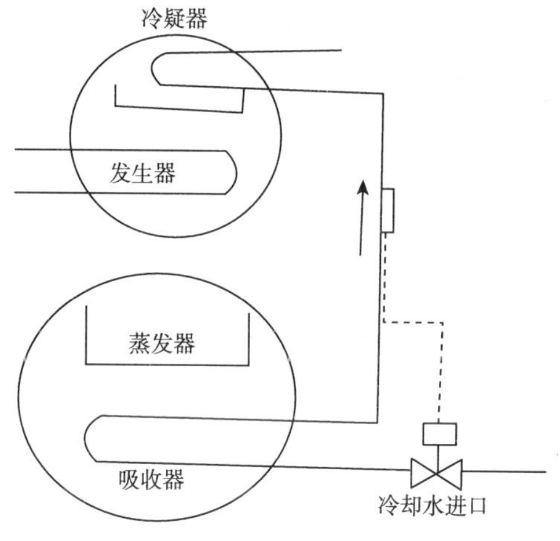

图4-22　防冷剂水污染冷却水温度过低保护

五、其他保护装置

（一）高压发生器压力保护装置

当高压发生器压力升高到给定值时，保护装置关闭蒸汽阀门，防止高压发生器超压。它的结构较为简单，将一个压力继电器安装在高压发生器的气囊上，继电器控制蒸汽阀门的开闭，当压力升高时，继电器动作关闭蒸汽阀，溴冷机呈稀释运行状态。其设定值为0.01 MPa。

（二）屏蔽泵电机过电流保护装置

如果制冷机上任一屏蔽泵电机因故障过电流时，设置在电路中的热继电器或熔断器动作，切断电源，制冷机立即停止运行。

(三)冷却水断水保护装置

若冷却水断水，易造成溶液结晶和屏蔽泵电机温升过高受损等故障。

在冷却水管道上安装断水保护器或压差控制器，如靶式流量计，当冷却水流量小于50%时，起到停机和报警作用。

(四)冷剂水液位保护装置

蒸发器液囊里的冷剂水液位在运行工况发生变化时，波动较大。液位过低容易造成蒸发器泵的气蚀。一般在液囊里装两支液位传感器，当液位下降时输出信号给液位调节器，使蒸发器泵停运，当液位升高到一定位置时，调节器使蒸发器泵运转。

(五)燃烧系统安全保护装置

1. 安全点火装置

直燃式机组的燃烧系统分为主燃烧系统和点火燃烧系统。主燃烧系统是机组的加热源，由主燃烧器、主稳压器、燃料控制阀等组成，供机组在制冷或制热时使用。点火燃烧系统由点火燃烧器、点火稳压器、点火电磁阀等构成，其作用是辅助主燃烧器点火。点火燃烧器内设有电打火装置，启动时，点火燃烧器先投入工作，经火焰检测器确定正常后，延时打开主燃料阀，使主燃烧系统进行正常燃烧，一旦主燃烧器正常工作，点火燃烧器即自动熄灭。如果点火燃烧器点火失败，受火焰检测器控制的主燃烧器阀将不会被打开，防止燃料大量溢出，发生泄漏或爆炸事故。

2. 燃烧压力保护装置

机组工作时，需要保持燃烧压力相对稳定。燃烧压力的波动会使正常燃烧受到影响，严重时甚至会产生回火或熄火等故障。因此，在燃气(油)系统中安装燃气(油)压力控制器，一旦燃气(油)的压力波动超过设定范围，压力控制器立即动作，发出报警信号，同时切断燃料供应，使机组转入稀释状态。

3. 熄火安全装置

当燃气型机组熄火或点火失败时，炉膛内往往留有一定量的燃气。这部分气体应及时排出机外，否则再次点火时有产生燃气爆炸的危险，而引发事故。一般应用延时继电器等控制元件，使燃烧器的风机在熄火后继续工作，将炉膛内的燃气吹扫干净。

4. 排气高温继电器

当排气温度超过300℃以上时，机组自动停止工作。

5. 空气压力开关

当空气压力低于490 Pa时，机组自动停止工作。

6. 燃烧器风扇过电流保护

设置热继电器或熔断器等保护装置，防止燃烧器风扇故障。若过载保护器动作，机组自动停止运行。

思考题

1. 压力控制器是怎样工作的？
2. 温度控制器是怎样工作的？
3. 常用液位控制器是怎样工作的？
4. 安全阀的安装及运行注意事项有哪些？
5. 溴化锂吸收式制冷机组有哪些安全装置？
6. 直燃式溴化锂吸收式机组的安全装置是怎样工作的？

第五章 制冷与空调作业安全技术

第一节 安全技术在制冷与空调作业中的意义

制冷系统在使用中承受着一定的压力，使用的制冷剂有些具有毒性、窒息、易燃和易爆等特点，给系统设备的安全操作提出了严格要求。为了确保制冷系统的安全运行，不仅要做到正确设计、正确选材、精心制造和检验，而且还必须做到正确使用和操作。

在生产运行中，为了严格控制压力、温度等工艺参数，就必须设置压力表、温度计、液位计、流量计等测量仪表，以便随时掌握上述参数的量值及其变化情况，及时采取措施加以调整。为了防止由于各种难以预料的情况，造成超压、超温运行，危及设备的安全，甚至人身安全，必须在制冷系统的设备上设置必要的安全阀或易熔塞、爆破膜及高压、低压保护装置。

为了保障制冷与空调作业人员在作业过程中的安全和健康，确保制冷设备安全运行，国家有关部门颁布了有关安全技术管理法规和规程。例如国家安全监督管理部门对制冷系统的压力容器的设计、制造检验、使用、维修等方面规定了许可、登记注册等制度，并且规定制冷系统所用的各种压力容器、设备和辅助设备不得采用非专业厂的产品或自行制造；特殊情况下，如必须采用或自行制造时，应严格检验合格，并通过鉴定后，报国家安全监督管理部门审批，批准后方可使用。

这些法规、规程对制冷设备的设计、制造、使用、安装、修理、检验等环节的质量安全起到了保障作用。但是，由于制冷设备工艺与安全特点，以及制冷设备的广泛普及应用，加上管理、操作等方面的原因，制冷作业的重大事故仍时有发生。因此，要求制冷系统设备必须设置完善的安全设施，所有设备材料的质量和机械强度，必须符合国家的有关技术标准。同时，正确地使用和操作，对保证制冷系统设备的运行安全是至关重要的。制冷与空调作业人员作为国家确定的特种作业人员，对所从事的每项工作都要有高度的责任感，在作业中，要严格执行安全技术操作规程和岗位安全责任制等各项管理制度，防止制冷与空调作业事故的发生。

制冷与空调作业的安全技术涉及物理、化学、工程学、医学、管理学等多种学科领域，是一门综合性科学。

第二节　制冷与空调机房安全技术

机房是压缩机(冷水机组)间、设备间、变电间、泵房、作业人员观察(休息)室及一些辅料房等组合在一起的统称，它几乎包括了制冷与空调系统的绝大部分设备、仪器仪表。是生产时主要操作维修机器的活动场所，也是最容易发生事故的地方。因此，机房应按照规范要求建设，装备必要的安全设施，确保安全生产。

一、机房建筑的特点

(一)机房高度的尺寸

大中型冷藏库机房应不低于 6 m，小型冷库的机房应不低于 5 m，其他机房不宜低于 4 m；如处于气候炎热地区，压缩机房宜适当加高，以利于通风。

对于设备台数较少的小型冷藏库，机间宽度不小于 4.5 m，若计划布置两排压缩机则机房宽度应不小于 7 m。长度方向宜留有余地，以备设备变更、维修和发展自控装置等需要。

（二）通风采光条件

由于机房内设备集中发热量较大，一般应有较好的自然通风，不宜紧贴冷库。因此机房宜布置在厂区夏季主导风向的下风向，并尽量安置于散发尘埃区的上风向。

机房应有通风措施。布置风口位置时应防止空气短路，影响换气效果。氨机房通风应下进上出，风机须采用双速防爆风机，氟利昂机房通风应采用下排风。

机房最好为单层建筑并设有两个以上不相邻的出入口，机房的门窗必须向外开，机房对外开口不应位于应急出口和楼梯之下。机房侧窗宜分为高低两排，将高低窗间墙面留作沿墙管线之用。

机房采光面积不应小于地面面积的 1/7，但也要注意在炎热季节不应有强烈阳光经常射入室内。机房内应有良好的照明。氨机房照明灯具均须为防爆型，并应设事故电源供电。

（三）水、电、暖

机房地面宜用易于清洗的材料建筑，周墙应有水泥砂浆墙裙，墙体应用水泥混合砂浆粉刷。机房顶上屋面部分应设置隔热层。

机房内应有地漏和足够水源，以供紧急时应用。设置盥洗用水池及水盆。并应有放净设备及管线中防水的设施，以防冬季冻裂设备。

机房内须设冬季取暖设备，不得设置和使用产生明火的取暖设备和温度高于 427℃发热面的设备。

机房建筑应满足 GBJ 16—1987《建筑设计防火规范》有关条款要求。

氨机房门口或外侧方便之处，须设切断制冷系统电源的总开关，此开关应能停止所有制冷设备运行及一切电气的电源供应。

二、机房有关通风要求

①机房应通过窗户、敞开门或采用通风机向室外通风。窗户和敞开门的面积应考虑最大的制冷剂量。采用自然通风机房，通风孔道的最小横截面积应为：

$$A = 0.14 \sqrt{G}$$

式中A——开口面积(m^2)；

G——最大装置里制冷剂充注量(kg)。

采用机械通风时，其机械通风系统的最小流量应按下式计算：

$$V = 50 \sqrt[3]{G^2}$$

式中V——空气流量(m^3/h)；

G——最大装置里制冷剂充注量(kg)。

②无窗户以及在地下室或下层地下室里的机房，应使用双速风机。

③用于制冷设备机房里的通风机应在室内、外设置控制开关。若该机房在地下室，则地面上还应设置一个开关。

④氨压缩机房自动控制室或操作值班室应与机器间隔开，并应设固定观察窗。

⑤变配电室与氨压缩机房毗连时，共用的隔墙应采用耐火极限不低于 4 h 的非燃烧体实体墙，并应抹灰。该墙上只允许穿过与配电室有关的管道、沟道，其孔周围应采用非燃烧性材料严密堵塞。

⑥配电室可通过走廊或套间与氨压缩机房相通，走廊或套间门的材料应为难燃烧体，并应有自动关闭装置。配电室与氨压缩机房共用的墙体上不宜开窗，如必须开窗时，应用难燃烧的密封固定窗。

⑦机房应保持清洁，地面无杂物、油和其他与设备无关的物品，工作现场应执行区域化管理。

⑧机器、设备、控制仪表屏、调节站应设置在机房内，配电柜应设

置在配电间,每台机器应设按钮开关。

⑨机房内所有机械外露传动部位均应装防护罩。

⑩机房及室外辅助设备区域应设警示标志和护栏。室外机器和设备、阀门、仪表、安全装置应有防雨雪、防晒的罩棚及防锈措施。

三、机房设备及系统安全要求

设备布置应符合制冷工艺流程,适应操作管理和维护保养的需要,确保安全生产,同时还应合理紧凑,节约建筑面积。

(一)整体要求

①各种管道走向及标高应有统一安排,适当照顾美观,方便操作,并有合理的加固。设备间的连接管路尽量短,流动通畅,便于安装。

②压缩机及控制仪表、配电屏应设在室内,其他辅助设备可设在室内,也可设置在室外或敞开式建筑中,氨压缩机及其辅助设备一般不宜设在地下室。

压缩机的主机操作通道的宽度及压缩机突出部分到配电盘间的距离均不应小于1.5 m,非主要通道宽度不小于0.8 m,两台压缩机之间的距离应满足抽出压缩机曲轴所需的位置,突出部分之间的距离不应小于1.0 m,如装有直立管式或螺旋管式蒸发器时,还应考虑设备起吊高度。

③当制冷机房附近设有需要防振的工艺设备时,压缩机应设在独立建筑物或防振建筑物的底层。防振要求较高时,压缩机基础应作隔振处理。压缩机和制冷空调机组四周应设排水沟。

④设备及管路上的压力表、温度计及电压表、电流表都应装置在便于观察并不受振动的地方。对于固定使用的压力表,应用红色标记表示最高工作压力。

⑤管道的布置应有利于工艺流程的需要,要考虑到施工、安装和运行管理的方便。管道布置不应妨碍压缩机和设备的运行操作,不

妨碍设备的检修及门窗的开启；管道离墙和顶棚之间以及管道相互之间都应有合适的间距，以便安装吊架、支架和敷设隔热材料；在同一立面上有低温和高温管道时，高温管道应布置在低温管道上方并保持适当的距离。

⑥氨制冷机房须配置氧气呼吸器和过滤式防毒面具、防毒衣、橡胶手套等防护抢救用具和防护药品，并有专人管理和便于存取的存放箱(柜)。

（二）工艺流程要求

①洗涤式油氨分离器应尽量靠近冷凝器，以缩短供液管路，减少供液的阻力。其进液口必须较冷凝器出液口低 200～350 mm，油氨分离器的进液管应从冷凝器出液管的底部接出。

②冷凝器的位置应靠近油分离器和高压贮液桶，这样便于操作管理。卧式冷凝器通常置于室内，立式、蒸发式和淋激式冷凝器应安置在室外并离机房出入口较近的地方。冷凝器的水池壁离机房等建筑物墙面一般各有不小于 3 m 的距离，以减少冷却水外溅时损坏墙面。冷凝器布置在室外时应尽量避免阳光的直接照射，最好将其排管垂直于该地区夏季的主导风向，以增加冷凝效果，采用壳管式冷凝器(卧式或立式)，布置时应留有清洗和更换管子的空间。安装高度必须保证其液体按自然要求流入高压贮液桶内。

③高压贮液桶应设置在冷凝器近侧，其标高应保证冷凝器内的液体能借助液体位差自流入桶内(高压贮液桶的进液口应比冷凝器的出液口低 250 mm 以上)。高压贮液桶布置在室外时，也应防止阳光的直接照射，如采用两个以上的高压贮液桶，应在桶的底部设均压管相互连接，均压管上应装关闭阀，高压贮液桶上应装有压力表、安全阀，并在显著位置上装设液位指示器。

④空气分离器和集油器在布置时，空气分离器可以装在墙边，集油器的位置应设于各放油设备附近或机房外。若将集油器和空气分离器布置在室内时，其放油管和放空气管均应用金属管或橡皮管接

出室外,以保证安全。

⑤采用重力供液的低温室或小型冷藏库,为了简化系统,可以使制冷剂在制冷系统中只经氨分离器作一次分离,氨液分离器通常装置在机房内,安装高度根据计算的管道阻力来决定,一般应高出库房中冷却排管组中最高一组排管 1.5～2.0 m,这个标高是用来保证液柱有一定的静压,克服管道内阻力损失,利于向系统及排管供液。

⑥排液桶一般布置在设备间内,并尽量设置在靠低温或冷藏库一侧,低温室和小型冷藏库一般都不设低压贮液桶。

⑦总调节站是整个制冷系统的调节枢纽,应布置在机房内,所以在设计和布置时应选择恰当的位置。例如,将它设在靠近主通道的最注目处,从而使操作人员无论操作任何一台压缩机时,都能看清总调节站上的各种仪表。总调节站仪表屏上排列着节流阀、截止阀、压力表、自动检测仪表和信号装置等。系统简单的小型装置,总调节站可不设仪表屏而将压力表和阀门直接装在调节站的管道上。

⑧压缩机的吸、排管道都应有一定的坡度,应按照设计要求敷设。

(三)涂色要求

氨制冷系统的设备和系统管道应涂有安全色:

①排气管为铁红色;

②回气管为淡蓝色;

③高压液管为浅黄色;

④供液管为米黄色;

⑤放油管为浅棕色;

⑥压缩机和附属设备一般为浅灰色或银灰色;

⑦水管为绿色;

⑧截止阀手轮为黄色,膨胀阀手柄为深红色,阀体为黑色。

系统设备阀门应挂含标注名称、用途、开闭的标志牌,还应在靠近阀门的明显部位标上制冷剂的流向箭头。

四、运行维护的安全要求

(一)系统要求

①冷凝器与贮液器之间应设均压管(阀),运行中均压阀呈开启状态,两台以上高压贮液器之间分别设气体、液体均压管(阀)。

②蒸发器、氨液分离器、低压循环贮液桶、中间冷却器等设备的节流阀严禁用截止阀代替。

③氨压缩机房应在高压系统设置紧急泄氨器,对冷凝器有贮液作用的氨压缩机组也应装设紧急泄氨器。

④氨泵进、出液管之间应装有压差控制器,氨泵出液管上应设自动旁通阀。

⑤制冷系统中的安全阀(氨制冷和氟利昂制冷)的排放口必须用放空管引向室外。安全阀所连接的放空管的公称直径,应不小于安全阀排放口的公称直径,几个安全阀共用一根放空管时,管径应不小于 32 mm,不大于 57 mm,管口应高于氨压缩机房檐 1 m 以上,高出冷凝器平台 3 m 以上。

⑥对冷藏温度要求严格的系统,应设置温度控制装置。空调用冷水机组应设温度控制装置。

(二)显示、报警装置

①每台压缩机吸、排气侧、中间冷却器、油分离器、冷凝器、高压贮液器、氨液分离器、低压循环贮液器、氨泵进出口、集油器、油泵、分配站、充氨站、热氨管等均须装设压力表。

②压缩机的吸排气侧,轴封处,总、分调节站,供液集管,热氨调节站上均应设置温度计。

③每台压缩机、氨泵、水泵、风机均应单独装设电流表,压缩机还应设有电压表。

④压缩机水套、冷却塔、水冷式冷凝器须设冷却水断水保护声光

报警控制装置，风冷式冷凝器须设风机保护装置。

⑤贮液器、排液桶、集油器等均须装设符合安全要求的液面指示器。低压循环贮液桶、中间冷却器、氨液分离器应加装以附加油罐为液位显示的安全准确的液面指示器(即用冷冻油面显示制冷剂液位高度的装置)。

(三)控制装置设定

①压缩机应设高压、中压、低压、油压差等压力控制装置。每年经校验后，应做好记录，其调整值分别为：高压 1.6～1.4 MPa；中压 1.2 MPa；低压 0.05 MPa；油压差新系列 0.15～0.3 MPa；无卸载装置的为 0.05～0.15 MPa。

②单级压缩机或两级压缩机应设置高压安全阀，其设定值为：压差 1.6 MPa(表压)；低压级排气腔上的中压安全阀，其设定值为：压差 0.6 MPa(表压)；在冷凝器、贮液器、排液桶、低压循环贮液桶、中间冷却器上也必须装设安全阀。以上设备属于高压的其设定值为 1.8 MPa(表压)；属于中低压的设备上的安全阀，其设定值为 1.2 MPa(表压)。

(四)运行操作要求

①制冷系统中不常使用的充氨阀、排污阀和备用阀等平时均应关闭并挂牌说明或将手轮卸下。

②经空气分离器排放制冷系统中的空气等不凝性气体，必须放入水中。

③高压贮液器内液面不得高于其径向高度的 80%，不得低于 30%；排液桶内液面不得超过 80%，循环贮液桶液面不得超过 70%。

五、直燃式溴化锂制冷机房安全要求

(一)机房

①机组设备布置时，制冷机组的周围应留有进行保养作业的

空间。

②机房内应保证良好的通风，如机房置于地下时，机房应维持正压。燃气机房内应安装燃气泄漏检测报警装置。

③机房内应设置排水设施。机组基础应有一定高度，四周设置排水沟。

（二）燃油系统

1. 室外储油罐

室外储油罐应有明显标志，周围应有明显安全标志。室外储油罐可以埋在地下，油罐应设置检查孔并通向地面。

油泵所在场所应有良好的通风，且避光和雨。

2. 室内辅助油箱

①辅助油箱的油面高度应设置在不低于机组泵安装位置 4 m 以下的地方。

②严禁把辅助油箱设在机组或水平烟道上方。

③油箱应采用闭式油箱，油箱上方应装设通向室外的通气管，通气管上设置阻火器和防雨设施。

④油箱应设油位控制装置，油位高、低位报警装置与供油设备连锁，油箱上不能采用玻璃管式液位计。

⑤应装设将油排放到室外的紧急排放管，以及相应的排油存放设施。阀门应装在安全和便于操作的地方。

⑥油箱周围应通风良好，油箱附近应备足够的灭火器材。

3. 油输送管道

须采用无缝钢管焊接，管道应有静电接地装置。应避免管道形成集气弯和积污弯，在管道最低处应设排污阀。

（三）燃气系统

燃气管道配置如图 5-1 所示。

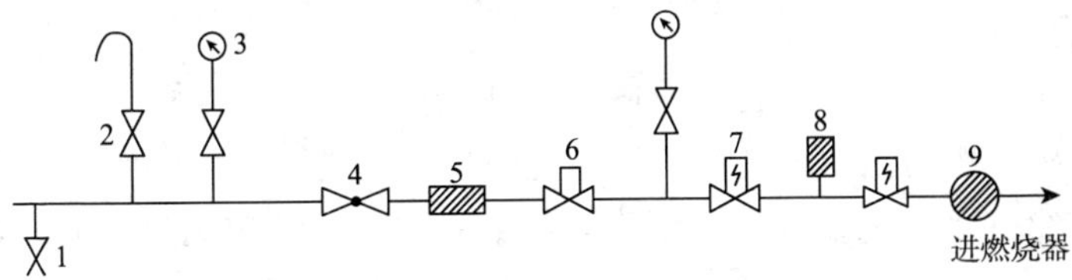

图 5-1　燃气配管线图

1—放泄阀　2—安全放散阀　3—压力表　4—球阀
5—过滤阀　6—减压阀　7—电磁阀　8—检漏仪　9—流量计

①主燃气和点火系统的安全截止阀，在系统中应串联安装。

②燃气进入机房的压力不宜低于 1.2 kPa，高于 14.7 kPa 时应装设减压装置。

③燃烧器附近，燃气与空气的混合气体应控制在最小的范围内。为此，应尽可能缩短燃烧器和安全截止阀的间距。

④使用混合燃烧器时，要安装止回阀，防止产生逆火。

⑤在燃气配管中应装设过滤器。

⑥主燃气和点火管中要装设燃气压力调节器，同时安装燃气压力开关，当燃气压力出现过高、过低等异常状况时，将燃气切断。

⑦所有燃气配管在使用前应进行气密性试验。应安装能完全截止且全开时阻力很小的旋塞或阀门；此外，为了检测和测定燃烧压力，应装设必要的检测孔。

⑧安全阀不装旁通阀。

⑨配管、法兰连接应符合使用燃气设施的安全规范要求。

第三节　压力容器安全技术

制冷与空调系统的多数设备，如冷凝器、蒸发器、油分离器、高压贮液器、中间冷却器、低压循环贮液器等均属压力容器。

制冷与空调系统中，压力容器不仅数量多，而且类型复杂，工况条件多样，发生事故的可能性较大。操作人员保证压力容器安全运行是自己应尽的职责。因此，有必要了解压力容器的一些基本情况。

一、压力容器简介

（一）压力容器的定义

压力容器又称受压容器，从字面看，凡承受流体压力负荷的密闭容器均可称之为受压容器。但实际上，许多国家是将比较容易发生事故，且事故危害较大的压力容器作为一种特殊设备，由专门的机构进行监督，并按规定的技术管理规范进行设计、制造、安装、使用、改造、检验和修理。

TSGR 0004—2009《固定式压力容器安全技术监察规程》（以下称《容规》）规定，实施安全监察的压力容器是同时具备下列条件的设备：

①工作压力大于或者等于 0.1 MPa，工作压力是指压力容器在正常工作情况下，其顶部可能达到的最高压力（表压力）；

②工作压力与容积的乘积大于或者等于 2.5 MPa·L；

③盛装介质为气体、液化气体以及介质最高工作温度高于或者等于其标准沸点的液体（对于容器内介质为最高工作温度低于其标准沸点的液体，如果气相空间的容积与工作压力的乘积大于或者等于 2.5 MPa·L 时）。

制冷所用冷凝器、高压贮液器、中间冷却器、低压循环贮液器、气液分离器、蒸发器等设备中，有很多属于压力容器。

（二）压力容器分类

1. 压力等级

《容规》按压力容器的设计压力（P）的高低，划分为低压、中压、高压和超高压四个压力等级。

低压（代号 L）：0.1 MPa$\leqslant P<$1.6 MPa；

中压(代号 M):1.6 MPa$\leqslant P<$10.0 MPa;

高压(代号 H):10 MPa$\leqslant P<$100.0 MPa;

超高压(代号 U):$P\geqslant$100 MPa。

2. 介质毒性危害程度和爆炸危险程度

《容规》将压力容器的介质分为两组。将毒性程度为极度危害、高度危害的化学介质、易爆介质、液化气体划为第一组介质。除第一组以外的介质划为第二组介质。介质毒性危害程度和爆炸危险程度引用 HG 20660—2000《压力容器中化学介质毒性危害和爆炸危险程度分类》和 GB 5044—1985《职业性接触毒物危害程度分级》的规定。

氨的毒害程度为中度危害的化学介质,其爆炸下限为 16%,大于 10%;氨和蒸气压缩式制冷所用其他制冷剂均为加压液化的气体。因此这些制冷剂属于第一组介质。

3. 压力容器品种划分

压力容器按照在生产工艺过程中的作用原理,划分为反应压力容器、换热压力容器、分离压力容器、储存压力容器。

换热压力容器(代号 E)主要是用于完成介质的热量交换的压力容器;分离压力容器(代号 S),主要是用于完成介质的流体压力平衡缓冲和气体净化分离的压力容器;储存压力容器(代号 C,其中球罐代号 B)主要是用于储存、盛装气体、液体、液化气体等介质的压力容器。

制冷系统中的冷凝器、蒸发器、中间冷却器、冷凝蒸发器等均为换热压力容器;油分离器、集油器、空气分离器等均为分离压力容器;而高压贮液器、低压循环贮液器、排液桶等是储存压力容器。

4.《容规》适用范围的特殊规定

适用范围分 4 种情况:

①满足规程全部要求;

②只需满足总则、设计、制造要求;

③只需满足总则、设计、制造许可要求；

④只需满足总则、制造许可要求。

容积大于 1 L 并且小于 25 L，或者内直径（对非圆形截面，指截面内边界的最大几何尺寸，例如矩形为对角线，椭圆为长轴）小于 150 mm 的压力容器，只需要满足《容规》总则和设计资质、制造资质的规定，其设计、制造按照相应产品标准的要求；容积小于或者等于 1L 的压力容器，只需要满足《容规》总则和制造资质的规定，其设计、制造按相应产品标准的要求。

部分压力容器《容规》不适用，其中与制冷、空调相关的为：

①气瓶；

②正常运行工作压力小于 0.1 MPa 的容器；

③可拆卸垫片式板式热交换器（包括半焊式板式热交换器）；

④空冷式热交换器；

⑤冷却排管。

（三）压力容器的基本结构

压力容器的基本结构是一个密闭的壳体。根据受力壳体的应力情况，它最适宜的形状是球形，且当容积一定时，球体的表面积最小，较容积相同的圆筒形壳体小 10%～30%。因而制造这种容器的材料最省、各部分受力最均匀，但球形容器制造和安装比较困难，成本较高。

制冷与空调系统中的压力容器均为圆筒形容器。圆筒形容器由筒体、封头、开孔接管、法兰及支座等构成。

二、压力容器的安全技术管理

（一）依据

①《特种设备安全监察条例》（以下简称《条例》）是由国务院颁发的法规，对锅炉、压力容器（含气瓶）等特种设备的生产（含设计、制

造、安装、改造、维修)、使用、检验检测、监督检查、事故预防和调查处理、法律责任作出了明确规定。

②《固定式压力容器安全技术监察规程》是由国家质量监督检验检疫总局颁布的规范性文件(安全技术规范)。《容规》根据设计压力、容积和介质危害性三个因素,对压力容器的类别进行划分;对材料、设计、制造、安装、改造、维修、使用管理、定期检验、安全附件等提出要求,它是压力容器的设计、制造、安装、使用检验、修理等单位和从业人员必须遵照执行的技术规程。

③TSGR 7001—2004《压力容器定期检验规则》(以下称《检规》)也是由国家质量监督检验检疫总局颁布的规范性文件。根据小型制冷装置中压力容器的工作特点和目前实际状况,国家质检总局于2006 年发布了第 2 号修改单,将《小型制冷装置压力容器定期检验专项要求》(以下称《容检专项要求》)作为《检规》的补充规定。

《容检专项要求》对以氨为制冷剂的制冷装置中压力容器的定期检验作了规定,包括须审查的资料、检验方案、全面检验项目等。氨制冷系统中的压力容器主要包括冷凝器、贮氨器、低压循环贮氨器、氨液分离器、中间冷却器、集油器、油分离器等。

(二)压力容器的使用管理

压力容器使用单位必须依照国家颁布的有关压力容器安全监察管理规定,加强所用容器的安全技术管理。

1. 压力容器使用登记管理

压力容器的使用单位,在压力容器投入使用前或者投入使用后30 日内,应当按照要求到质量技术监督部门逐台办理使用登记手续。登记标志的放置位置应当符合有关规定。

2. 使用单位的管理责任

使用单位应当对压力容器的安全管理负责,并且配备具有压力容器专业知识,熟悉国家相关法律、法规、安全技术规范和标准的工程技术人员作为安全管理人员,负责压力容器的安全管理工作。

3. 压力容器的安全管理

压力容器使用单位的安全管理工作主要包括以下内容：

①贯彻执行本规程和压力容器有关的安全技术规范；

②建立健全压力容器安全管理制度，制订压力容器安全操作规程；

③办理压力容器使用登记，建立压力容器技术档案；

④负责压力容器的设计、采购、安装、使用、改造、维修、报废等全过程管理；

⑤组织开展压力容器安全检查，至少每月进行一次自行检查，并且作出记录；

⑥实施年度检查并且出具检查报告；

⑦编制压力容器的年度定期检验计划，督促安排落实特种设备定期检验和事故隐患的整治；

⑧向主管部门和当地质量技术监督部门报送当年压力容器数量和变更情况的统计报表、压力容器定期检验计划的实施情况、存在的主要问题及处理情况等；

⑨按照规定报告压力容器事故，组织、参加压力容器事故的救援、协助调查和善后处理；

⑩组织开展压力容器作业人员的教育培训，制订事故救援预案并且组织演练。

4. 压力容器技术档案

压力容器的使用单位，应当逐台建立压力容器技术档案并且集中由管理部门统一保管。技术档案应当包括以下内容：

①设计单位资格、设计、安装、使用说明书、主要受压元件设计图样、强度计算书等；

②制造单位资格、产品合格证书、质量证明书、监督检验证书等；

③安装资料、安装日期、竣工验收文件、安装监督检验证书等；

④有关维修或者改造的文件，重大改造维修方案，告知文件，竣

工资料，改造、维修监督检验证书等；

⑤使用登记证；

⑥设备的运行记录；

⑦氨液充装时间及氨液成分检查记录；

⑧运行周期内的年度检查报告和历次全面检验报告；

⑨安全附件校验记录；

⑩使用单位安全操作规程、安全管理规章制度、应急预案。

5. 压力容器操作规程

压力容器的使用单位，应当在工艺操作规程和岗位操作规程中，明确提出压力容器安全操作要求。操作规程至少包括以下内容：

①操作工艺参数（含工作压力、最高或者最低工作温度）；

②岗位操作方法（含开、停车的操作程序和注意事项）；

③运行中重点检查的项目和部位，运行中可能出现的异常现象和防止措施，以及紧急情况的处置和报告程序。

6. 日常维护保养

压力容器使用单位应当对压力容器及其安全附件、安全保护装置、测量调控装置、附属仪器仪表进行日常维护保养，对发现的异常情况，应当及时处理并且记录。

7. 年度检查

压力容器使用单位应当实施压力容器的年度检查，检查内容至少包括压力容器安全管理情况检查、压力容器本体及运行情况检查、压力容器安全附件检查等。并对年度检查中发现的安全隐患及时进行消除。

（三）异常情况处理

制冷系统中的压力容器出现异常情况，操作人员应立即采取紧急措施，并按规定程序上报。

1. 停止运行

制冷系统中的压力容器遇到下列情况应停止运行，并立即将制冷剂转移：

①容器的主要受压元件发生裂纹、鼓包、变形、泄漏等危及安全的现象；

②安全附件失灵、损坏等不能起到安全保护作用的情况；

③接管、紧固件损坏，难以保证安全运行；

④发生火灾、爆炸等事故，直接威胁到容器的安全运行；

⑤压力容器与管道发生严重振动，危及安全运行。

2. 紧急措施恢复

制冷系统中的压力容器遇到下列情况应立即采取紧急措施进行控制，使其恢复正常状态：

①工作压力、介质温度超过许可值；

②过量充装；

③液位异常。

3. 隐患处理

《容规》规定：对出现故障或发生异常情况的压力容器应及时进行检验，消除事故隐患。对于严重事故隐患，无改造、维修价值的压力容器，应及时予以报废，并办理注销手续。

制冷系统中的压力容器如有主要受压元件发生裂纹、鼓包、变形等现象，可以认为无改造、维修价值。

（四）压力容器超设计使用年限的处理

《容规》规定：对于已经达到设计使用年限的，或虽未达到设计使用年限、但已超过 20 年的压力容器，如要继续使用，应委托有资格的特种设备检验检测机构对其进行检验，经使用单位主要负责人批准后，方可继续使用。

结合制冷空调行业的实际情况，对这类压力容器还应考虑当时设计标准和制造水平不够高、所用材料性能不够好的情况。

第四节　冷藏库安全技术

冷藏库是在特定温度和相对湿度条件下，加工和贮藏食品、工业原料、生物制品及医药物资等的专用建筑。冷藏库设有人工制冷的设备，使其达到预定的温、湿度。

一、冷库建筑特点与安全要求

冷库建筑区别于其他一般建筑的根本特点是具有保冷要求。库内温度一般保持稳定在某一温度，例如5℃、0℃、 10℃、 18℃等。而库外环境随着自然界气温的变化，经常处于周期性波动之中(既有昼夜交替的周期性波动，又有季节性交替的周期性波动)。库内空气的湿度常年保持在85％～95％。当室外热空气从库门进入库内，就会发生热湿交换；析出的水分凝成霜附于围护结构表面或蒸发器上；释放出的热量传给制冷蒸发器并被带走。

1. 冷库建筑安全要求

①隔热保冷，阻挡外界热量侵入冷库，因此必须设置适当隔热层；为了减少太阳的辐射热，冷库外表面应涂成浅色。

②隔气防潮，为了免除水蒸气进入隔气层，遇冷凝结成水，从而降低隔热性能，必须在隔热层的热侧，设置一层隔气层或防水、防潮层。

③防止地坪土壤冻结而破坏结构，对地面必须设置隔热层或加热防冻措施。

④冷热尽量合理分区，减少建筑物冻融循环的频繁性，减少破坏建筑结构的可能性。

2. 冷库结构特点

①冷库是个载货仓库，因此结构上要满足装载货物的荷载要求。

②冷库内、外温度差很大，由温度差而引起的温度应力比一般常

温建筑大，温度应力会引起冷库结构的损坏。

③冷库结构体系长期处于低温状态下或处于冻融交替循环情况下，结构构件会产生不良变化，严重时会导致构件破坏。

④由于冷库有隔热层，应尽量避免隔热层形成冷桥，破坏隔热性能，影响隔热效果。冷库结构的任何部位都应避免产生裂缝，结构变形。

3. 冷库安全技术

为防止作业人员由于事故在冷藏间不能行动或睡着，或无意地被锁在冷藏间内的危险，尤其是在 0℃以下的冷藏间里，应有如下安全保护措施：

①在冷藏间里一般不应单独一人工作，否则对此人的安全每小时至少应检查一次。

②在照明损坏的情况下，通向应急电话的通道应有单独的照明、发光的涂料或其他可行的方法给以指示。

③工作结束几分钟后，负责人应绕场检查一遍，以确保无人留在冷藏间内，并在清点人数后锁门。

④为了使作业人员随时都能离开冷藏间，并确保锁在里面的人能向外面发出呼叫信号或自己离开冷藏间，冷藏间的门应能从里面开启；应有能在库内操作的固定闪发信号报警灯、蜂鸣器或铃，并应装在门的附近或易被人们看到或听到的地方；电动和气动操作门应设手动开关；以及所有应急出口门应处于良好的状态，并要定期检查，随时都能出入。

为防止非操作人员进入冷藏间、气调房间等，库门上可设置提示标志。

二、冷库的安全管理

（一）冷库生产中的防火

冷库生产中火警较少，但在维修期间容易发生，火灾往往来自隔热材料和隔气材料及来自新贮存的商品和其包装材料，还有电气设备等。冷库防火不容忽视，应当采取有效措施加以防范。

1. 消防设施

应在库区各处设置消防栓及灭火器。在冷库的建设阶段，可能已设置了消防栓，如果没有消防栓，则应尽快地在库区各处加设。消防栓可供消防车取水，也可直接连接水带放水灭火，它是消防供水的基本设备。消防栓按其装置地点可分为室外和室内两类。室外消防栓又分为地上与地下两种。它的设置位置便于消防车取水，其数量应按消防栓的保护半径和室外消防水用量而定，应保证任一装置，建筑物着火时有足够的消防用水。

室内消防栓一般设于冷库楼梯间的平台上、走廊与走廊内的明显易于取用的地点，离地面的高度应为 1.2 m。

库房、配电室、机房等处除了设置固定灭火设施外，还应设置小型灭火器具，以利扑救初起火灾。

2. 动火作业安全

冷藏企业加强火种管理是防火防爆的一个重要环节。冷库一般采取易燃的隔热、隔气材料，电气设备较多，设备检修时一般又离不开切割、焊接等作业，而作为助燃剂的氧气又是作业场所不可缺少的，因此燃烧三要素随时存在，检修动火具有很大的危险性。多年来，由于一些企业的检修人员缺乏安全常识或违反动火安全制度，重大火灾事故时有发生，教训是深刻的。

动火作业须遵守以下安全要点。

①禁火区（如冷库阁楼）内动火应征得企业防火部门的同意，明确动火的地点、时间、范围、动火方案、安全措施、现场监护人，动火要求采取的安全措施没落实之前不准动火。

②联系：动火前要和生产车间联系，明确动火设备、位置；由生产部门指定专人负责动火现场的监护，并做好清扫工作及书面记录。

③拆迁：凡能拆迁到固定动火区或其他安全地方进行动火的作

业，不应在生产现场（禁火区）内进行，尽量减少禁火区的动火作业量。

④隔离：动火设备应与工艺系统可靠地隔离，防止设备或管道内物料泄漏到动火设备中来。将动火地区与其他区域采取临时措施加以隔开，防止火星飞溅，引起事故。

⑤移去可燃物：将动火地点周围 10 m 范围以内的一切可燃物，如润滑油，溶剂，木框，竹箩等移到安全场所。

⑥灭火措施：动火期间动火地点附近的水源要保证充足，不能中断。动火现场准备好使用的足够数量的灭火器具。危险大的重要地段动火，消防车和消防人员到现场，做好充分准备。还应当配置一定量的防毒面具，以防制冷剂泄出。

⑦检查和监护：上述工作准备就绪后，厂、车间或安全保卫部门负责人现场检查，对照动火方案中提出的安全措施检查是否落实，并再次明确和落实现场监护人和动火现场指挥，说明安全注意事项。

⑧动火：动火应由经安全考试合格的人员担任。无合格证者不得独自从事焊接工作。动火时注意火星飞溅方向，采用不燃或难燃的材料做成的挡板控制火星飞溅方向，防止火星落在危险区。高处动火作业应戴安全帽，系安全带，遵守高处作业安全规定。氧气瓶和乙炔气瓶不得有泄漏，应放置距明火 10 m 以上，氧气瓶与乙炔气瓶的间距不要小于 3 m。五级以上大风高处不宜动火。电焊机应放在指定的地方。火线和接地线应完整无损、牢固，禁止用铁棒代替接地线或固定接地点，电焊机的接地线应接在被焊设备上，接地点应靠近焊接处。不准采用远距离接地回路。

⑨善后处理：动火结束后应清理现场，熄灭余火，做到不遗漏任何火种，切断动火作业所用的电源。应设专人事后定时对现场检查。

（二）事故防范

1. 安全教育

对全厂人员进行培训，包括消防知识、消防设备的操作处理、制冷剂的泄漏和安全措施等。当更换操作工人时，对新来的人要特别加以指导，使他们熟悉这些问题。

安全工作由主管安全的部门承担，要定期组织全体人员举行安全会议，鼓励大家寻找和反映安全隐患，提出改善措施。安全涉及整个企业，工人参加安全管理是十分有意义的，作为安全会议的补充，要组织由行政人员、工人和工程技术人员组成的安全委员会，定期对全厂进行检查。

2. 事故预防

①冷藏作业所有运转着的机械部件，如链条、皮带传动装置、联轴器、联轴节等均需加防护外罩，防止人体或衣服被卷入机器。

②定期检查机械设备，如电梯、梯子、链条、吊车、起重机等，对于这些设备要定期检查是否已损坏，部件的磨损是否会引起危险。

③对于电气系统，要定期检查电缆和电动机绝缘电阻，以防止由于作业场所潮湿导致绝缘破坏造成电机烧毁、电缆起火和触电。

④经过一段时间的使用之后，冷库的货架可能会因紧固件的松弛或受叉车冲撞而损坏。松开的连接件应予以紧固，被撞坏的构件应予以复位和加固。往往会由于一个构件的破坏而导致一大片货架的倒塌。

⑤检查冷库的楼梯是否通畅，是否便于迅速疏散，楼梯上紧急照明灯是否完好。

⑥使用氨制冷剂的机房必须备有橡皮手套、防毒面具、防毒衣、安全救护绳、橡胶鞋以及救护用的药品，并应妥善放置在机房进口的专用箱内。

⑦对安全淋浴、喷泉饮水、水管出口和急救设施的位置要明确，并保证有足够的供水量。对接触了氨的眼睛和皮肤要迅速和彻底的清洗。防毒面具和其他保护装置必须会正确使用。操作人员应具有

能迅速发现氨泄漏和查出泄漏的位置及在紧急情况下妥善处理的能力。正确掌握盛氨容器、清理管道和其他设备的操作程序。

⑧各种机械的操作都要有完善的安全操作规程并加以遵守。对于装卸机械如叉车等，在其作业中，行车速度要加以控制，驾驶员必须经安全培训持证上岗。驾驶叉车通过门口时应开着倒车通过，以便有良好的视线观察其他车辆的行驶。在叉车上作业时，驾驶员头上应安装防护罩，搬运货架上的货物时，一旦货物跌落，保护驾驶员的安全。

⑨运输车辆在厂房库区行驶，应限制车辆速度，尽可能把人行道与运输道分开，使工作人员不会横穿载重汽车的通行道路。

⑩在库区容易出现危险的地点和道路布置警示标语牌，提醒全体人员注意防止意外事故。标志牌上应指出在操作时需要具体注意哪些安全问题。

（三）职业健康保护

作业人员在冷库里工作，所处的环境与其他工作的环境条件大不相同（如低温、潮湿等）。在冻结间及冻结物冷藏间里工作就更为艰苦。

在低温条件下工作，动作不灵活，往往感到手指和脚趾麻木。不穿防寒衣服，身体就会散失大量的热量，从而降低和减缓新陈代谢的速率。使热量的损失和热量的产生更不平衡，进一步影响人体正常的新陈代谢。引起人体自身的御寒体系紊乱。所以在低温下工作的作业人员，应穿上适当的防寒衣服，如棉衣、棉裤、棉帽、棉鞋、棉鞋垫及加衬里的手套等。

工作场所的工作条件对作业人员提高工作效率有较大影响。要尽量减少穿堂风，有良好的照明。要避免采用深蓝光谱的灯光，或蓝绿色灯光，因为冷色会使人从心理上感觉更冷。

休息室要温暖，要有干燥衣服的设施。更衣室应保持清洁，通风良好，并同样有干燥设施。有条件的应当设置洗衣房及工作服烘干设施。做到工作服勤洗勤换，作业人员衣着整洁。

在冷库工作的人员要定期进行身体检查，对经体检不适合低温作业的人员，体弱多病者，应当及时调离。

第五节　制冷剂钢瓶的使用安全

制冷剂以专用钢瓶贮存和运输。其钢瓶应符合《气瓶安全监察规程》等国家有关技术规定，并定期进行耐压试验。

制冷剂瓶产权单位对制冷剂瓶应严格管理，并应建立气瓶档案，内容包括：合格证、产品质量证明书、气瓶改装记录等。

一、钢瓶检查

钢瓶的检查，钢瓶充装前，须有专人检查，有下列情况之一者，不准充装：

①漆色、字样和所装气体不符，字样不易识别的气瓶；

②安全阀件不全、损坏或不符合规定的气瓶；

③不能判别装过何种气体，或钢瓶内没有余压的气瓶；

④超过检查期限的气瓶；

⑤钢印标志不全，不能识别的气瓶；

⑥瓶体经外观检查有缺陷，不能保证安全使用的气瓶。

⑦钢瓶必须每三年，交当地容器安全监督部门指定的检验单位进行技术检验，检验合格后，打上钢印方可使用。

⑧气瓶不得用贮氨器，或其他容器代替。

二、充装安全要求

制冷剂的充装数量，不得超过表 5-1 的规定。

表 5-1　制冷剂的充装系数

制冷剂名称	充装系数(kg/L)
R717	0.53
R22	1.00
R134a	1.02
R142	0.99
R143a	0.66
R152a	0.78
R404a	0.75
R407c	0.91
R410a	0.74

例如：66.5 L 容量的氨钢瓶，最高充装量为 66.5×0.53=35.24 kg 液氨。严禁超量充装。严格执行充装量复验制度，发现充装过量的，必须立即减量处理。

要认真填写充装记录，其内容应包括充装日期、氨瓶编号、实际充装量、充装者和复验者姓名。

秤量衡器应保持准确，其最大秤值，应为常用值的 1.5～3 倍。

三、钢瓶使用的安全要求

①操作人员启闭钢瓶阀门时，应站在阀的侧面缓慢开启；并使用适当尺寸的扳手；

②钢瓶的瓶阀冻结时，应把钢瓶移到较暖的地方，或者用温度低于 40℃的热水解冻，严禁用火烘烤；

③立瓶防止跌倒，禁止敲击和碰撞；

④不得靠近热源，与明火的距离不得小于 10 m，夏季要防止日光暴晒；

⑤瓶中气体不能用尽，必须留有剩余压力；

⑥必须定期检查所有软管、充灌设备,必要时更换。

四、运输安全要求

①旋紧瓶帽、轻装、轻卸、严禁抛滑或撞击;

②不允许用电磁起重机搬运;

③钢瓶在车上应妥善加以固定,用汽车装运时应横向排列,方向一致,装车高度不得超过车帮;

④夏季要有遮阳设施,防止曝晒;

⑤车上禁止烟火,禁止坐人,并应备有防氨泄漏的工具;

⑥严禁与氧气、氢气瓶等易燃易爆物品同车运输。

五、储存的安全要求

①钢瓶仓库与其他建筑物的距离规定:贮钢瓶的仓库距厂房不得小于 25 m,距离住宅和公共建筑物不得小于 50 m;

②氨瓶仓库应为不低于二级耐火等级的单独建筑,地面至屋顶最低点的高度应不小于 3.2 m,屋顶应为轻型结构,地面应该平整不滑;

③仓库内不应有明火或其他取暖设备;

④仓库内要自然通风或有机械通风装置;

⑤旋紧瓶帽,放置整齐,妥善固定,留有通道,钢瓶卧放时应头部朝向一方,防止滚动,堆放不应超过五层,瓶帽、防震圈等附件,必须完整无缺;

⑥氨瓶严禁与氧气瓶、氢气瓶同室贮存,以免引起燃烧、爆炸,仓库内设有抢救和灭火器材;

⑦禁止将有制冷剂的钢瓶存在机器设备间内,临时存放在室外的钢瓶,也要远离热源,防止阳光曝晒。

第六节　安全防护器材

一、防护用品

正确选择和合理使用个人防护用品是预防职业伤害，保证人身安全和正常生产的重要措施之一。因此，每个制冷作业人员都要学会正确使用个人防护用品及日常维护和保养。

（一）防毒面具

一般常用的防毒面具有长导管式、过滤罐式以及氧气呼吸器等。

1. 长导管式防毒面具

该式防毒面具是由面罩和长导管两部分组成。使用时先将面罩和长导管连接好，并把长导管的另一端放至远离事故现场（一般长导管可分为 20 m、30 m、50 m 等几种）。戴好面罩，用手拖拽着导管进入事故现场即可。但要十分注意长导管较沉重，行动亦不十分方便，且易使导管脱离面罩，使用时应严加防范。

2. 过滤罐式防毒面具

如图 5-2 所示，过滤罐式防毒面具是由面罩导管和过滤罐组成。面罩分 1、2、3、4 号，一号最大，依次减小。导管采用螺旋管式，有弯折时仍能呼吸。过滤罐内装有活性炭等，用来过滤毒气。过滤罐式防毒面具用于在对生命有危害的空气中的紧急保护，它们的作用限制在 2%体积比以内的污染气体（除了氨气可以扩大到 3%）。在毒气的浓度占总体积的 2%以上的地方，该型防毒面具不能起防护作用。

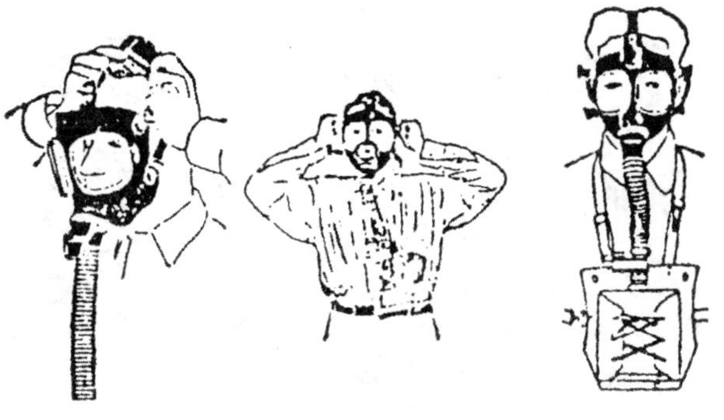

图 5-2　防毒面具

(1)使用方法

①背好挎包,扎紧腰带。

②用导管将面罩过滤罐连接起来。

③使用前应检查全套面具的致密性。方法是:戴好面具用手或橡皮塞堵上过滤罐进气孔,深呼吸,如无空气进入,则此套面具致密可用,否则应修理或更换。

④打开过滤罐下塞,并把滤毒罐放在挎包下的木楞上,先下巴后头上依次戴好面罩,做几次深呼吸,如感觉良好,即可进入抢救区。

⑤抢救中如闻到微弱的刺激气体时,应立即离开有毒区域。

(2)保管方法

①在两次使用的间隔时间内,应将滤毒罐的螺帽拧紧,塞上橡皮塞保持密闭,以免受潮失效;

②滤毒罐应贮存于干燥、清洁、空气流通的地方,严防潮湿、过热。面罩应放在干燥通风的地方。夏天要打滑石粉以防粘连,并要防止虫害、鼠害等。

③滤毒罐的再生。用 130～140℃的热空气以每分钟 30 升的流量通过滤毒罐,经3～4 h 处理后抗毒性即可恢复。

(二)氧气呼吸器

氧气呼吸器有 2 h、4 h 等不同规格。它是一种与外部环境隔绝,依靠自身供氧的防毒用具。

1. 适用范围

氧气呼吸器系依靠自给氧气供使用者呼吸,与外界环境隔绝。因此它适用于缺氧、毒物成分不明或浓度过高的场所,作为抢救事故时救援人员的防护用品。缺点是结构复杂、较笨重,使用人员事先要受过训练、熟练掌握后,方可使用。

2. 结构与性能

以 AHG—2 型氧气呼吸器为例,介绍其结构性能及使用方法,结构详见图 5-3 所示。

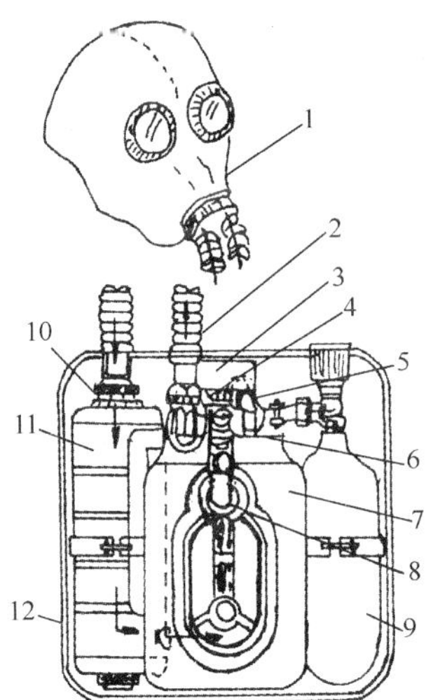

图 5-3　AHG—2 型氧气呼吸器

1—头罩　2—导气管　3—压力表　4—顺气阀　5—高压管
6—减压器　7—气囊　8—排气阀　9—氧气瓶　10—呼气阀
11—清净罐　12—外壳

AHG—2 型氧气呼吸器，俗称 2 h 氧气呼吸器，由呼吸器、头罩、导气管、背腰带等主要部件组成。呼吸器由铝质外壳、氧气瓶、清净罐、橡胶气囊、呼吸器阀门、减压器和压力表等构成。整个装置总重约为 8.1 kg。氧气瓶容积为 1 L，当氧气压力为 200 kg/cm^2 时，有效使用时间为 2 h。清净罐内装填吸收二氧化碳的氢氧化钙约1.1 kg，头罩下端金属碗固定连接右呼气导管和左吸气导管。

3. 工作过程

打开氧气瓶阀门，氧气通过高压导气管、减压器，由高压减至 0.25～0.13 MPa 经定量孔以 1.1～1.3L/min 的供氧量送入气囊；同时使用者呼出的气体经头罩、呼气导管、呼气阀门进入清净罐，其中二氧化碳被吸收，其余气体也进入气囊，两者混合组成含氧空气；当使用者吸气时，适量的含氧空气由气囊经吸气阀门、吸气导管、头罩供给。周而复始，气流始终沿着这个流向。

此种氧气呼吸器有定量供氧、自动补给、手动补给三种供氧方式。

4. 使用前准备

①头罩的选配和检查。

②氧气瓶内的氧气压力，平时宜保持 100 kg/cm^2 以上。

③清净罐内装填的氢氧化钙吸收剂，干燥时为粉红色圆柱状颗粒；如变为淡黄色，即为失效，应及时更换。

④各连接部位，应注意检查密封垫圈是否齐全，啮合是否紧密，阀门性能是否良好，自动排气阀工作是否正常，以及手动补给供氧是否有效。

⑤调整背带和腰带的长短，检查背带上的销子是否完好，并明确和熟悉规定的联络方法。

5. 使用方法

AHG—2 型氧气呼吸器，为左侧腰际悬挂式。因此，使用前应先将左臂及头部穿过悬挂背带，落在右肩上，并将腰带收紧使呼吸器紧贴在左侧腰际。接着打开氧气瓶阀门，检查压力表的数值，估计使用时间；按动补给按钮数次，以清除气囊内原积存气体。然后戴上头罩，检查罩体边缘与头部密合情况以及视线是否合适。最后进行几次深呼吸，观察呼吸器内部机件是否良好。经确认各部正常，即可投入正常使用。

6. 注意事项

为确保使用安全，使用中尚应注意下列事项：

①使用时，呼吸宜缓慢深长，如感到供气不足，可用深长呼吸法，使自动补给器充氧。若仍感呼吸困难，应即采用手动按钮补氧气。当以上措施均无效时，则应立即退出有毒场所。注意：在有毒场所内禁止脱下头罩。

②使用中，应经常检查压力表的指示值。一旦氧气压力降至2.5～3.0 MPa时，必须停止在有毒场所工作，及时撤出，以保证安全。

③险情重大的作业以及进入事故现场从事抢救，必须两人一组，以利彼此关照。

④注意避免与油类等可燃物料接触，并与火源保持足够的安全间距。

⑤保护好氧气呼吸器，防止撞击或跌落而损坏部件。

7. 日常维护

①氧气呼吸器平时应放置在便于取用的专用柜内，避免日光直射，保持清洁，严禁沾染油脂等可燃物料，并远离热源。柜门应加铅封，无关人员不准乱动。

②使用后的氧气呼吸器，应及时通知专业人员检查，并进行头罩清洗、消毒、氧气瓶充气和更换清净罐内的氢氧化钙等工作，以备以后随时可用。

③若长期搁置不用，应倒出清净罐内的氢氧化钙；所有橡胶部件均应涂上滑石粉，以防粘连；氧气瓶则应保留一定的剩余压力。

④应由专业人员定期进行技术检验。

(三)生氧面具

生氧面具系采用碱金属氧化物药剂(如过氧化钠、过氧化钾等)与人体呼气中的二氧化碳和水分反应,生成氧气作为供气源。其结构比较简便,重量较轻,使用简便。

1. 结构

生氧面具的适用范围,同氧气呼吸器。目前,国产的有 SM—1 型(2 h)和 HSG—79 型(30 min)等多种型号,生氧结构基本相同。现以 SM—1 型生氧面具为例,作一简要介绍,结构详见图 5-4。

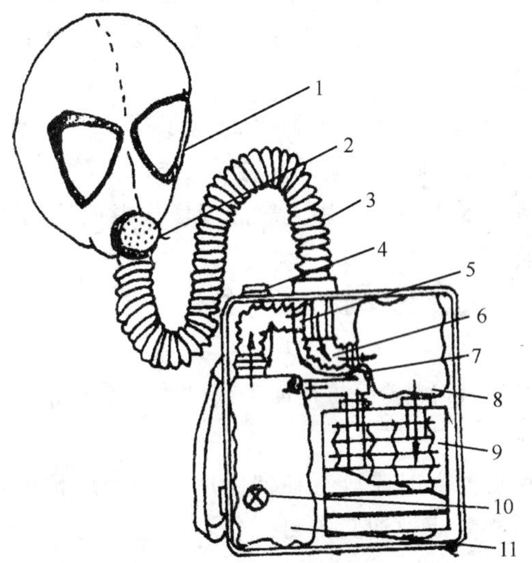

图 5-4　SM—1 型生氧面具

1—头罩　2—通话器　3—双套导气管　4—应急补给装置
5—吸气导管　6—呼气导管　7—应急装置导管　8—呼气囊
9—生氧罐　10—排气阀　11—吸气囊

SM—1 型生氧面具由生氧器(内装生氧罐、呼气囊、呼气阀、应急补给装置)、头罩、双套导气管(内层平管为呼气道,外层波纹管为吸气道)、背腰带等主要部件组成。

生氧罐的有效使用时间为 2 h,失效后可以换药重新使用。

头罩的外形结构与性能,均与过滤式防毒面具相同。吸气囊起缓冲及降温作用。

2. 工作过程

生氧面具使用时,是在与外界环境隔绝的情况下进行的。它的工作过程为:使用者呼出的二氧化碳和水分,通过导气管(内层)、呼气囊进入生氧罐与药物发生反应,放出氧,然后进入呼气囊、导气管(外层)、头罩供吸入,完成一次气路往复循环。

3. 使用前的准备

首先应检查整套面具的完好情况,注意双套导气管接头与组装箱上的接头座是否连接妥当;生气罐两个连接口是否与气囊和呼气囊的连接口分别连接妥当。其次应检查全套面具的气密性,包括头罩、双套导气管以及各连接部位密封程度。有关头罩的选配和检查要求,均同上海 72 型过滤式防毒面具。

4. 使用注意事项

①头罩的正确佩戴位置,应是阻水罩上部紧贴鼻梁,下部在颏下点。镜片如出现雾气,则是阻水罩与面部贴合不良,应予纠正或重戴。

②头罩佩戴后,使用者应立即猛吐一口气,以使生氧罐迅速放出氧气。

③使用时,若感到呼吸困难时,可用手猛按应急补给按钮,压碎硫酸瓶,硫酸与生氧剂直接接触,放出氧气,可供 2～3 min 内使用者急用。此时使用者应立即停止工作,待离开有毒场所后方可摘下头罩。

④应急装置只能使用一次,用后应及时重新装药后才能供下次使用。

⑤生氧罐应避免撞击或振动,否则易产生粉尘,引起刺激作用。

严禁与油类、可燃物料接触；防止高温、日晒；不得任意拧松罐盖，否则让潮气、二氧化碳进入，将导致生氧效能降低。

5. 维护要点

①生氧面具，平时应放置在便于取用的场所。注意避免接触各种化学物料，远离热源，防止日晒。

②使用后，取下头罩，应即拧紧生氧器螺丝帽盖，保持气密，以防受潮变质。

③使用失效后，从装药孔倒出药剂，如倒不尽时可用水浸泡后倒出，但浸水后须经严格干燥才能装药。失效药剂呈强碱性，必须小心处理。

④头罩脏污，应清洗、消毒后晾干。切忌用化学药剂洗涤，以免损坏橡胶部件。

二、抢救药品

①柠檬酸（$C_6HgC_4H_2O$），呈淡黄色，可以冲服，漱口，能形成酸蒸汽中和氨，是一种常用药品。

②醋酸（$C_2H_4O_2$），呈白色，既可以稀释后漱口，又可形成酸蒸汽中和氨。

③硼酸（H_3BO_3），呈白色，砂黏状，它既可以洗清眼中氨液，又可以从鼻滴入中和氨、乳酸（$C_3H_6O_3$）分层，白色发浊。

④烫伤膏，用于氨液溅皮肤后所形成的冻伤（按烫伤治疗）。

三、抢救用具

（一）手套

在制冷剂液大量逸出时，关闭阀门等开关时要带上橡皮手套。在特殊情况下，橡皮手套已冻硬不能正常工作时，要改换皮手套或棉手套，以防手被灼伤。

（二）防护服

是一种帽、衣、鞋连在一起的抢救服装，它往往和滤式防毒面具配合使用，衣服扣为子母扣，穿起来快而方便，穿上防毒衣和佩戴防毒面具后，可较长时间在事故区进行抢救工作。

（三）木塞

低压设备出现故障后，在适当降低蒸发压力的情况下，视情况可用木塞钉入出事故方位以赢得抢救时间，防止事故蔓延。

（四）管夹

蒸发器或冷却排管在出现细小砂眼，造成跑氨事故的情况下可适当降低蒸发压力，先用胶皮和其他耐酸、碱带状材料将管路裹好，再加管夹用螺栓紧固，待商品全部出库后补焊解决。

四、抢救设备

（一）消防栓

制冷空调设备间内的消防栓以消防为主，也用以喷水降低氨泄漏时氨液浓度，大量吸收氨液和氨气，能减轻氨的蔓延和增加事故现场能见度。但在一般情况下不轻易使用，尤其在电器设备较多的部门，更不宜使用。

（二）紧急泄氨器

由于大中型冷库系统中的制冷剂大多使用氨，一旦发生严重意外事故时，危害极大。紧急泄氨器是处理此类事故的应急安全设备。

（三）灭火器

合格的灭火器应放置在设备附近和门旁边，或在机房中任何方便取用的位置上。灭火器应放在显眼处，并标志清楚。二氧化碳和四氯化碳灭火器适用于电器及制冷与空调设备起火。

灭火器操作者应熟知它们的存放位置，并掌握其使用方法。

第七节 空调系统防火排烟

在建筑物或空调系统发生火灾时风道往往成为有毒烟气扩散的通路，由于空调风道直接连接于房间与房间之间，所以传播火焰和有毒烟气的危险性甚大，对人身安全和国家财产造成重大损失。

一、空调系统防火、防烟装置

空调建筑物的防火分区或防烟分区与空调系统应尽可能统一起来，并且不使空调系统（风道）穿越分区，这是最理想的。但实际上设置风道时，却常常多处穿过防火分区或防烟分区。为此，应在系统上设置防火、防烟风门。

（一）防火风门（FD）

如图 5-5 所示，当发生火灾时，火焰进入风道，高温使阀门上的易熔合金熔解，使阀门自动关闭，它被用于风道与防火分区贯通的场合。

一般规定防火墙与防火风门之间的风道用 1.5 mm 厚的钢板制作（使之受热时不变形）。防火风门与一般风门结合使用时，可兼起风量调节的作用，则可称防火调节风门。

（二）防烟风门（SD）

如图 5-6 所示为与烟感器连锁的风门，即通过能够探知火灾初期发生的烟气的烟感器来关闭风门，以防止其他防火分区的烟气侵入本区。如果这种阀门上加上易熔合金，可使之兼起防火的作用，故称防烟防火风门（SFD）。

有些国家或地区防火规范规定，对于连续两层以上层楼的风道的连接处，均应设置防火防烟风门。图 5-7 所示为空调系统本身设置防火和防烟风门的实例。

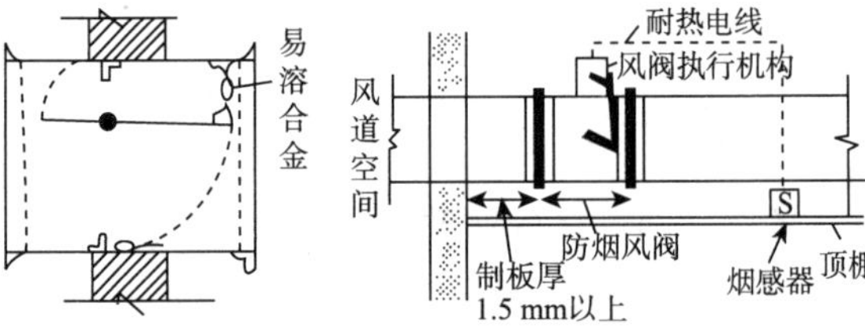

图 5-5　一般的防火风门　　　图 5-6　防烟风门

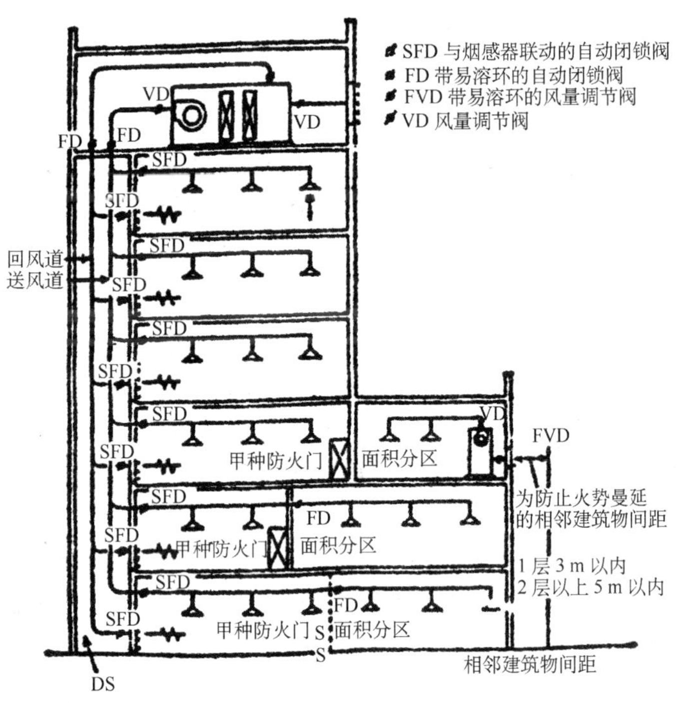

图 5-7　在空调系统上设置防火、防烟风门实例

国内现有生产把防火、防烟和风量调节三者结为一体的风门，称为防火防烟调节阀。它既与烟感器通过电信号联动，又受温度熔断器控制，亦可通过手动使阀门瞬时严密关闭。温度熔断器更换后，可

手动复位。

二、防烟、排烟方式

火灾产生的烟气随燃烧的物质而异，由高分子化合物燃烧所产生的烟气，其毒性尤为严重。这些火灾烟气直接危及人身安全，对疏散和扑救工作也造成很大的威胁。所以空调系统防止火灾危害，很大程度是解决火灾发生时的防、排烟问题。

防烟的方法一般有如下几种。

（一）机械加压方式

这种方式是采用机械送风系统向需要保护的地点（如疏散楼梯间及其封闭前室，消防电梯前室、走道或排火灾层等）输送大量新鲜空气，如有烟气和回风系统时则应关闭掉，从而形成正压区域，使烟气不能侵入其内，并在非正压区内将烟气排出。

（二）机械减压方式

这种方式是在各排烟区段内设置机械排烟装置，起火后关闭各区相应的开口部分，并开动排烟风机，将四处蔓延的烟气通过排烟系统排向建筑物外。当疏散楼梯间、前室等部位用以排烟时，其墙、门等构件应有密封措施，以防因负压而通过缝隙继续进入烟气。

（三）自然排烟方式

这种方式是以自然排烟竖井（排烟塔）或开口部门（包括阳台、门窗等）向上或向窗外排烟。竖井是火灾时用来排除烟热的设施。通过开口部分向外排烟时，在风向不利时可能得不到应有的效果。但由于经济简便，可考虑采用。

（四）在火灾时把空调系统改变为排烟系统

为了充分发挥空调系统的作用，应该考虑用它在火灾时转为排烟系统的问题。作此改变时，一般可将房间上部的送风口作为排烟口，为了使烟气不经过空调器，应设置排烟用旁通风道，以免高温烟气损坏空调设备，并防止通过空调箱向其他部位蔓延。同时，各转换气流调节装置应尽可能采用遥控方式，还要在排烟口（原送风口）处设自动关闭装置，当烟气温度超过 280℃时能自动关闭。此外还要增加钢板风道的厚度，且风管保温材料必须采用不燃材料，以及选用耐高温的风机等。

当空调系统发生火灾时，应立即停止空调装置的运行，并采取措施救火和排烟。制冷部分按制冷系统管理规定及时将制冷剂回收，严重时应考虑泄放，以防止出现更大的安全事故，有利于扑灭火灾。

三、空调系统的防火措施

(一)系统安全要求

①排除有燃烧或爆炸危险的粉尘、气体的排风管不应暗设，不得穿越防火墙经其他房间，应直接通到室外安全处。并宜在进入排风机前进行净化处理。

②输送超过 80℃的空气的风管与隔墙等构件间的填塞物，应为非燃烧的隔热材料。

③热管道与可燃构件之间要有非燃烧材料隔热或与可燃烧构件之间留有一定距离，当热媒温度低于 100℃时，距离不少于 50 mm，高于 100℃时，不少于 100 mm。

④排风系统应有防止回流的措施。

⑤空调设备在使用时工作电流是比较大的，启动时的电流更大。因此不宜使用房间的照明导线，而应用专用供电导线，且必须接地。

⑥空调设备的电线、延时熔断器、插座、漏电开关、继电器等的选用必须满足最大电流需要，以防过热燃烧起火。

(二)设备安全要求

①常温下易发生火灾的生产厂房中的空气不应循环使用，但对含有燃烧危险的粉尘、纤维空气宜经过净化后再循环使用。

②输送温度超过80℃的空气或其他气体，以及有燃烧或爆炸危险的气体、粉尘或易起火的碎屑的通风设备和风管，应用非燃烧材料制成。同样，对穿越楼板的通风干管，也应用非燃烧材料制成。

③放在容易起火或有危险房间内以及输送容易起火或有爆炸危险的物质时，其通风和空调设备（通风机、电动机、除尘器等）的启动设备应采用防爆型。

④输送有燃烧或爆炸危险的气体和粉尘的通风系统应有接地设施。

⑤通风管道内的防火阀，当其易熔环或其他感温设备一经作用，应能立即顺气流方向自动严密关闭，并应防止通风管道因弯曲而影响关闭。易熔环应装在易于感温的部位，其作用温度应比通风系统正常工作时的最高温度约高25℃。

⑥管道消声材料和保温材料应尽量采用非燃烧体或难燃烧体。靠近火源或电加热器等的管道和设备禁止使用可燃的保温材料。

（三）运行安全要求

①空调设备操作时，应严格按照操作规程进行，以防过载引起火灾。

②发现火警应立即报警并进行人员疏散。

第八节　制冷剂泄漏中毒的紧急救护

有些制冷剂具有直接侵害人体的毒性，有些制冷剂虽无毒，但当浓度过大时也会使人窒息。

一、室内严重氨泄漏的处理

（一）发生漏氨的抢修措施

事故发生时，当班操作人员一定要沉着镇静，不应惊惶失措，以免乱开或错开机器设备上的阀门，导致事故进一步扩大。必须正确判断情况，组织有经验的技工穿戴防护用具进入现场抢救。如是高压管道漏氨，应立即停止压缩机运转，切断漏氨部位与有关设备相联通的管道。如果管段不长，可采取放空的办法，待管内余氨放完，并置换后进行补焊。如低压系统管道（如冷库内冷却设备）漏氨，应查明漏氨的部位，关闭该冷却设备的供液阀和调整有关阀门。在此情况下，由于冷间氨气甚浓，可开风机排除氨气，并用醋酸溶液喷雾中和，然后用管卡将漏点夹死，再恢复冷间工作，待货物出库升温后再行抽空补焊，这里，操作人员可根据制冷系统的不同特点和具体情况，采取灵活的安全有效的处理方法。

进入氨泄漏的房间前，必须戴上防毒面具，然后用水喷射房间，以吸收氨气并冲到地板上去。在操作和进入房间时应用橡皮手套保护双手。若空气中的氨的浓度超过3%时，因会穿透面具的滤层，不能使用通用的防毒面具。

（二）急性中毒的紧急救护

现场紧急处理，是对急性中毒者的第一步处理。及时正确地做好现场抢救，用一些简单的措施即可使受害者减轻受害程度，并争取时间为进一步治疗创造条件。不进行现场处理或错误的现场处理，不但延误病情，甚至造成不必要的牺牲。

1. 发生氨中毒的急救措施

（1）氨对人体的伤害

氨对人体所造成的伤害，大致可分为三类：

①氨液溅到皮肤上引起的冷灼伤害；

②氨液或氨气对眼睛有刺激性或灼伤性伤害；

③氨液被人体吸入，轻则刺激呼吸器官，重则导致昏迷甚至死亡。

氨中毒者多由呼吸道和皮肤传入。因此救护者应做好个人呼吸系统和皮肤的防护，佩戴好供氧式防毒面具或氧气呼吸器，穿好防护服，戴好橡皮手套，携带必要的抢修工具。

(2)切断氨气来源

救护人员进入毒区后，除对中毒者进行抢运外，同时应尽快查出氨气的泄漏点，采取措施阻止氨气的继续泄漏，其中包括停机，关闭有关阀门。用盲板或管卡堵住泄漏口，并应立即开启排风扇，打开房门，将氨气迅速排往室外，在切断电源后，可用喷雾法来吸收空气中的氨气。

(3)急救

①迅速将中毒者移到空气新鲜处，搬运中应沉着冷静，不要强拖硬拽，防止造成骨折。如已有骨折或外伤，则要注意包扎和固定，松解衣扣和腰带，摘下义齿和清除口中异物。保持呼吸道畅通，注意保暖。

②立即重点进行检查，检查顺序是：神志是否清晰，脉搏、呼吸心跳，有无出血和骨折，是否有化学冻伤和烧伤。

③当氨液溅到衣服和皮肤上时，应立即把被氨液浸湿的衣服脱去，用温水或2%的硼酸水冲洗皮肤，注意水温不得超过46℃。如有冻结，立即用大量的温水冲洗解冻，切忌干加热，当解冻后，皮肤上涂消毒凡士林或植物油或万花油。

④若眼睛被污染必须就地用清洁水或生理盐水或2%的硼酸水进行冲洗，冲洗时眼皮一定要翻开，患者可迅速开闭眼睛，使水布满全眼，然后请医生治疗。

⑤对于鼻腔和咽喉处理，可用滴鼻瓶滴入2%的硼酸水，再用2%的硼酸水漱口，并可喝大量的0.5%柠檬酸水。

⑥发生液氨冻伤后，复温是急救的关键，快速复温的方法是采用40～42℃的恒温热水或2%的硼酸热水浸泡，使被冻伤的肌体在15～30 min内温度提高到接近正常体温。在冻伤不太严重的情况下，还可以对冻伤部位进行轻微的按摩，促进血液循环，使冻伤部位升温。但不要将冻伤的部位划破，增加感染机会。

⑦当呼吸道受氨刺激较大且中毒比较严重时，可用硼酸水滴鼻漱口，并给中毒者饮入 0.5%的柠檬水或柠檬汁。但切勿饮白开水，因氨易溶于水会助长氨的扩散。

⑧当氨中毒十分严重，致使呼吸微弱或面色青紫，甚至休克、呼吸停止时，应立即进行人工呼吸抢救并给中毒者饮用较浓的食醋，有条件时要立即输氧。遇到这种情况，应立即请医生或将中毒者送医院抢救，运送中应注意观察心跳、呼吸变化，发现停止则立即抢救。如呼吸中断，应立即进行人工呼吸和心脏外挤压术，对不能恢复的伤员应维持两小时以上，不可轻易放弃。应边抢救，边送医院。

2. 常用的复苏术

(1)心脏复苏术

心脏停止跳动后的抢救方法称为复苏术，常用心前区扣击术和胸外心脏按压术。

①心前区扣击术，发现心脏停止跳动后，立即用拳头扣击心前区(拳击的力量不要太猛)，可连续扣击 3～5 次，然后观察心脏是否起搏，如不成功应改为胸外心脏按压术。

②胸外心脏按压术，通过按压胸骨下端而间接地压迫心脏，使血液建立有效循环。具体操作方法如下：患者仰卧于硬板床或地板上，抢救者在患者一侧或骑跨在患者身上，面向患者头部，一手掌的根部置于患者胸骨下端，另一手掌交叉置于手背上，有节奏地向背脊方向垂直下压，压下约 3～5 cm，每分钟冲击十余次。按压时不要用力过猛，防止肋骨骨折。胸外心脏按压要做较长时间，不要轻易放弃。在进行胸外按压时，必须密切配合进行口对口的人工呼吸。

(2)呼吸复苏术

呼吸复苏术一般与心脏复苏术同时进行，常用的有口对口人工呼吸和人工加压呼吸两种方法。口对口人工呼吸法是使患者头部后仰，用手捏住患者的鼻孔，向患者口中吹气，吹毕使其胸部及肺部自动回缩，然后松开捏鼻的手，如此有节奏地、均匀地反复进行，保持

16～20 次/min。直到胸部开始活动。

（三）化学烧伤的处理

被氨烧伤后应立即脱下衣服鞋袜等，对污染部位要用大量的清水或 2%的硼酸冲洗，也可用 2%的醋酸溶液进行冲洗，然后再用清水冲洗创面；若眼睛被污染，必须就地用清洁水或生理盐水或 2%的硼酸水进行冲洗，冲洗时眼皮一定翻开，患者可迅速开闭眼睛，使水布满全眼，然后请医生治疗。

对于鼻腔和咽喉处理，可用滴鼻瓶滴入 2%硼酸水，再用 2%的硼酸水漱口，并可喝大量 0.5%的柠檬酸水。

（四）化学冻伤

发生氨冻伤后，快速复温是急救的关键。快速复温的方法是采用 40～42℃恒温热水或 2%的硼酸热水浸泡，使被冻伤的肌体在 15～30 min 内温度提高到接近正常体温。在冻伤不太严重的情况下，还可以对冻伤部位进行轻微的按摩，促进血液循环，使冻伤部位升温。但不要将冻伤的部位划破，增加感染机会。

二、氟利昂泄漏的现场处理

①救护者佩戴供氧式防毒面具或氧气呼吸器，穿好防护服，戴好橡胶手套，携带必要的抢修工具。

②切断氟利昂泄漏源，打开门窗和通风机将氟利昂气体排放至室外。

③将伤员迅速转移至空气新鲜处，松开衣扣和腰带，去除口中异物。

④对于冻伤的患者，采用 40～42℃恒温热水快速复温，具体做法同氨冻伤急救方法。

⑤发生窒息时，进行心脏复苏和呼吸复苏急救。对呼吸困难者可立即输氧。应边抢救，边送医院。

思考题

1. 机房建筑有什么特点,通风有哪些要求?
2. 对机房设备及系统安全有哪些要求?
3. 运行维护的安全有哪些要求?
4. 直燃式溴化锂制冷机房安全有哪些要求?
5. 压力容器的安全技术管理有哪些内容?
6. 冷库安全有哪些要求?
7. 冷库的安全管理有哪些内容?
8. 怎样安全使用制冷剂钢瓶?
9. 制冷作业有哪些安全防护器材?
10. 空调系统的防火排烟有哪些措施?
11. 严重氨泄漏怎样进行处理?
12. 氟利昂泄漏怎样进行处理?

第六章 制冷与空调设备安全操作

第一节 活塞式制冷设备安全操作

一、氨制冷压缩机开机前的准备工作

氨制冷压缩机在准备开机之前，首先应查看车间日报表，通过报表记录达到对制冷压缩机、辅助设备及其他设备的全面了解。

查看压缩机是属于正常停车，还是故障停车，如系故障停车其故障是否排除，机车故障排除后何人试运行验收，有否签字及记录。

查看库房（或空调房间的）温度，了解库房热负荷情况以便决定开车台数。

（一）制冷压缩机的检查准备

①检查制冷压缩机四周有无杂物，机车联轴器上的安全防护罩是否完好。

②检查曲轴箱的压力，机车启动前的曲轴箱压力不应超过0.2 MPa（表压）。当检查其压力值超过0.2 MPa（表压）时，应打开机车低压吸气阀进行降压。如果当时低压系统压力高于0.2 MPa时，应通过高压排气阀下的排空阀，将曲轴箱压力降至0.2 MPa以下。

③检查曲轴箱的油面。当机车侧盖为单视孔时，其油面高度应在1/2～2/3之间。当机车侧盖为双视孔时，其油面高度应在上视孔

的 1/2 和下视孔的 2/3 之间。

④检查各压力表阀是否已全部开满。

⑤检查卸载装置的指示箭头是否指向“零位”或者“最小容量”。

⑥检查油三通阀的指示箭头是否指向“运转”或“工作”的位置。

⑦检查压缩机机车汽缸水套及油冷却器的进出水阀是否开启。

⑧检查压缩机的自动保护装置，其中包括高、中、低压力控制器；检查油压差控制器的调定值是否指示在规定范围之内。

（二）检查高压系统设备上的阀门的启闭情况

1. 油氨分离器（以洗涤式油氨分离器为例）

当制冷系统运行时，油氨分离器上的进气阀、出气阀、进液阀应开启，放油阀应关闭。

2. 冷凝器（以立式壳管式冷凝器为例）

在制冷系统正常运行的条件下，立式壳管式冷凝器的阀门开启、关闭情况如下：该设备上的进气阀、出液阀、均压阀、压力表阀、安全阀前的截止阀均开启；混合气体放出阀、放空气阀和放油阀关闭。

3. 贮液器

在系统正常运行时，高压贮液器的进液阀、出液阀、均压阀、压力表阀、安全阀前的截止阀、液位计上部的气体均压弹子阀、下部的液体均压弹子阀，两台以上贮液器的下部液体平衡阀均开启；放油阀、放空气阀关闭。

4. 高压调节站

在系统准备开机运行时，需要开机的那个系统如属于自动控制的供液系统，可开启其供液阀及总进入阀，其余的系统供液阀关闭。

（三）检查低压系统设备上的阀门启闭情况

1. 低压循环贮液桶

在系统即将运行时，低压循环贮液桶上的进气阀、出气阀、下液阀、浮球阀上部的气体均压阀、下部的液体均压阀、给循环桶供液的高压液体进入的第一个截止阀、经过过滤器后的第二个截止阀、经过浮球阀的第三个截止阀、压力表阀、安全阀前的截止阀、采用油罐装置利用板式液位计显示液位时其上下均压阀、采用低温集油器时的进油阀、低温集油器油位计的上、下部的均压阀均开启。

循环桶上的加压阀、通向排液桶的排液阀、冲霜回液阀、低温集油器的放油阀、手动供液的节流阀均关闭。

在低压循环贮液桶采用 UQK—40 浮球式液位器时，电磁阀前、后的截止阀应开启。

与电磁阀平行的手动供液节流阀应关闭。

2. 氨液分离器

在重力供液系统中所采用的氨液分离器，在系统准备运行时其阀门开启、关闭情况如下：其进气阀、出气阀、下液阀、浮球阀上部的气体均压阀、下部的液体均压阀、给氨液分离器供液的第一个截止阀、经过过滤器的第二个截止阀及经过浮球阀的第三个截止阀均开启，装有压力表的表阀及安全阀前的截止阀也必须开启。

手动供液的节流阀、放油阀应关闭。

3. 排液桶（又称低压贮液器）

在不进行进液或排液操作时，其板式液位计上部的气体均压阀、下部的液体均压阀、减压阀、压力表阀、安全阀前的截止阀均开启。

进液阀、加压阀、出液阀、放油阀均关闭。

4. 低压调节站

低压回气调节站上的压力表阀、总回气阀所有分支回气阀均开启。

热氨总阀、各分支热氨阀关闭。

调节站上热氨集管上的压力表阀应开启。

低压供液调节站上的供液压力显示用压力表表阀、冲霜回液集管上的压力表阀、供液总进入阀、分支中需要供冷的那个系统的供液阀均开启。

回液总阀、各分支回液阀及分支中停止供冷的供液阀均关闭。

(四)检查中间冷却器

在双级压缩制冷中,运行中的中间冷却器进气阀、出气阀、蛇形管的进液阀、出液阀、压力表阀、安全阀前的截止阀、浮球阀上部的气体均压阀、下部的液体均压阀、供液的第一个截止阀、经过过滤器的第二个截止阀、经过浮球阀进入中冷的第三个截止阀、采用油罐利用板式液位计显示液位时的上部气体均压阀、下部液体均压阀均应开启。

采用 UQK—40 浮球液位计时,供液电磁阀前、后截止阀应开启。

排液阀、放油阀应关闭。

(五)检查贮液器和低压循环贮液桶的液面

(1)高压贮液器内的液面,其径向高度不得超过桶径的 80%,不得低于 30%。

(2)低压循环贮液桶内的液面高度,不应超过容量的 70%。开车前检查时如发现已超过 50%时,应在开车前先启动氨泵,待氨泵运行正常,桶内液位低于 50%时再进行开车操作。

(3)正常情况下的排液桶内不应有液位,如开车前发现其中液位已超过 30%时,应先排液、后开车。

(六)检查其他设备

①检查氨泵、水泵、盐水泵、风机的运转部位有无障碍物,电机及各设备是否正常。

②检查各运转设备的电源供电是否正常。

③启动冷却水泵,向冷凝器及压缩机汽缸水套和曲轴箱内的油冷却器供水。

二、氨制冷压缩机的开机操作

(一)单级制冷压缩机的开机操作(以 8AS—170 为例)

1. 启动水泵、风机

启动冷却塔风机,启动冷却水泵,启动冷媒水泵。

2. 转动油过滤器

转动油过滤器手柄数周(位置在油泵一端),以防止因油路堵塞,造成油泵不供油。

3. 盘动联轴器

盘动联轴器 2～3 圈,转动时应轻松,不应过紧。如发现转动很重,应查明原因,加以排除。

4. 开启排气阀

打开制冷压缩机排气阀。

5. 启动

接通电动机电源,选择为“手动”或“自动”方式。

如为“手动”启动方式:按“启动”按钮为电动机接通电源,当电动机达到额定转速时,人工按“运转”按钮使电动机正常运行。

如为“自动”启动方式:按“启动”按钮使电动机启动,当电动机达到额定转速时,自动切换成“运转”档位。

6. 调整油压

当制冷压缩机电机全速运转后应调整油压,使油压比吸气压力高 0.15～0.3 MPa。油温不超过 60℃。如果压缩机启动后无油压则应立即停机检修。

7. 开启吸气阀

缓慢开启吸气阀,低压吸气(表压)控制在 0.05 MPa。随时注意电机电流表数值,如果听到液击声,应立即关小吸气阀,待液击声消除后,再缓慢开启吸气阀,注意低压吸气压力表数值(表压)在 0.05 MPa时,暂停开大吸气阀。

8. 加载

转动能量调节手柄，首先拨至 1/4 档位，观察电流表读数的上升和低压吸气压力表读数的下降，再缓慢开大一点吸气阀，压力依然保持在 0.05 MPa(表压)。因为停车一段时间以后的低压压力较高，不可一次将低压吸气阀开满。

隔 2～3 min，当电动机电流稳定，吸、排气阀片起落的声响正常后，可以再转动能量调节手柄至 1/2 档和 3/4 档位；观察电流表读数的上升和低压吸气压力表读数的下降，并配合低压吸气阀开启度的加大，低压回气压力依然保持在 0.05 MPa。

按以上程序完成从 1/4～1 的逐步上档，当满档后，再试行开大低压吸气阀，随时注意电流表读数，在保证安全的前提下，直至低压吸气阀全开。

如果在加载过程中听到液击声，应迅速关小吸气阀，并使部分汽缸卸载，等 5～10 min 后才能再加载。

9. 供液

根据低压循环贮液桶液面情况，开启供液阀(有自动控制装置的可以在压缩机启动后立即开启供液阀)。启动氨泵，为蒸发器供液。

10. 记录

把开机的车号、开机时间，制冷压缩机的吸、排气压力、吸、排气温度、润滑油温度、润滑油压力冷却水温度、冷媒水温度，压缩及电动机、水泵、风机电动机等的运行电流准确地记录在系统运行日志上。

(二)双级制冷压缩机的开机操作(以 8ASJ—170 为例)

双级制冷压缩机开机时，启动水泵、启动风机、转动油过滤器、盘动联轴器，启动、调整油压和记录的方法与单级制冷压缩机开机时相同；开启排气阀、开启吸气阀、加载和供液与单级制冷压缩机有差异。

1. 开启排气阀

打开高压级和低压级的排气阀门。

2. 开启吸气阀

拨动能量调节器手柄至高压级位置，电流表读数上升时，缓慢打开高压级吸气阀门。

3. 加载

当中间冷却器压力降至 0.1 MPa(表压)时，拨动能量调节装置到低压级缸的 1/3 位置，缓慢打开低压级吸气阀，注意低压级压力表压力应在 0.05 MPa(表压)，不可一次全开低压级吸气阀。注意电流表读数的上升和低压级吸气压力的下降，根据低压级吸气压力的变化，逐步开大低压吸气阀的开度，直至低压级吸气阀全开。

4. 供液

打开中间冷却器供液阀，打开低压循环贮液桶供液阀，保持容器内的正常液位。启动氨泵，为蒸发器供液。

三、氨制冷压缩机的停机操作

(一)单级制冷压缩机正常停机操作

①停车前 30 min，先停止准备停车这一系统中的低压循环贮液桶或氨液分离器的供液，使准备停车的系统中的容器内液位下降，使回气压力降低。

②待到回气压力降低后，将能量调节手柄搬回到 1/4 档位，关闭吸气阀门。

③当低压回气压力表读数下降到 0.05 MPa 时，立即将能量调节手柄置于“零位”。

④按停止按钮，停止压缩机运转。

⑤关闭高压排气阀门。

⑥机体冷却后，停止冷却水供应(冬季停车后应将汽缸水套的水放净)。

⑦将压缩机车号、时间准确地填入制冷设备运行日报表中。

（二）单机双级制冷压缩机的正常停机操作

①停机前 30 min 首先停止低压循环贮液桶（或氨液分离器）的供液，同时停止中间冷却器的供液，将这些容器内的液位降低。

②转动能量调节手柄，逐渐扳到高压级的位置。

③关闭低压级吸气阀门。

④当中间冷却器压力降至 0.1 MPa 以下时，将能量调节装置手柄转至“零位”，关闭高压级吸气截止阀，按停止按钮，停止压缩机运转。

⑤关闭高压级和低压级排气阀门。

⑥当机体冷却后，停止冷却水的供给（冬季停车后应将汽缸水套的水及卧式冷凝器的水放净）。

⑦将停止运行的压缩机的车号、时间准确地填入制冷设备运行日报表中。

（三）机房突然断电时氨压缩机的紧急停机操作

①切断电气总开关。

②关闭高压调节站上供液总阀及分调节站上的供液阀。

③关闭排气阀、吸气阀（双级压缩系统先关闭低压级吸、排气阀，后关闭高压级吸、排气阀）。

④将手动能量调节阀手柄拨至零位。

⑤其余按正常停车步骤进行。

⑥在制冷设备运行日报表上做好停电、停车记录。

（四）压缩机故障紧急停机操作

①切断压缩机的电源，停止压缩机的运行。

②关闭贮液器或冷凝器出口的供液阀及节流阀。

③关闭压缩机的吸气阀门。

④关闭压缩机的排气阀门。

⑤停止冷却水泵、冷媒水泵、冷却塔风机的运转。

⑥查清故障原因，并作及时处理。记录故障发生的时间、故障情况、处理结果并上报。

当机房内发生氨泄漏等严重故障时，应立即切断机房总电源，停止所有运行压缩机的转动并上报；人员撤离机房，穿戴防护用品，准备抢救。

(五)氨制冷压缩机的加油操作

①首先检查润滑油的规格、型号和质量是否符合使用要求，并将其过磅称重。

②检查加油用的管道是否清洁，其一端应有过滤装置，防止加油时杂质进入机车。

③将加油管口一端接在制冷压缩机油三通阀的加油管口上，将有过滤装置的一端插入润滑油桶内。

④将油三通阀指示箭头由“运转”位置拨至“加油”位置，润滑油即进入曲轴箱内。当油位达到要求时，将油三通阀指示箭头由“加油”位置拨回到“运转”位置，加油操作完成。将剩余润滑油称重，用初始重量减去剩余重量，将净加油量填入日报表内。

⑤加油时油管不得露出油面，以免空气进入。

进行加油操作时，如曲轴箱压力较高，则油进得很慢或根本不进油；此时应将吸气阀缓慢关小，待加油完毕后，再缓慢开启吸气阀恢复正常运转，关小吸气阀时注意曲轴箱压力不低于 0 MPa(表压)。

四、系统设备操作

(一)设备的放油操作

1. 集油器的放油操作

①先开启集油器上减压阀，使集油器内处于低压状态，关闭减压阀准备放油。

②开启需要放油设备的放油阀。再开启集油器进油阀，设备内

的积油将流入集油器。

③根据集油器油面指示器，随时了解油进入情况，为了使油能顺利进入集油器，可适当撬开一点减压阀，注意千万不能开大，防止机器结霜。

④集油器内油面达70%左右即停止进油。关闭集油器进油阀，然后逐渐开启减压阀，使油内夹带着的氨液蒸发，如有淋水器，可开启淋水装置向集油器淋水，加快氨气蒸发，直至筒表面冰霜融化为止。

⑤关闭淋水和减压阀，静止10 min左右，如压力表上升缓慢即可放油，若上升显著，应重复减压。

集油器内部的集油放空后，可重新按上述方法重复对设备继续放油，直至把各设备中的油放完为止。

2. 洗涤式油氨分离器的放油操作

①设备运行时可以进行放油操作。

②先关闭供液阀10 min左右，将分离器内制冷剂液面高度降低。

③打开油分离器放油阀，将油放入集油器内。

④集油器的进油阀不宜开得过大，以避免制冷剂液体进入集油器。

⑤当油分离器与集油器相连接的放油管发凉时，说明油分离器内的油已放净，应迅速关闭油分离器的放油阀，并打开它的供液阀，恢复其正常工作。

⑥集油器内的积油，按集油器放油操作办理。

3. 冷凝器的放油操作

冷凝器的放油操作应在冷凝器停止工作时进行，准备放油时不应停止冷却水供给，以利提高放油效果。由于冷凝器的放油期限较长，相对次数较少，可以利用负荷小或气温较低时进行。

4. 高压贮液器和中间冷却器的放油操作

高压贮液器和中间冷却器的放油操作，可以在工作进行中同时进行放油操作。当以上设备准备放油之前，应将集油器提前减压，放净油后，打开进油阀，而设备的放油阀应开小一点，缓慢地将油放出。

5. 低压循环贮液桶的放油操作

低压循环贮液桶的压力和温度都比较低，其桶内的润滑油黏度较大，所以放油是十分困难的。为便于放油在其下部中心位置安装了低温集油器，其进油阀通径较大而且处于常开状态。当从低温集油器的油位计上发现油位高于70%时，可以关闭进油阀，打开放油阀将油放入集油器，然后通过集油器将油放出系统。

6. 排液桶的放油操作

①关闭排液桶上的减压阀和进液阀。

②静置20 min以上使桶内油得到充分沉淀。

③开启加压阀，使桶内压力升至0.6 MPa。

④打开排液桶上的放油阀和集油器的进油阀。

⑤利用压差将桶内油放入集油器。

⑥油放出后关闭放油阀，打开排液桶上的减压阀将压力降至低压回气压力，使排液桶处于待用状态。

⑦进入集油器的油按集油器放油操作程序放出系统之外。

（二）氨制冷系统的放空气操作

在氨制冷系统中，由于补充制冷剂的操作、加油操作以及检修等原因很容易进入一部分空气，这部分空气进入系统后如不及时放出就会影响制冷效果，使冷凝压力增高，加大能源消耗，所以必须及时将系统中的空气放出，其操作方法如下。

1. 空气分离器手动放空气操作

①放空气前应检查阀门，空气分离器的回气阀应先打开，使内部压力降至低压回气压力。

②打开混合气体的进气阀，不得全开，使制冷系统的混合气体进入空气分离器内。

③将空气分离器的供液阀微开，使氨液进入空气分离器内，冷却

混合气体。供液阀开启大小视回气管上的结霜情况而定，一般掌握在回气管结霜1～2 mm。供液过多易引起压缩机液击。

④当用手摸空气分离器有凉的感觉时，将放空气阀接口用橡胶皮管插入一贮水容器中并微开放空气阀。根据水中气泡情况来调整放空气阀的开启度，若气泡在水中上升时由大变小并呈乳白色，则说明放出的气体中含有大量氨气，应关小或关闭放空气阀，停一停再放；若放出气泡仍呈乳白色，则认为空气已放完。

采用四套管式空气分离器，在放空气过程中，混合气体中的氨气被冷凝成液氨就积存到最外一层套管的下部，当结霜达到管子直径一半时，可关闭给放空气器供液的供液阀，其内部冷凝氨液可供冷却混合气体用。

2. 温度控制式自动放空气操作

①混合气体进入空气分离器中，即被盘管冷却，氨气被凝结成液氨，流回贮液器；空气积聚在分离器内，温度逐渐降低，当其达到温度控制器调定的温度时，电磁阀打开放出空气。

②空气放出后，混合气体再次进入空气分离器，空气分离器内温度又逐渐升高，待达到温度调定值时电磁阀关闭，依次重复循环。

③供液的电磁阀与压缩机联动，当系统中有任意一台压缩机运转时电磁阀开启，空气分离器投入工作。电磁阀受温度控制器WK—2控制，对氨制冷剂温度控制器的调定值一般在－5℃以下。

3. 液位控制式自动放空气操作

①当系统中放空气阀未打开时，高压液体通过供液阀和膨胀阀向器内蒸发排管供液，蒸发后的制冷剂气体通过回气阀被压缩机吸回。供液量多少视分离器顶部有霜层为准，然后打开混合气体进入阀，通过空气分离器底部进入，同时把放空气阀打开。

②混合气体进入后，先积聚在一个倒置的浮动罩中，由于混合气体的压力大于液体压力，浮动罩浮起而关闭回液阀。混合气体通过倒置浮动罩顶上的排气孔，进入分离器内，冷却盘管周围的液体制冷

剂。由于蒸发排管的冷却,使混合气体中制冷剂蒸汽冷凝成液体,而空气等不凝性气体呈气泡状上升到分离器的顶部。顶部积聚的空气增多,压力增加,压低了液面,使浮球阀随着浮球下落而打开,空气自动经放空气阀放到水桶内,当设备内空气放完时,液面上升浮球阀关闭,放空气自动停止。

(三)氨制冷系统中的冲霜操作

冷库内的顶排管、墙排管,工作一段时间后,管子的表面必然结有较厚的霜层。由于冰霜的导热系数小,势必影响到蒸发排管的热交换效果,如果排管表面霜层不及时清除,则造成库温下降缓慢,制冷量降低,电能消耗增加,因此必须定期清除排管表面的霜层。

1. 热氨融霜操作

①使排液桶处于准备工作状态,如需将液排入循环贮液桶,应在保证循环贮液桶正常液位的前提下进行。

②关闭调节站上冲霜那组蒸发器的供液阀和回气阀,开启这组蒸发器的排液阀及进入排液桶的进液阀。

③缓慢开启热氨阀,注意使排管压力不超过 0.8 MPa,在冲霜进行中当排液桶内液位达到 80%时应中止冲霜,进行排液桶排液操作,待排液后再重新开始冲霜操作。

④冲霜完毕后,阀门恢复正常,在开启回气阀时一定要缓慢,注意压力变化防止出现“湿冲程”。当回气阀开满后恢复正常工作。

2. 水冲霜操作

水冲霜是用水作热源,去除翅片管或其他蒸发表面霜层的操作。水冲霜适用于采用冷风机、平板速冻机、各种形式的速冻机等带有冲霜收水装置的设备,冷藏库中的顶排管、墙排管或搁架式盘管架不能用水融霜。

水融霜时应注意:

①使用水冲霜前,先要关闭该设备的供液阀

②回气阀在冲霜进行时严禁关闭。

③冲霜进行中，随时注意蒸发器内压力变化情况，压力不得超过0.6 MPa，当超过时应采取措施降低其压力以保证安全。

④水冲霜结束后应将给水管内水放净，以免冻结成冰，堵塞管道。

⑤冲霜结束后，配有风机的冲霜设备在恢复正常工作之前，应先启动风机将蒸发器表面的水吹干后，再开启供液阀恢复正常工作。

五、氟利昂制冷设备操作

（一）氟利昂制冷压缩机开机前的准备

除与氨制冷压缩机开机前准备相同外，氟利昂制冷压缩机还要检查：

①如冷凝器为水冷却时，要开水阀供水。采用风冷式冷凝器时要开风机。

②检查温度继电器、低压继电器、高压继电器、油压差继电器，装有电磁阀的系统还要注意查看电磁阀等部件是否正常。

（二）开启式氟利昂制冷压缩机的开机操作

①盘动制冷压缩机的联轴器2～3圈，检查一下机车转动是否灵活。

②开启氟利昂制冷压缩机的排气阀、吸气阀和其他有关阀门。

③启动制冷压缩机，监听压缩机的运转声音是否正常，如无杂音，即可正常运行。

④人工操作膨胀阀时，应根据实际需要确定开启大小。当系统中采用热力膨胀阀时，开机后自动开启。

（三）开启式氟利昂制冷压缩机的停机操作

①关闭贮液器或冷凝器的出液阀，使制冷剂进入贮液器或冷凝器后不再流入蒸发器。

②待压缩机的吸气压力降低至“0”MPa时，切断电源，使压缩机

停止运转。

③15 min 后关闭冷凝器、机车汽缸和油冷却器的冷却水供水阀。

④冬季为防冻，长期停机应将上述设备内的水放净，防止发生冻裂事故。

（四）氟利昂制冷压缩机的加油操作

氟利昂制冷压缩机在正常运行中的耗油量比较少，润滑油附着在高压蒸汽中被带走，在油分离器中被分离出来，集积润滑油，当油面达到预定高度时，即可通过自动回油装置自动回到压缩机曲轴箱中。

在无回油装置的小型氟利昂制冷系统中，油随氟利昂制冷剂周转全部系统，随后被低压蒸汽带回压缩机。

开启式氟利昂制冷压缩机与氨制冷压缩机相同，从压缩机三通阀加油。

其他压缩机可以从曲轴箱加油孔加油，开机前加油，拧开加油孔丝堵，将准备加油的漏斗或加油管管头插入孔内，向曲轴箱加油，到达要求的油面线为止。将加油孔丝堵拧好。

加油结束后，打开排空阀（或多用通道的通气口），启动压缩机，将曲轴箱压力降至真空时，关闭排空阀，停止压缩机运转。

（五）氟利昂制冷系统的放空气操作

因为空气的密度小于氟利昂的密度，所以空气一般总是处于冷凝器、贮液器的上部，放空气时可按下述步骤操作：

①关闭冷凝器或贮液器的出液阀，使压缩机继续运转，把系统中的制冷剂和混合气都积聚在冷凝器或贮液器内，冷凝器的冷却水（或冷风机）不停，尽量使制冷剂充分冷凝。待低压系统达到真空状态时，停止压缩机运转。

②停止运转 1 h 左右，拧松压缩机排出阀的旁通孔丝堵（旋塞）。

将多用通道式阀门的排气阀关闭半圈左右，使系统的气流从旁通孔逸出，用手触摸放出的气体，如果感觉排出的气体比较热即为空气，当排出气体感觉有点凉时，即应拧紧丝堵，停止放空气。

③启动压缩机运行，观察压力表指针是否剧烈跳动，冷凝压力和排气压力是否超过正常压力值。否则还应按上述方法重新进行放空气操作。

第二节　螺杆式制冷设备安全操作

一、开机前的准备

①查看运行记录或维修记录，了解制冷压缩机的情况，确认压缩机无故障。

②检查压缩机四周是否有杂物，安全防护装置是否完好。

③检查压缩机转子转动是否灵活，有无卡阻现象。

④检查各自动保护装置调定值是否正常。高压压力值应高于机组正常运行的压力值，低压压力值应低于机组正常运行的压力值；油压差继电器的调定值为0.1 MPa，使其能控制当油压与高压的压差低于该值时能自动停机；油精过滤器前后压差继电器调定值为0.1 MPa，使机组油过滤器前后压差大于该值时自动停机；油温控制器的调定值应为65℃。

⑤检查各开关装置是否在正常位置，检查电源是否符合启动压缩机的要求。

⑥检查油位是否符合要求，油位应保持在油视镜的1/2～2/3处。

⑦检查系统中所有阀门所处的状态，吸气截止阀、加油阀、制冷剂注入阀、放空气阀、旁通阀应关闭；其他油、气循环管道上阀门都应开启，特别注意压缩机排气口至冷凝器之间管路上的所有阀门都必

须开启，油路系统必须畅通、油泵正常工作。

⑧检查冷却水、冷媒水路是否畅通，且调节水阀、水泵应能正常工作。

⑨检查滑阀是否在0%的位置。

⑩观察高低压情况，应处于均压状态。

二、开机安全操作

（一）第一次启动

①打开冷却水和冷媒水系统，使其正常循环，冷凝器、蒸发器处于正常状态。然后启动油泵，使油路循环几分钟停止油泵。对压缩机进行手动盘车，应转动灵活。

②合上电源控制开关，检查各控制灯指示是否正确。

③启动油泵、调节油压，使之达到0.5～0.6 MPa，将四通阀转到增载、停止和减载的位置，看能量显示是否相应变化。

④将四通阀手柄转到减载位置，滑阀退到零位，启动压缩机，缓慢开启吸气截止阀。对于氟利昂螺杆式制冷压缩机组，若油温低于30℃，则启动电加热器，使油温升至30℃以上，关闭电加热器，然后再启动压缩机。

⑤观察并再次调节油压，使之高于排气压力0.15～0.3 MPa。

⑥分数次增载，并相应调节供液阀，观察吸气压力、排气压力、油温、油压、油位及机组是否有异常声音，若一切正常可增载到满负荷运行。

⑦初次运行时间不宜过长。

（二）正常开车

①启动冷却水和冷媒水泵，使水路正常循环。

②再次检查排气截止阀、油过滤器前后阀、表阀是否已开启。

③打开电源控制开关，检查电压、控制灯是否正常。

④氟利昂压缩机油温低于30℃时，启动油加热器，此时油冷却

器中冷却水阀应处于关闭状态；当油温超过 40℃时，可打开水阀。

⑤启动油泵，检查油压是否正常。

⑥将四通阀手柄放到减载位置，同时检查能量指示是否在零位。

⑦启动压缩机，待正常运行灯亮后，缓慢开启吸气阀，观察油压是否高于排气压力 0.15～0.3 MPa。

⑧分数次增载并相应开启供液阀，注意观察吸气压力，观察机组其他运行参数是否正常。若正常可继续加载至所需能量位置，然后将四通阀手柄移到停止位置，机组正常运行。

⑨系统正常运行时，应注意观察并定时记录吸气压力、排气压力、吸气温度、排气温度、油温、油压、油位、电压、电流值。

三、停机安全操作

①关闭供液阀，将能量调节手柄转到减载位置，关小吸气阀。

②待滑阀回到 40%～50%位置以下且蒸发器中的压力下降到一定值时，按下主机停机按钮停止主机运转后，关闭吸气阀。

③待减载到零位后，停止油泵工作，可同时关闭油冷却器供水阀。

④冷却水泵和冷媒水泵再运行 15～20 min 后，可停止运行。

⑤切断机组电源。

⑥冬季停机后放掉冷凝器和油冷却器中的水，以防冻裂。

⑦做好停车记录。

四、安全注意事项

①制冷压缩机油泵启动后，10～15 s 之内应达到规定的油压；机组正常投入运行后，油压应高于排气压力 0.15～0.3 MPa，若低于 0.1 MPa，应调节油压或停机检修。

②随时调节油冷却器的冷却水量，保证供油温度在规定范围内，最好在 35～45℃之间。

③注意压缩机各部位的温度和声音，若有异常声音和温度的剧烈变化，应立即停止运行。

④调节能量，使制冷量与负荷相适应。

⑤为了使螺杆压缩机能长期经济运转，必须调节压缩机的容积比，使排气压力接近或等于冷凝压力。

⑥随时注意出水温度，防止冻裂蒸发器。

⑦经常清洗油两级过滤器，若精滤器油压差大于1个大气压，则应停机清洗精滤器。

⑧加载时应缓慢加载，并应与供液相适应，防止吸气压力保护停车或油冷却器中制冷剂过多。

⑨值班人员应做好运行记录。

⑩冬季停机后，应放净冷却水、冷媒水，以防冻裂设备。

第三节　离心式制冷设备安全操作

一、开机前的准备

①首先查看运行和维修记录，了解机组运行和维修情况，如有故障，应排除后才能使用。

②检查电源情况，并检查各控制元件的参数是否正确，各指示灯显示是否正确。

③观察压缩机油系统的油面，应符合启动要求，不足则应补充。

④注意油温，当油温低于启动压缩机要求温度时，应启动加热装置。

⑤运转抽气回收装置5～10 min，排除不凝性气体。

⑥检查导流叶片，其动作应灵活，启动压缩机前导流叶片应处于关闭状态。

⑦启动油泵、检查并调整各处油压、油温和流量，并检查控制盘

上的指示灯是否正常。

⑧启动冷却水、冷媒水泵，检查水压、流量和温度并应符合启动要求。

二、开机安全操作

①再次检查油系统、冷却水、冷媒水系统和电控显示是否正常，导叶应处于关闭位置。

②启动压缩机电机，注意电流指针的摆动，监听压缩机运转是否有异常。

③观察增速器油压上升情况和油压，并观察电机、润滑油、油冷却系统是否运行正常。

④在压缩机电机达到正常转速前，导流叶片应一直处于关闭状态。转速正常后，缓慢打开导流叶片。

⑤加负荷时，应注意电流数值不超过规定要求。同时观察冷冻水温度，当达到设定温度时，导叶由手动改为温度自动控制。

⑥调节冷却水量(或制冷剂供液阀)保持油温和电机温度在规定范围内，使机组正常运行。

三、巡检记录

机组在正常运行中，操作人员应定时检查、调整并记录下列参数：

①维持轴承温度在规定值以下。

②维持油压、油温、油面在规定范围内。

③检查冷却水温度，判断冷凝压力，并保持冷凝压力在规定范围内。

④检查冷冻水温度，以防冻裂蒸发器。

⑤注意压缩机的排气温度应低于规定值。

⑥注意轴封和轴承的漏油情况及压缩机的振动、噪音及温度变化，若局部有温度剧变或异常声音应立即停机检查。

⑦注意主电动机电流、电压是否正常，并注意电机温度是否在规定值以内。

四、停机安全操作

①切断电动机电源，停电动机和压缩机。

②电动机停止的同时，压缩机导叶应自动关闭，若无动作，应手动关闭。

③关闭油系统中的回气阀，待主机完全停止运转后，再停油泵。

④冷却水、冷媒水再循环 10～15 min 后，停止冷却水泵和冷媒水泵。

⑤切断所有电源。

五、安全注意事项

①压缩机启动后 10～15 s 以内，油压必须达到规定值；随时调整油冷却器的冷却水量或制冷剂流量，保持油温在规定的范围内。

②机组在运行中，应始终保持油位在规定范围内，若有异常应立即调整。

③保证轴承温度、电动机温度、机壳温度在规定值以内。

④确保齿轮增速机构充分的润滑和供油。

⑤及时调节能量，使制冷量与负荷相适应，防止冻裂蒸发器。

⑥及时排放不凝性气体，保证排气压力在正常范围内。

⑦压缩机的进口导流叶片的开启度，一般应在 40%以上（有的可在 10%以上，可按使用机器说明书的规定），以防喘振，一旦发生喘振应立即采取措施以免发生事故。

⑧压缩机在 1 h 之内启动不超过 2 次，最好每日不超过 8 次。

⑨冬季停机后应放净机组中的水，以防机组冻裂。

⑩机组停机期间，若切断油加热器的电源，则在启动前应提前进行油加热。

六、离心式制冷系统的放空气操作

在空调机组中，离心式压缩机进口处于真空状态，当机组运行、检修或停车时，不可避免地有空气渗入机组内部，使冷凝压力升高，制冷量下降，耗功增加，甚至使主机停车。排除不凝性气方法如下：

①利用小型活塞式压缩机把积存于冷凝器顶部的不凝性气体和制冷剂蒸汽的混合气体通过回收冷凝器把其中制冷剂液化回收后，再把不凝性气体排出机外。

②不凝性气体和制冷剂的混合气体，从冷凝器顶部进入回收冷凝器，被来自经蒸发器过冷的冷凝器制冷剂的液体，在回收冷凝器双层盘管中冷却，混合气体中气体制冷剂液化，利用冷凝器和蒸发器的压力差回收到蒸发器中，不凝性气体通过阀排至大气。

③在润滑系统中设高位油箱，它除了应付紧急停车时的润滑外，还可将油通过三通阀从底部进入回收冷凝器，来自冷凝器的混合气体在回收冷凝器中被冷却盘管中制冷剂冷却，其中制冷剂气体被液化，溶入油中，不凝性气体在油面上被油压缩，压力升高使排气电磁阀打开经单向阀排入大气。当油面上升至限定高度后，三通电磁阀动作，切断油源，油面下降，油回到机壳油槽中。当油面下降到下限高度时，电磁阀再次动作，重复进行排气。

第四节　泵、冷风机、冷却塔安全操作

一、循环泵安全操作

（一）氨泵的操作

1. 开泵

①了解停泵原因，如因事故停泵，应经修复后方可启动。

②检查氨泵各运转部分有无障碍物，联轴器转动是否灵活。

③检查氨泵注油器和电机轴承是否有足够的润滑油。

④开启氨泵抽气阀，降低泵内压力。

⑤开启氨泵进液阀，使泵内充满氨液，然后开启氨泵出液阀。

⑥启动氨泵，注意是否上液，待电流和压力表指针正常后，关闭抽气阀，投入正常运行。

2. 停泵

①关闭循环贮液器的供液阀和氨泵的进液阀。

②切断氨泵电源。

③关闭出液阀，开启抽气阀，待氨泵压力降低后再关闭抽气阀。

3. 氨泵的加油操作

①氨泵轴承两端油杯的油量，应每周检查一次，初运转 8 h 内，须经常检查油量。

②氨泵加油时，需要停止工作并降低压力，关闭油杯的针阀，切断油杯与轴承的输油通路，然后开启加油口螺盖加油。

③当油杯内加满润滑油后，旋紧加油口螺盖，开启油杯针阀，即可使用。

4. 氨泵正常运转的标志

①氨泵出口压力应为 0.15～0.25 MPa，压力表指针应稳定，电流应在额定电流以内，氨泵声音比较沉重。

②氨泵密封器如温度过高，应调整压盖螺母的松紧度；密封器如漏氨过多，应停泵查明原因并消除。

③齿轮氨泵、屏蔽氨泵与离心氨泵均由氨液冷却，所以开泵后如不上液应立即停泵，以免烧坏轴承，屏蔽泵应注意电机旋转方向，要求与泵的旋转方向一致。

5. 操作注意事项

①正常运转时，压力表指针应稳定，电流不超过规定值，压力值应达到规程规定值。

②如果压力和电流下降，指针摆动不定，氨泵发出无负荷声音，

说明供液不良或空转，应排除。

③氨泵的密封性应保持良好。

（二）水泵和盐水泵的操作

1. 启动前的准备

①检查各处螺栓的连接完好程度。

②检查轴承润滑油是否充足、干净。

③检查配电设备及电源情况。

④检查盘动水泵是否运转灵活。

2. 开泵

①打开水泵吸水管的放气阀，放出吸水管和泵内的气体。检查吸水管和泵体内的水或盐水是否充足。

②检查吸水管和排水管的阀门，吸水阀应处于开启状态，排水阀应处于关闭状态。

③启动水泵，注意电流负荷，不得超过极限电流。启动电机的同时，迅速打开泵的排出阀。

3. 运行中应注意的问题

①检查各仪表是否正常、稳定。

②水或盐水的流量是否正常。

③检查泵的填料盒是否发热，滴水是否正常。

④检查泵与电动机的轴承和机壳温度，轴承温度一般不超过35℃，最高不超过75℃。

4. 停泵

①关闭水泵排水阀，实行闭闸停车。

②切断电源，当电动机停止运转后，关闭吸水阀。

③做好记录。

④冬季停泵后，应放净积水。

二、冷风机安全操作

冷风机是由冷却设备和鼓风机组成的热交换设备，因而其操作管理包括鼓风机操作和整机操作两部分。

（一）鼓风机的启动和准备工作

①检查鼓风机与电动机的连接螺栓是否松动。

②联轴器的螺栓是否松动，垫圈是否完整，用手拨动时叶轮与壳体是否有摩擦，有无过重和卡死现象。

③新购的鼓风机若用于低温，则应改用低温润滑油。应检查风量和风压，不合格的不能投入运行。

④检查鼓风机的润滑油。

（二）冷风机的操作

①启动冷风机时应先开回气阀或回盐水阀，再开供液阀或供盐水阀。

②启动湿式冷风机时应注意盐水比重、盐水供水量、分布是否均匀等情况，以防盐水溢出或冻结。

③设有风道及出风阀的冷风系统，应调节阀门使空气在室内有均匀流速。

④干式冷风机冷却排管上凝结的霜层不应太厚，应及时或定时冲霜。

冷风机启动后如出现下列情况应停车：

①风机不转或转动速度较慢。

②风机或电机运转声音不正常。

③电动机过热，出现焦煳味或冒烟。

④电动机轴承过热。

三、冷却塔安全操作

(一)运转前的检查

①检查布水器喷头是否堵塞,喷水方向是否正确。

②淋水装置有否损坏,集水槽和集水池是否清洁。

③进风百叶口是否畅通,电机的转向是否正确。

④集水池内水位应达到最高标高,所有管路均应充满水。

⑤冷却塔内填料是否良好。

⑥管路中的阀门开与关是否符合要求。

(二)运转中的管理

①要确保淋水装置洁净完整,及时清除管道、喷头和喷嘴的结垢、脏污及杂物,以确保冷却水量。

②注意配水装置的配水均匀性,发现问题及时调整。

③通风设备的油位正常,轴承温度应小于35℃,风机运行应平稳,振动小。

④定期清洗集水池和集水盘,清刷过滤栅网,严防堵塞,影响冷却水循环量;定期进行水质检验,及时对水进行处理。

⑤注意冷却塔各种钢结构和水管的防锈和防腐蚀。

第五节　制冷设备与系统正常运转标志

一、制冷系统的正常运转标志

(一)氨制冷系统正常运转的标志

①系统运行中的冷凝压力应小于1.5 MPa,冷凝器的冷凝温度比冷却水出水温度高3～5℃,冷却水的进水、出水温度应满足冷凝压力相对应的饱和温度。

②蒸发温度应满足用冷要求，其数值应根据冷媒介质和蒸发器的结构来确定。一般情况下沉浸式蒸发器，蒸发温度比用冷温度低5℃左右；冷却排管的蒸发温度比用冷温度低10～12℃；冷风机送冷，蒸发温度低于用冷温度8～10℃；搁架盘管，蒸发温度应低于用冷温度12～15℃。

③压缩机的吸气温度应高于蒸发温度5～10℃，且与蒸发压力相适应。

④氨泵供液应达到规定的压力和流量，而且应供液均匀；重力供液应使循环桶或氨液分离器具有一定的高度，且其液面不低于40%；手动供液和浮球供液应保证正常的蒸发量。

⑤制冷系统应满足合理的压缩比，其单级压缩比一般控制在8以内。

⑥选择并保持合理的中间压力，不得过高或过低。

⑦贮液器、循环桶、中间冷却器、氨液分离器等容器的液面应在规定范围内。

（二）氟利昂制冷系统正常运转标志

①冷凝压力应控制在所用制冷剂规定的最高冷凝压力范围内，冷却水或风机的参数应满足规定值。

②蒸发温度依据用冷条件和用冷温度及蒸发器的结构形式的不同来确定。一般情况下，冷水机组或盐水机组取比用冷温度（送水温度）低4～6℃的蒸发温度；冷风机取比用冷温度低6～8℃的蒸发温度；冷却排管取比用冷温度低8～10℃的蒸发温度。

③压缩机的吸气温度一般比蒸发温度高5～15℃。

④热力膨胀阀应正常工作，保证供液。

⑤单级压缩比、冷凝压力和蒸发压力的最大压差应在压缩机的限定工作条件规定值之内。

⑥贮液容器的液位应满足规定，并保证系统供液量。

⑦冷风机单独用水冲霜时，严禁压缩机和风机同时工作。

二、活塞式制冷压缩机的正常运转标志

1. 润滑系统

①单视孔的活塞式制冷压缩机，其油位应保持在视孔的 1/3～2/3 之间。双视孔的压缩机，其油位应保持在下视孔的 2/3 到上视孔的 1/2 范围之间。

②油压应比吸气压力高 0.15～0.3 MPa。若油压过高或过低，应停机检查。

③油温应在 45～60℃之间，最高不宜超过 70℃，其最低油温不宜小于 5℃。

④氨压缩机的轴封应密封性能良好，漏油每分钟不超过 2～3 滴，且没有漏氨现象；开启式氟利昂压缩机不应有滴油情况。

2. 部件温度

①压缩机机体不应有局部发热现象，安全阀连接管也不应有热现象。

②轴承温度不应过高，一般为 35～60℃。

③轴封温度不应超过 70℃。

④油冷却器和活塞缸套的冷却水进、出水温差为 5～10℃。

3. 机器运转的声音

①汽缸中应无任何敲击声及其他异常声音。

②曲轴箱中应无敲击声和异常声音。

③机器与电机联轴器不能有松动和敲击声，若出现异常声音，应立即停机检修和调整。

④整体机组在运行中应无较大振动。

4. 运行工况

①氨压缩机的吸气温度高于蒸发温度 5～10℃，氟利昂系统最高不超过 15℃。

②压缩机的排气温度，氨、氟利昂 22 制冷系统一般不超

过 150℃。

③氨系统压缩比不大于 8;氟系统一般不大于 10。

④排气压力应满足正常冷凝所需压力,但不许超过压缩机排气压力限定值。

⑤压缩机运行中排气压力与吸气压力之差,应满足限定条件之规定。

三、螺杆式制冷压缩机的正常运转标志

螺杆式制冷压缩机的正常运转标志见表 6-1 和表 6-2。

表 6-1　单级制冷压缩机正常的运转标志

主要参数	R22
排气压力 10^5(Pa)	10.8～14.7(表压)
排气温度(℃)	45～90
油压 10^5(Pa)	排压 1.96～2.94(表压)
供油温度(℃)	35～45

表 6-2　两级制冷压缩机正常的运转标志

主要参数	R22		R717	
	单机高压级	低压级	单机高压级	低压级
排气压力 10^5(Pa)	8.82～14.7	0.49～5.88	8.82～14.7	0.49～5.88
吸气压力 10^5(Pa)	0～4.9	0～5.88	0～4.4	0～4.4
油压 10^5(Pa)	1.96～2.94	1.96～2.94	1.96～2.94	1.96～2.94
排气温度(℃)	45～90	35～70	50～90	40～70
吸气温度(℃)	−40～15	−40～15	−40～15	−40～15
供油温度(℃)	35～55	30～55	20～50	20～15
开启式压缩机油泵轴封泄漏	6 滴/min		6 滴/min	

四、离心式制冷压缩机的正常运转标志

1. 润滑系统

①油压。离心式制冷压缩机的油压系统为一独立系统，由于其转速比较高，油压要求比较稳定。一般情况下，油压值为 23～27 kPa，具体压力值应满足压缩机的要求。

②油温。油温应控制在 32～50℃，具体温度以产品说明书要求为准。

③油位。油位应在规定的范围内，一般应在上视镜的中间位置。

④离心压缩机不允许有漏油现象发生。

2. 部件温度

①压缩机的电机、压缩机本身不允许有局部过热的现象。

②轴承温度和增速器的温度不应过高，一般控制在 60℃以内。

③电动机的温度应在规定范围内。

3. 机器运转的声音

①制冷压缩机在运行中应无异常声音。

②电动机、增速机构在运行中应无异常声音。

③油泵系统应无异常声音。

五、设备正常运转标志

①冷凝器的冷凝压力不应过高，不得超过限定值；其供水量应满足设计要求，水质良好，且分水均匀；冷却水进、出水温差一般立式为 1.5～3℃，卧式壳管式为 4～6℃；有贮液功能的卧式壳管式冷凝器，其液位应在 1/3～1/2 高度。

②高压贮液桶的液面，应相对稳定，液面最低不低于其容积的 30%，最高不高于其容积的 80%。

③蒸发器或冷却排管的表面应结霜均匀，或有凝结水。

④正常工作的电磁阀、干燥过滤器和过滤器不应有结霜现象。

节流阀(膨胀阀)内制冷剂流速正常,调节机构灵活,高低压侧有明显的温差。

⑤各控制和保护元件动作应灵敏可靠,其调定值应正确无误,安全阀上的截止阀应处于常开状态。压力表的指针动作应稳定和均匀,不应剧烈抖动。

⑥具有贮液和气液分离的设备,如低压循环桶、中间冷却器、氨液分离器、排液桶等,其液面应控制在其容积的30%~70%之间。

⑦各传热设备如冷凝器、蒸发器、回热器、中间冷却器的传热效果应满足设计要求。

⑧氟利昂油分离器有自动回油控制装置的,其与曲轴箱连接的回油管应有周期的冷热变化规律。

⑨氨泵的供液压力应满足设定值。

⑩冷却水泵、冷媒水泵的排出压力应达到使用要求;冷却塔的冷却能力和温差应满足冷凝的要求。

第六节　吸收式制冷机组安全操作

一、蒸气型溴化锂吸收式制冷机组安全操作

(一)开机前的准备

①运转中机房应做到整洁并及时清除地面积水和油污,保持通道畅通。

②开机前首先要检查制冷机组的真空度是否符合要求,如未达到要求时,则应采取排气措施(用真空泵抽真空或利用机组自动排气装置)使机组达到所需的真空度标准,并保持真空度的稳定。

③检查电控装置,确认电控柜控制旋钮在正确的位置上,并落实供电,确认供电电压符合要求。

④检查冷媒水系统充水情况,闭式冷媒水系统要提前充满冷媒

水，并相应做好排气；开式冷媒水供回水系统要检查冷媒水贮水池，水位达到要求。

⑤有冷却水贮水池的系统，要使冷却水池水位达到使用要求。

⑥检查冷媒水及冷却水的补水阀门（包括自动或手动），阀门应启闭正常，有水可补。

⑦落实供汽，检查供汽压力、温度，应符合运转要求，并徐徐排净供汽管道中的蒸汽凝结水。

⑧检查机组各部温度计、安全装置和仪表，要齐全有效。

⑨测试屏蔽电机、水泵电机的阻值。

⑩检查真空泵油位，使其保持在油位视镜的中心标志上。

（二）开机的安全操作

①启动发生泵使机组中溶液循环，并调整高、低压发生器液位在规定的位置上，开机时高压发生器的液面不得过高，以避免开机供汽时容易造成冷剂水的污染；低压发生器的液面也不得过高，以避免吸收器液面过低，造成发生泵运转失常，严重时会造成发生泵继续吸空。启动发生泵后还应观察发生泵的电流大小是否正常，泵出口压力是否正常。

②启动冷媒水泵、冷却水泵时应检查泵的出口压力值、阀门的开启度、电机电流的大小、压力表指针是否稳定、系统水循环是否正常、有无漏水、跑水、串水的问题。

③开机时要特别注意冷却水的温度，如冷却水温接近 25℃（应掌握在 25℃以上）时，则应先不启动冷却塔风机并酌情减小冷却水流量，以避免因冷却水温过低而造成机组溶液结晶。带有自动防结晶装置的机组，冷却水温可低于 25℃（按机组产品说明书规定），当冷却水温在 25℃以上时，再启动冷却塔风机。

④向机组开始供汽时，要徐徐进行，不能初始时供气过猛，并随着供汽量的增加随时调整好高、低压发生器的液面，使液面稳定在正常位置上。随时检查蒸汽的压力和温度是否在要求的范围内。

⑤手动启动蒸发泵前要先检查冷剂水水囊的水位，冷剂水的颜色是否清澈透明、无微黄色，启动蒸发泵后要及时根据冷剂水产生量随时调整蒸发泵出口调节阀门的开度大小。

（三）运转中的安全操作

①在运转中要经常检查主机、附机各部位的压力、温度、电机电流，高、低压发生器溶液液位及冷剂水水囊的水位高低。定时巡回检查冷却水泵、冷媒水泵以及冷却塔的运转状况。

②随时检查机组的各部压力、温度和液位，尤其是蒸发压力与蒸发温度、冷剂水水囊水位高低、高压发生器、低压发生器、吸收器液面、高压发生器的压力与温度、发生泵出口稀溶液温度、热交换器浓溶液进出口温度、冷媒水出口温度等。

③在运转中应每隔两小时填写一次机组运转记录，记录数据要准确无误，按运转记录表逐项填写，停机后运转记录表要完善保存。

④要经常检查冷剂水的喷淋温度和观察冷剂水的颜色，并根据具体情况（必要时对冷剂水比重进行测试）对冷剂水进行再生。

⑤运转中如遇突然停电、断水（冷却水、冷媒水）应及时停止供汽，冷媒水断水时还应及时打开冷媒水紧急放水阀排掉蒸发器管内的积水，以防冻裂蒸发器传热管。

⑥供汽压力应按规定值，严防超压供汽、超温供汽（过热度最好控制在10℃以内，以不超过30℃为限）。

⑦在负荷较小的情况下运转时（即冷媒水回水温度低于规定值时）要控制蒸汽供应量，防止因冷冻水出口温度过低而造成设备事故。

⑧当蒸汽量供应减小时，要及时调整好冷剂泵出口阀门的开启度，以防冷剂水产生量减小，而造成蒸发泵吸空现象的发生。当蒸汽量的供应增大或减小时都应相应调整好溶液循环量。

⑨运转中如出现真空度不断下降或溶液液面升高，抽样检测溶液发现溶液浓度下降时，要鉴别原因及时排除故障。

⑩运转中遇安全装置或报警装置动作时应按规定查找动作原因(带有电脑自动显示的按显示指令)及时排除故障。

(四)水泵运转状态

各泵运转状态应符合下列标准：

①泵体无振动,运转平稳；

②盘根滴水每分钟40～60滴；

③盘根套部位温度不超过40℃；

④轴承温升不超过45℃；

⑤电机温升可以比室温高20℃左右；

⑥电机电流不超过允许电流的85%。

(五)正常运转标志

1. 工作蒸汽

①蒸汽压力应在规定的范围内,蒸汽温度不超过相应蒸汽压力饱和温度的30℃以内。

②满负荷运转时蒸汽凝结水温度在90℃以下,且冷却水、冷媒水进出口压差和温差应达到设备技术文件规定。

2. 机组

①冷却水进口温度不低于25℃(带有自动防结晶装置的机组除外)不高于32℃为宜。

②冷剂水比重小于1.04。

③冷媒水出口温度不低于5℃。

④吸收器损失小于1℃。

⑤高压发生器、低压发生器、吸收器溶液液位和冷剂水水囊的水位都应在规定的位置上。

⑥系统稀溶液、中间溶液、浓溶液的浓度应达到技术文件标准。溶液的pH值在9.5～10.5之间,缓蚀剂铬酸锂含量一般在0.2%～0.3%之间。

⑦发生泵、冷剂泵工作稳定；电机电流、泵的出口压力值符合技术要求；电机温升合格，运转声正常。

⑧系统内压力值应始终保持在当时条件下溶液饱和压力值。

⑨各种仪表指示正确，安全保护装置灵敏可靠。

(六)停机安全操作

①需停机时首先关闭供汽截止阀，停止向高压发生器供汽，如有要求在停气前还应提前通知供汽部门。

②停气的稀释运转中，打开冷剂水再生阀门将冷剂水旁通到吸收器溶液中，向吸收器排放冷剂水时应盯住冷剂水位，一旦到达低位时应立即关闭冷剂泵，待冷剂水水囊水位再次升高时可再次排放。重复操作，到冷剂水位在视镜中心线上不再上升为止。

③停气后发生泵、冷却水泵、冷媒水泵继续运转一段时间(视停气前机组运转负荷状况而定，大约 20～30 min)，使稀溶液与浓溶液充分混合，直至高发出口溶液的温度低于 60℃ 时则可完成停机操作。

④停机后要切断主机与附机的电源，复查蒸汽阀门的关闭状况。

(七)抽真空安全操作(机组排气)

①用真空泵抽真空时，首先按要求调整好吸收器的液面高度。

②确定真空泵的旋转方向无误。使用带有冷却水套的真空泵，真空泵启动前要打开冷却水阀门。

③启动真空泵时，先点动真空泵将真空泵缸体的油提到上方油箱中，再正式启动真空泵，确认电磁阀动作无误。

④真空泵启动后要先打开靠近真空泵的阀门，然后再逐次打开通向主机的阀门；停止抽真空前要先关闭靠近主机的阀门，然后逐次关到靠近真空泵的阀门，抽真空系统的阀门全部关闭后再停止真空泵运转。

⑤带有贮气室的抽真空系统，启动真空泵后要先抽贮气室，然后

再打开通向主机的阀门。

⑥设备运转中抽真空时，最好暂停蒸发泵运转。

⑦真空泵油乳化时要打开镇气阀进行镇气；必须时要及时更换新真空泵油，换新油时要将旧油及油中混水排净。

⑧冷剂分离器可使不凝性气体与冷剂蒸汽进行分离，可防止真空泵油乳化，从而改善抽气效果，故应保证冷剂分离器内冷却盘管内冷媒水或冷剂水畅通无阻，溶液喷嘴喷淋正常。

⑨带有自动抽气装置的机组排气时应按自动抽气装置的设计结构特点，依据该机组的说明书进行操作。一般排气时应先关闭抽气管路和回液管路上的阀门，利用溶液不断进入引射器，使贮气室内气体被压缩，当压力大于大气压力时，才可打开排气隔膜阀进行排气，观察排气透明胶管中溶液已不夹带气泡时，则可停止排气操作。

（八）溶液充注与回收安全操作

1. 准备工作

①确认机组无漏气。

②无论是溶液桶充灌还是贮液罐充灌均应将所使用的连通胶管、容器等工具清洗干净。

③充灌前应采取措施将连接胶管内的空气排除，严防因溶液充灌而将空气带入机组内。

④溶液桶充灌时，宜准备一个容器，如瓷缸或搪瓷缸，将溶液倒入缸内，连接胶管排出空气（胶管内充入蒸馏水或溶液），然后一端接溶液充注阀，另一端插入盛满溶液的缸内，胶管的吸入口应设过滤装置，并应衬以重物防止胶管自缸内滑出，吸入口距缸底距离以100 mm为宜，防止缸内的沉积杂物吸入机内。

⑤市售溴化锂水溶液的质量分数为50%，一般均已加入0.1%～0.3%的铬酸锂缓蚀剂，pH 值已调至9.5～10.5，可直接使用；如若溶液放置时间过长，应对溶液的质量分数、缓蚀剂的含量以及 pH 值进行测定，充灌前应按要求对溶液进行调整。

⑥新添加的溶液应封存小样以备日后对其质量的分析。

⑦操作中尽力做到不把缓蚀剂溢到地面上，如若溅到地面上应用亚硫酸钠中和处理后，方可用水冲刷。

2. 充注时的注意事项

①充灌吸液操作时要防止吸空。向缸内倒溶液时应停止充灌，防止倒溶液时所产生的空气泡被吸入到机组内。

②按机组要求的规定量充灌完毕后，关闭充注阀，启动溶液泵，观察发生器(高发、低发)、吸收器中的液位和喷淋情况，发生器的液位应处于机组正常运转的液位，吸收器液位视镜应为满液，但其液面应在管排和抽气管的下方，如充灌量少时可继续充灌，如充灌量大时，可启动溶液泵，打开放液阀，将溶液从机组内排出。

③在机组检修时，一般均是将溶液转移至贮液罐内，此时贮液罐应呈真空状态，将氮气充入机组内，使机组呈正压状态，压力在 0.01～0.02 MPa(表压)，然后将连通胶管排除空气后一头连接在机组放液阀上，另一头连接在储液罐的溶液进(出)口阀门上，并注意将连接口处锁紧，此时即可打开机组放液阀，再打开贮液罐进口阀门进行放液，视贮液罐液位高度情况决定终止放液操作。

④当机组检修完毕后需从贮液罐向机组充灌时，则应使机组保持真空状况，向贮液灌充入氮气，使罐内保持 0.01～0.02 MPa 的压力，与放液相同排出连接胶管的空气后，一头连接在机组的进液阀上，另一头连接在贮液罐上的放液阀上，仍应锁紧接口处，再先打开贮液罐的放液阀，再打开机组上的进液阀进行充灌，充灌完毕后先关闭机组进液阀，后关闭贮液罐的放液阀；充灌后也是启动溶液泵观察机组内的溶液量是否符合机组要求。

⑤充液或放液后均应启动真空泵，将机组和贮液罐进行抽真空，使之达到所需的真空度。

⑥溶液充注后应在开机试机时对稀溶液、中间溶液及浓溶液取样测定其质量分数。当溶液泵的扬程较高时，可借助溶液泵的出口

压力，直接在出口处放液阀放液对稀溶液取样；如溶液泵的扬程较低，不足以克服大气压力时，则应用取样器连接在放液阀处，并经抽真空后进行放液。中间溶液、浓溶液的取样，必须用取样器经抽真空后进行取样。

⑦操作中应戴防护镜，防止溶液溅入眼睛。

⑧自机组向贮液罐放液前，必须保证贮液罐内部清洁无污物，真空度达到标准要求，隔膜阀正常无损。

(九)供汽系统安全操作

供汽系统是溴化锂吸收式机组(蒸汽型)的动力系统，机组运行的稳定与否很大程度上取决于供汽的稳定，因此要求供汽系统的附件设置应合理可靠，运转中操作人员应把气压大小的监控作为重点之一。用汽安全要求如下。

①供汽系统中的附件均应完好，符合要求。供汽系统中的滴漏问题要提前做好维修。

②向机组供汽前应将供汽管道的凝结水排净后再向机组供汽，避免开机时发生水击。

③开机供汽必须缓慢升压。

④供汽系统应有稳定蒸汽压力的措施，按机组设备技术要求的标准向机组供汽，严防超压、超温供汽。

⑤在机组负荷较小的情况下运转时(即冷媒水回水温度低于规定值时)，要减少蒸汽的供应量，防止因冷冻水温度过低而造成设备事故(带有自控的机组则自控调节)。

⑥在供汽量减小时，要及时调整冷剂水泵出口阀门的开启度，以防冷剂水供应量减少，而造成蒸发泵吸空现象(自控机组则自动调控)。

⑦当蒸汽量的供应增大或减小时都应相应调整好溶液的循环量(带有溶液泵自动控制机组则自控调节)。

⑧运转中如遇停电或冷媒水、冷却水断水时应及时停气。

⑨停机后应将蒸汽截止阀门关严，并打开阀后凝结水排放阀。

⑩凡遇突然断电、断水或尚未判明原因的故障时均应立即停气。

二、直燃型溴化锂吸收式冷(热)水机组安全操作

直燃型溴化锂吸收式冷（热）水机组（以下简称机组）是以燃油（燃气）为热源、水为制冷剂、溴化锂水溶液为吸收剂，在真空状态下制取冷水（热水）的设备，机组由燃烧器、高压发生器、低压发生器、冷凝器、蒸发器、吸收器和高温换热器、低温换热器等主要部件及抽排气装置、熔晶管、屏蔽泵（溶液泵和冷剂泵）等辅助部分组成。

（一）运行前准备工作

1. 水系统的检查

确认冷（热）水泵、冷却水泵、冷却塔及风机等设备的启停是否正常，检查冷却水系统、冷媒水系统查出漏水现象立即处理。

2. 机组检查

①启停真空泵，检查是否正常；确认机组真空是否合格，如果不合格用真空泵抽气检查直至合格。

②接通电源，确认机组“故障监示”画面上无故障灯亮。

③确认供热溶液阀及供热蒸汽阀开关位置、制冷工况时两阀全关、供热工况时两阀全开。

④在确认冷（热）水泵出口阀门处于关闭位置后，启动冷（热）水泵慢慢打开出口阀门，调整流量至额定值，制冷工况时还需启动冷却水泵，启动冷却塔风机，随后打开机房通风扇、机组燃料进口阀门，并根据所选择的控制方式按下面步骤启停机组。

（二）机组启停操作（以 X 型一体化直燃机为例）

1. 模式选择

①确认主机蒸汽角阀、浓液角阀、稀液角阀全开。

②确认主机冷媒水、冷却水排水阀已关，温水（或卫生热水）排水

阀全开。

③确认系统空调水冷热转换阀至制冷状态，且系统补满水。

④进入“设定” 画面上，按“空调模式”键，根据需要再按 “制冷”或“制热”等键。

2. 开机

按“ON 开机”键，经确认后此键变绿，机组依次启动冷媒水泵、冷却水泵，经自动检测并确认流量均满足要求后，机组开始运行，实现负荷的自动调节和自动安全保护。

3. 停机

按“OFF 稀释停机”键，经确认后燃烧机停火，机组进入稀释停机状态。高压发生器温度逐渐降低，冷媒水温度逐渐升高，达到条件后稀释停机结束，一般需 30～60 min。

(三)运行过程中安全检查内容

为了使机组安全高效地运行，要经常观察机组的运行情况，以便在发现异常现象的先兆时，能迅速得到调整。

1. 液位观察

①经常观察发生器液位，主要是高压发生器液位，液位过高、过低都会给机组带来不利影响，甚至损伤机组。若机组经常出现低液位或高液位，应分析原因。

②观察蒸发器、吸收器液位是否正常，以防止损坏屏蔽泵。

2. 冷媒水出口温度观察

经常观察机组冷媒水出口温度的变化，如果冷媒水出口温度升高，且不是外界条件变化所致而是机组性能下降应查找原因，有可能是机组气密性不良或机内存有不凝性气体、冷剂水污染、机组结晶、溶液辛醇减少、传热管结垢、端盖隔板破裂造成冷媒水短路等原因造成，应仔细分析，查找原因及时处理。

3. 冷却水观察

在机组制冷工况运行时，观察冷却水进口温度，通过启停冷却塔风机及调节冷却水旁通阀，调节机组冷却水出口温度稳定在36～38℃之间；机组在运行中还应观察冷却水的进、出口压差及温差，如有大变化应分析原因并处理。

4. 熔晶管观察

机组制冷工况运行过程中，操作人员应经常检查熔晶管的温度，一般情况熔晶管接触吸收端，手可触及，并可长时间停留，若手可触及但不能长时间停留，则说明有溶液流过熔晶管，应检查原因，若属结晶的前兆，应及早处理，若熔晶管温度较高，表明溶液侧可能结晶应采取熔晶措施。

5. 机组真空情况检查

如机组能经常抽出不凝性气体，应分析检查原因，如未查出，则尽快进行气密性检查。如果机内压力迅速升高，则可能为传热管破裂或机组其他部位发生异常泄漏，应尽快停机，停机后应尽快切断冷媒水、冷却水系统，使冷媒水、冷却水不与机组相通，并进行气密性检查和排除漏点。

6. 燃烧检查

检查燃烧情况、排烟情况、空燃比是否正常，燃烧器启动、停止是否按程序进行，有无异常声音，检查燃料供应及管路情况，如果运转发生异常（如冒烟或火焰有异常响声）应立即停火，检查燃料系统及燃烧器，必须经常检查燃烧安全装置及其动作是否正常，点火电极棒的火花间隙，喷嘴是否堵塞是否有点火冲击及爆炸等，必须经常清扫火焰探测器的紫外线接收面，并检查探测器与监视继电器接线的绝缘情况，必须经常检查燃气截止阀的气密性，防止漏气。

7. 其他检查

①检查屏蔽泵运转声音及电流值，如有异常，应立即分析原因并处理。

②检查真空泵油是否乳化或脏污。

③检查水泵是否振动，电机是否过热。

④每年机组制冷运转头两周，每周应检查一次冷剂水比重。

8. 安全保护装置试验

每年进行一次机组安全保护装置的确认试验，如安全保护失控应及时修复，正常后才能运行。

（四）燃油系统的安全操作

①燃油系统适用于燃用轻柴油，其油的黏度一般在夏季使用 0 号或 10 号轻柴油，冬季使用－20 号或－10 号轻柴油，严禁使用闪点≤40℃的燃油（例如汽油或土法炼制的燃油）。

②当贮油槽高于燃烧器不到 0.5 m 时，应在室内设置日用油箱，用油泵将油抽到日用油箱，日用油箱应高于燃烧器 0.5～15 m。室内日用油箱应采用闭式油箱，且总容积不应超过 1 m^3，并严禁将其设在机组或水平烟道上方；油箱上应设置直通室外的通气管，通气管上设置阻火器和防雨设施，并且油箱上应设置将油排放到室外的紧急排放管，以及设置相应的排油存放设施。排油管上的阀门应设置在安全和便于操作之处，油箱应设油位控制装置和油位高、低位报警装置且应与供油设备连锁，油箱不应采用玻璃管式的油位计。

③油管道上必须安装两级过滤器，随机配有的是两级过滤器，其滤网密度为 100～110 目/寸，用户应在其前方再装一个一级过滤器，其滤网密度为 80 目/寸。过滤网流通面积不应小于管口面积 20 倍，以免油中渣物损坏油泵、电磁阀和喷油嘴，并且应与过滤器并联安装一管道及阀门，以便机组运行时能清理过滤器，过滤器一般一周清洁一次。（燃烧新机组刚开始投入运行时应连续三天清洗所有油过滤器一次。）

④为了防止静电起火，燃油燃气的管道上应有静电接地保护装置，一般可与防雷或电气系统接地保护线相连，不另设静电接地装置。

⑤进、回油管与燃烧器连接时用软管连接，保持足够长度以便燃烧器维修。

⑥油管应优先采用铜管，也可使用钢管焊接，并进行 0.2 MPa 油压检漏试验，确保不漏，施工前应清洁管内锈渣，管内油流速应小于 0.2 m/s。

⑦开机前必须仔细检查机房是否有燃油泄漏现象，确保燃油管道正常。

⑧必须保证机房通风良好。

三、抽真空操作(机组排气)

机组真空状态好坏(指机组内有无不凝性气体)，不仅直接影响到机组的正常工作，而且还影响到机组的使用寿命，为使机组保持良好的真空状态，设有抽气装置，如图 6-1 所示。抽气过程中，取样抽气阀常闭，其他各阀门则根据下述情况进行操作。

抽气分为自动抽气和用真空泵抽气两种方式，机组运行过程中，一般使用自动抽气，当机组内有大量空气或自动抽气不足以抽尽机组内空气时，才使用真空泵抽气。

(一)新机组及检修、保养后的首次开机抽气

当新机组或检修、保养后的机组内充有超过大气压的气体时，应先打开蒸发—吸收器筒体上的次压阀，放出机内气体至机内压力等于大气压后再抽气，此时若机内没有溴化锂溶液和冷剂水，还可通过其他通大气阀门放气。机内有溶液时，严禁通过抽气系统放气。

首次开机抽气，均使用真空泵抽气，先关闭机组所有通大气阀门，打开蒸发器抽气阀、冷凝器抽气阀及真空泵上抽气阀(机组内没有溴化锂溶液时还可打开吸收器抽气阀)，然后启动真空泵再慢慢打开真空泵下抽气阀进行抽气，待真空有所提高后，全开真空泵下抽气阀进行抽气。此时还可慢慢打开吸收器抽气阀，真空泵下抽气阀的开度须由小到大，否则抽气率太高，会使真空泵喷油或真空泵发生故障。

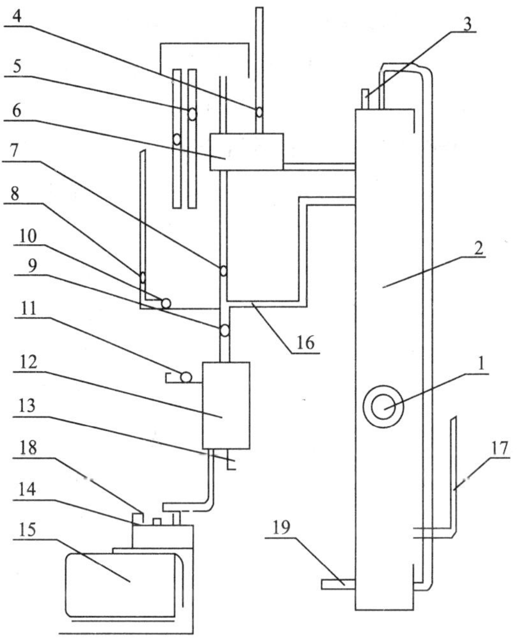

图 6-1 抽气系统

1—视镜 2—储气筒 3—压力传感器 4—冷凝器抽气阀
5—吸收器抽气阀 6—抽气罐 7—真空泵上抽气阀
8—蒸发器抽气阀 9—真空泵下抽气阀 10—测压阀
11—取样抽气阀 12—阻油器 13—放油阀 14—真空泵气镇阀
15—真空泵 16—总排气管 17—回流管
18—排气管(通大气) 19—供液管

非首次开机、机内真空状态很差时,用真空泵抽气也应按上述方法操作。

(二)机组在正常使用期间抽气

吸收器抽气阀与冷凝器抽气阀无论在什么条件下都必须交替开与关,即冷凝器抽气阀关闭时,吸收器抽气阀必须打开;反之,冷凝器抽气阀打开时,吸收器抽气阀必须关闭,机组运行过程中抽气装置能自动将机组内的不凝性气体抽到储气筒内,操作人员只需根据需要打开吸收器或冷凝器抽气阀,即可对相关部位抽气。单独自动抽吸收器时,打开吸收器抽气阀其余阀门全关,单独自动抽冷凝器时,打开冷凝器抽气阀其余阀门全关,不能同时打开吸收器抽气阀和冷凝器抽气阀,否则冷凝器内的空气将流入吸收器。

随着自动抽气的不断进行,储气筒内的不凝性气体越来越多,当储气筒内溶液面下降到储气筒视镜位置时,须启动真空泵,再打开真空泵下抽气阀,将储气筒内空气抽出,此时不能先打开真空泵下抽气阀,以免储气筒内空气回流入机组内。当储气筒内溶液面上升到视镜以上时,关闭真空泵下抽气阀后停真空泵。

用真空泵直接抽机组内不凝性气体时,先启动真空泵预热,后打开真空泵下抽气阀和真空泵上抽气阀,再开关相应阀门进行抽气。抽吸收器时,打开吸收器抽气阀,关闭冷凝器抽气阀;抽冷凝器时,打开冷凝器抽气阀,关闭吸收器抽气阀。停止抽气时,先关真空泵上抽气阀和真空泵下抽气阀,再停真空泵。

(三)注意事项

①机组制冷运行过程中,不得打开蒸发器抽气阀。

②供热工况运行期间,用真空泵抽气,只允许在开机前或停机后机组内温度很低时进行,抽气前应放尽阻油器内的存水。

③抽气时真空泵气镇阀应打开,以防油乳化。注意真空泵油颜色,如果油呈乳白色,表示油已乳化,应及时换油。

四、机组取样操作(冷剂水、溶液)

1. 冷剂水取样、测量

①用真空胶管将取样器与冷剂水取样阀和抽气装置上的取样抽气阀接好,接口处涂抹少量真空脂。

②启动真空泵,打开取样抽气阀,将取样器抽真空 2～3 min。

③打开冷剂水取样阀，冷剂水流入取样器。

④待取样适量后，先关冷剂水取样阀，再关取样抽气阀，最后停真空泵。

⑤将取样器中的冷剂水倒入 250 mL 的量筒中用相对密度为 1.0～1.1 刻度的比重计测量冷剂水的相对密度。

2. 溴化锂溶液的取样

溴化锂溶液的取样分稀溶液和浓溶液取样两种。浓溶液取样方法与冷剂水取样相同，取样位置分别为溶液泵出口侧的加液阀和机组筒体底部分液盒上的浓溶液取样阀，取样时仅需将冷剂水取样阀改为上述两个阀即可。

稀溶液还可以采取正压取样，在机组运行过程中记住稀溶液调节阀开度后，关闭该阀门，打开溶液泵出口处压力表座上的真空隔膜阀(常闭)。如果压力表读数为正($P>0$)则可以采用正压取样，取样时将容器放在加液阀阀口，打开加液阀，自动流入容器中，取样适量后，关闭加液阀及压力表座上的真空隔膜阀，再恢复稀溶液调节阀的开度位置。

第七节　制冷与空调设备安装维修安全操作

一、安装安全操作

(一)安装施工一般安全要求

①安装工作开始前应具有的资料，包括压缩机、辅助设备、阀门、仪表等机器和设备的出厂合格证书、使用说明书、制冷工艺施工图、施工安装说明书和施工计划等。

②参加施工的技术人员和作业人员必须具有制冷与空调施工的专门知识，能熟练阅读施工图纸，了解设计内容与设计要求，以便正确按图施工。

③安装工程施工前，对临时建筑、运输道路、水源、电源、加热设备、压缩空气、照明安全措施、消防设施、主要材料、主要机具和劳动力及对施工质量的检测方法等应有充分准备，并作合理安排，以保证施工的顺利进行。

④机器与设备到货后，应根据安装位置、运输条件安排存放地点，并及时开箱检查，验证全部产品合格证、检验记录、必要的装配图及其他技术文件和使用说明书，核对型号、规格及全部零件、部件、附属材料和专用工具。检查外观形状，做好记录。对暂时不能安装的设备要妥善保管，做好防水、防晒、防锈、防尘等保护措施。

⑤对运输后发现有损伤及存放时间超过两年的受压容器，如油分离器、冷凝器等，必须先做强度试验和气密性试验，合格后才能安装，试验的压力应按照制造厂的规定进行。

⑥安装施工前，安装单位应向有关部门索要安全技术资料，并认真审核。在接到有关技术资料后，要对施工现场、环境（特别是现场中的电气等有关危险区域）等进行认真勘察，并做好记录。

⑦在制订施工方案的同时，认真制定本工程的安全施工方案和安全规则，并报上一级有关部门审核批准后，方可施工。在组织施工前，有关负责人要向施工人员进行技术交底和安全注意事项，做到施工人员心中明确。对从事有危险工作的人员，应进行工前安全教育和检查。

⑧施工前，要对使用的机械设备、工具等进行安全检测，进行维护和保养，以确保施工安全。施工过程中，要定期对所用的机械和安全设施进行检查，在使用危险工具工作前，应对操作者进行安全教育，以杜绝事故的发生。

⑨在拆装设备时，施工人员必须穿工作服，戴合格的安全帽，并系好帽带。禁止作业人员穿拖鞋或光脚进入施工现场。随身口袋不得携带任何物品（包括手表），工作前后要清点工具、零配件和其他物品，以防有异物进入设备内造成事故。

⑩施工人员进入现场要服从领导和安全检查人员的指挥。遵守劳动纪律，坚守工作岗位，作业时思想要集中。严禁酒后作业，不得在禁止烟火的地方吸烟动火。不得随意进入危险场所或触摸非本人操作的设备、电闸、阀门、开关等。要严格按操作规程操作，不得违章作业，对违章作业的指令有权拒绝，有责任制止他人违章作业。工地上的危险地段、区域、建筑、道路、设备等所悬挂的各种警示安全标志，任何人都不能随意拆掉、移动或毁坏。

（二）吊装和搬运安全操作要求

①安装前放置设备，应用衬垫将设备垫妥。

②吊运前应核对设备重量，吊运捆扎应稳固，主要承力点应高于设备中心。吊装具有公共底座的机组，其受力点不得使机组底座产生扭曲和变形。吊索的转折处与设备接触部位，应采用软质材料衬垫。

③设备吊装前，应按设备的重量和体积配备适用的起吊设备并选用合适的索具，不可“小马拉大车”。要对起吊设备进行认真检查，杜绝事故隐患。起吊设备时，应先对施工地域和环境认真勘察清理，熟悉了解被吊物体的情况，制订方案保证安全施工。不允许在未经验算的砖墙、柱子上设置吊点。禁止吊物从人头上越过以及在吊物上站人。吊运中遇到不正常情况应立即停止作业。严禁超负荷吊运。非专业人员不得操作和指挥吊装设备，禁止非工作人员进入现场，必要时设专人防护。

④挂钩作业时，挂钩人员必须戴好安全帽，开始作业时要注意周围环境，起吊、落钩时应精神集中，注意躲开被吊物升降时的摆动方向，以免碰伤。吊起的重物上面不得放置物体，以免掉下伤人。要服从指挥工的统一指挥。吊装散物件时应捆扎牢固，当离地面 50 cm 时，再将捆绑绳检查一遍看是否有松动。吊装零碎小物件时可将其装在容器中起吊。

⑤起重吊装指挥人员必须熟悉统一的指挥信号，不得以喊话代

替。要了解被吊物的重量。必须制止任何人从吊运重物下通过。

⑥在搬运设备前，要首先穿戴规定的劳保用品，检查需要的搬运工具是否完整和安全可靠。搬运时使用的工具构件一定要放平、放稳，防止滑动滚动，绝对不允许竖立，以防倒下发生伤人或砸坏设备等事故。

⑦如果是多人在一起操作，须有一人统一指挥，步调一致，紧密配合，在堆积物品时，要稳固整齐，堆放高度不得超过 2 m。

（三）明火作业安全操作要求

①明火作业前，应对作业现场周围环境及作业部位进行认真勘察了解，确定是否符合明火作业条件。并报安全技术部门，经准许后方可施工。

②在有可能发生危险的工作场所进行明火作业时，安技人员必须到场监督。随时检查施工现场情况和工作状况，如遇异常情况，立即下令停止明火作业，必要时应取得消防部门的配合，安技人员必须坚守岗位。

③明火作业时，氧气瓶和乙炔气瓶应相距 3 m 以上。两瓶距明火作业点的距离应保持 10 m 以上。

④明火作业时，应做好通风和可燃物的清理和保护工作。

⑤严禁在含有制冷剂的系统中，无抽空和处理前动用电气焊作业，以防发生燃火爆炸事故。

⑥明火作业完工后，要对现场进行检查，消灭一切隐患，并在作业完工后 2～4 h 再复查一次现场。

（四）制冷空调系统调试安全操作

制冷与空调系统安装后的调试工作包括制冷空调系统的吹污、强度和气密性试验、抽真空、检漏、充制冷剂及系统的试运转等内容。制冷系统在大修以后，应进行强度和气密性试验。系统增加焊缝或连接新管道后，应进行气密性试验，合格后方允许使用。这是检验安装质量是否满足设计要求的重要环节，同时，对安全操作的要求也比较高。因此，在调试作业前，必须制定完善的调试安全方案，严格按安全操作规程进行作业。

①在调试和试运行作业前，必须检查清理工作现场，包括场地清洁、道路畅通无阻、通风良好，门窗必须开动灵活。

②调试和试运行之前，应对所有阀门（包括仪表阀）的开启状态进行检查，调整并挂牌，说明阀门的作用和开启状态，避免开错阀门造成事故。

③调试和试运行中，无关人员严禁进入现场，必要时在工作前清场，设专人守护。

④做强度和气密性试验时，应采用氮气或干燥压缩空气。当用氮气试压时，氮气瓶必须装有减压阀。加压时不得从系统断开氮气瓶。严禁用氧气或制冷剂代替氮气和干燥压缩空气。严格按规定压力值进行，不得擅自提高或降低压力值。

⑤确认系统无泄漏时，方可充灌制冷剂。

⑥在充灌制冷剂时，严禁明火和吸烟，充灌制冷剂后不允许再对该系统施焊。

⑦由于充氨操作危险性大，要求在值班班长的指导下进行，为防备万一，还应备有必要的抢救器材。氨瓶或氨槽车与充氨站的连接管必须要用无缝钢管，或采用耐压在 29.4×10^5 Pa 以上的橡皮管，与其相接的管头，需要有防滑沟槽，以防脱开发生危险。

⑧向制冷系统内充灌制冷剂的数量应严格控制在设计的要求和设备制造厂家所规定的范围内，并认真做好称量数据的记录工作。

二、设备维修安全操作

制冷系统的维护与检修，包括日常维护保养与定期检修。日常维护保养，主要是经常保持机器的各摩擦部件有良好的润滑条件，同时保持机器运转部件的正常温度和正常声音，以及保持机器的清洁等工作。这些工作的目的是使机器与设备经常处于正常运转状态，防止事故的发生。

对机器与设备的维护保养虽然能延长使用寿命，但不能防止正常的机械磨损。运转一定的时间后，必须实行计划修理，以使机器与设备恢复原来的精度和效率，满足生产的需要。

（一）基本要求

检修前除了准备好必要的零部件及检修材料、检修工具外，还必须做好清洁和安全工作，必须把检修的场地清扫干净，清洗零件用的汽油、煤油或柴油等禁止与明火接近，防止发生火灾。检修设备时，必须关闭电源开关，并挂警示牌或有专人守护；检修完毕后，由检修人员亲自取下。检修远离电源开关的风机、电器时更要注意。

检修现场应准备灭火设备、防毒面具、急救药品等，以备发生事故时使用。

严禁在未抽空、未与大气接通的情况下拆开制冷系统。如果拆卸时仍有少量制冷剂气味，可用排风扇通风。

检修时一旦发现有残存的制冷剂，检修人员必须置身于上风处，减少中毒、窒息可能。如制冷剂为氨，可喷洒水减少中毒危险。

（二）机房机器设备维修安全注意事项

1. 压缩机的拆卸和修理

除了做好上面所要求准备的零部件、维修材料、检修工具及保证工作环境清洁、安全外，压缩机拆卸前必须了解该机器的结构、机器运行时的状况及阅读上次检修记录。

将所修理的设备管路与系统的其他部分隔断。做这一工作时必须认真细心，把所关闭的每一个阀门都要做好明显的记号，以防设备管路检修时，操作人员开错阀门造成事故。

拆卸之前应关闭压缩机高低压连通的有关阀门，切断电源，拆除安全防护罩，同时关闭与水系统连通的阀门，将冷却水放掉。

如果机器内压力超过 0.05 MPa 时，应查明原因并进行排除。可用本机排空或用其他机器对它减压。当机内压力达到真空状态或小于 0.05 MPa 时可停止减压，将余压通过放气阀及橡皮管放至室外。待压力与外界大气压力相同时，可通过油三通阀将润滑油放出，准备拆卸机器。

2. 附属设备的检修

无论大中小修都应将制冷剂从设备中排出，当制冷剂排空后，还需要对检修的设备进行抽空数次，直到停机后，设备内压力不再上升为止。

抽空后将设备与系统其他设备断开，然后再与大气接通。接通大气，确认设备无制冷剂后才可进行维修。

（三）库房设备维修安全注意事项

1. 蒸发器的维护与修理

主要注意事项同附属设备，但由于蒸发器长期处于低温下工作，其内表面有机械杂质和润滑油混合，黏度较大。油中又混有残留制冷剂，因此，给检修增加不少难度，必须高度重视。对于针状小孔可暂时用橡皮垫及管卡堵住漏点，待停产大修时油黏度减少，尽可能地释放出油中制冷剂，经过多次抽空，压力不再回升或上升甚微时，拆除有关连接处，接通大气后，才能用气焊焊补。

2. 系统管道及调节站

系统管径口有绝热材料包裹着，故抢修时更增加了难度。在修理时与蒸发器相同，除了必须接通大气外，还必须注意防火。

在检修制冷系统管道时，若需更换管道或增添新管路，必须采用符合规定的无缝钢管（氟利昂制冷系统可以采用无缝紫铜管），严禁采用有缝管和水暖管件。

调节站在大修时，最好将阀门都检修一下，特别是阀芯密封面的修复，阀杆磨损严重的应更换，此外，更换填料（盘根）及清洗过滤网或更换。

修理时拆卸阀门，应保证修理处有良好通风。拆卸时，操作人员的脸切不可对着阀盖的缝隙，以防残余制冷剂冲出伤人。操作人员最好戴橡皮手套及防毒面具。拆卸时应先均匀松开螺栓，待阀盖松动后，无余氨跑出，再取出阀盖进行修理。如有余氨跑出，应及时将阀盖螺栓拧紧，查明原因进行排除，然后再拆卸阀盖。

（四）制冷系统清洗安全操作

制冷系统中的冷凝器、蒸发器、冷却排管、中间冷却器等都属于热交换设备，这些设备在运行过程中与制冷剂、冷却水、冷媒水长期接触。由于机械杂质、灰尘、水分或灰尘、油污、盐水溶液析出的沉淀或结晶的沉积，水被加热时生成的水垢在热管上沉积等原因，往往会使换热设备的换热效果变差，流动阻力增大，影响制冷效果。这类故障的清除有以下几种方法。

1. 压缩空气吹除

对于油污或灰尘形成的污染和堵塞，一般用 0.6 MPa 压力的压缩空气进行吹污。小型换热设备，可用工业氮气进行吹除。吹除之前应放掉或抽净设备的制冷剂和积水。在吹氨制冷系统设备时，应做好安全防护工作，严禁使用氧气和易燃易爆气体对任何系统和设备进行吹污。

2. 机械清除

清除管道外表面及散热器表面污垢，可用钢刷或铜丝刷进行刷洗，清除卧式壳管式热交换器传热管内的污垢时，可用螺旋形钢丝刷、尼龙刷类的工具进行拉刷，也可用软轴洗管器滚刷。对于钢管也可以采用铣刀铣刮的方法去掉污垢，然后用压缩空气或压力水进行清洁。应注意清除方法，防止拉毛拉伤传热管。

用清洁水枪或用人工手拉毛刷清洁传热管时，要做好防护，尤其防止伤眼。

3. 化学方法清洗水垢

对于结垢较为严重的管道，在采用化学清洗的过程中，应注意以下安全问题：

①根据结垢的化学成分，选择合理的清洗液。

②将制冷剂全部抽出，防止突然泄漏事故的发生。

③根据水质情况和设备的使用情况，合理确定清洗的时间和清洗液的浓度。

④在清洗液中必须加保护剂，并使清洗液流动，防止腐蚀管道。

⑤清洗液 pH 值应接近中性。

⑥化学清洗后，先用清水压力水冲洗，再用清水循环冲洗，直至水的 pH 值为中性。

⑦化学清洗后，对换热设备进行气密性试验，检查管道是否有渗漏或损坏。

⑧做好个人防护，如要戴防护眼镜，穿防酸围裙、胶鞋，戴橡胶手套等。

思考题

1. 氨制冷压缩机开机前应进行哪些准备工作？
2. 怎样进行氨制冷压缩机的开机操作？
3. 怎样进行氨制冷压缩机的停机操作？
4. 怎样安全进行氨制冷设备的放油操作？
5. 怎样安全进行氨制冷设备的放空气操作？
6. 怎样安全进行氨制冷设备的冲霜操作？
7. 怎样安全操作螺杆式制冷压缩机及设备？
8. 怎样安全操作离心式制冷压缩机及设备？
9. 怎样安全操作泵、冷风机、冷却塔？
10. 制冷系统正常运转标志有哪些？
11. 活塞式制冷压缩机正常运转标志有哪些？
12. 螺杆式制冷压缩机的正常运转标志有哪些？
13. 离心式制冷压缩机的正常运转标志有哪些？

14. 系统设备正常运转标志有哪些？

15. 怎样安全操作直燃型溴化锂吸收式冷（热）水机组的燃油系统？

16. 库房设备维修安全注意事项有哪些？

17. 制冷系统清洗怎样安全操作？

第七章 制冷与空调作业事故与故障处理

第一节 制冷与空调作业事故及特点

制冷设备是由压力容器组成的系统装置，制冷剂在制冷系统运转中，其压力发生变化，处于压力运行状态，具有潜在的爆炸危险。制冷剂多数为低沸点气体，常压下沸点温度在－20℃以下，这些液体一旦泄漏出来，溅到人的身上，会造成冻伤。工业制冷中一般采用氨作制冷剂，氨是有毒物质，泄漏出来，除了会冻伤人之外，氨气还将通过呼吸道和皮肤进入人体，使人中毒，严重者致人死亡。氟利昂制冷剂在常温下较稳定，但在空气中的浓度过高，会使人员产生窒息。另外，氟利昂在450℃左右的高温下，会分解出有毒物质，使人中毒。氨气在空气中达到一定浓度时遇明火会引起燃烧爆炸。制冷剂蒸汽在常温下液化，需要施加很高的压力才能实现，通常液化时的压力达到几兆帕，所以，一旦容器强度出现问题，会造成设备破裂而产生爆炸危险。容器和制冷系统中的液体制冷剂，若过量充装和储存，遇到环境温度升高，导致系统设备压力超高而引起制冷剂钢瓶和容器的爆炸。在制冷设备安装和修理过程中，因误用氧气对制冷设备试压时而发生多起爆炸事故。总之，制冷作业的事故归纳起来主要为爆炸、中毒、窒息、冷灼伤及火灾等。

一、制冷与空调作业事故种类

(一)制冷与空调作业爆炸事故

制冷作业发生的爆炸事故有两种:一种为化学爆炸事故,一种为物理性爆炸事故。化学爆炸是一种剧烈的化学反应同时伴随着巨大的能量释放,爆炸前后的物质发生了变化。化学爆炸必须满足三个必要条件:①可燃物质与空气(氧气)形成混合物;②可燃性物质在空气中的浓度(容积百分比)达到爆炸极限;③有明火。而物理爆炸则是单纯的能量急剧释放过程,不伴随着化学反应过程,也即爆炸前后的物质不变。

1. 化学爆炸事故

(1)氨气遇明火发生的爆炸事故

氨气是一种可燃可爆的气体,氨的爆炸极限为15%～28%。空气中或系统(容器)中的氨气达到爆炸浓度(即爆炸极限)时,遇明火即发生爆炸。

(2)用氧气对制冷系统试压时发生的爆炸事故

在制冷设备安装和修理过程中,操作人员因违反安全操作规程,用氧气代替氮气或干燥空气对制冷设备进行试压检漏,因氧气特别是带压氧气具有极强的氧化特性,与压缩机里的润滑油发生剧烈的氧化反应,导致制冷设备发生爆炸。如1993年某省某医院在制冷空调机组修理过程中,修理人员用氧气进行试压时发生爆炸,造成一人死亡,三人受伤的重大事故。20世纪80年代至90年代曾发生多起用氧气对制冷系统试压时的爆炸事故。

(3)焊接氨制冷系统产生的爆炸事故

在对氨制冷系统进行焊接修补时,由于焊接前未能彻底清除设备里的存氨,以致氨遇明火发生爆炸事故。如某单位因低压循环桶下部集油管杂质引起堵塞,打算气割扩口作业。虽事先关闭各进出口阀及排空操作,但由于桶内壁及底部黏满混有氨液的油污,桶内混合气体含氨比例较大，气割时发生爆炸，炸开下部法兰，喷出的火焰将气割工的头发眉毛都烧焦。

(4)直燃式溴化锂吸收式制冷机组火灾爆炸事故

近些年来，直燃式溴化锂吸收式制冷机组广泛用于中央空调系统，但由于采用燃油或燃气系统，因而增加了火灾和爆炸危险性，国内曾发生供油系统漏油而产生的爆炸事故。

2. 物理性爆炸

(1)液爆

制冷设备中的制冷剂液体基本上是可压缩的，当容器中制冷剂量超过安全液量时，一旦遇到温度升高，容器或系统管道爆裂，制冷剂膨胀，压力就会瞬间急剧上升，形成物理性的爆炸。两端密闭的制冷剂液体管路受热，也会发生同样的情况。制冷系统中液体管路以及制冷剂的钢瓶等受热发生的爆炸事故均属此类。

(2)违章操作导致的设备超压爆炸事故

制冷空调系统运行中，操作人员违反安全操作规程，违章作业导致设备系统超压，若安全装置失灵，其压力超过设备强度，造成设备系统爆炸。如某单位使用的制冷机组，其操作人员酒后开机时，违反安全操作程序，未开压缩机排气阀，导致排气压力超高，而压力控制装置此时失灵及安全阀失调，超压时无保护作用，引起压缩机缸盖爆炸，操作人员当场死亡。事故后检测安全阀，发现其开启压力为4 MPa。另外，曾发生在对制冷空调系统用氮气试压时，由于氮气瓶未装减压阀，压力升高过快，造成充氮器具爆裂的伤人事故。

(二)火灾事故

氨制冷剂具有可燃性，遇到明火会燃烧，氨的自燃温度是630℃，空气中的氨的质量含量达11%～14%时，即可点燃，产生爆炸和火灾事故。

(三)制冷剂的中毒、冻伤事故

1. 氨泄漏造成的中毒事故

氨是一种有毒的刺激性气体,能严重地刺激眼、鼻和肺黏膜。氨气不仅通过呼吸道和皮肤等造成人员的中毒事故,而且氨强烈的刺激性还造成对人眼睛的伤害,严重者造成失明。制冷作业中,曾发生多起由于氨的泄漏造成的人员中毒事故。

2. 氟利昂的窒息中毒

氟利昂制冷剂大多具有轻微的毒性。但是,它的比重比空气大,易积聚。因此,在作业场所,特别是狭窄场所,如果氟利昂泄漏浓度较大,会使人产生窒息。氟利昂在空气中的浓度达30%时,会使人呼吸困难,甚至死亡。

3. 制冷剂的冻伤事故

液体制冷剂溅到人的皮肤上会造成冻伤事故。液体制冷剂与皮肤接触,造成皮肤和表面肌肉组织的损伤,特别是氨制冷剂,它不仅会冻坏肌肉组织,还腐蚀皮肤。这种腐蚀作用的症状与烧伤的症状相似,也称为冷灼伤。

二、制冷与空调作业事故特点

总结制冷与空调作业所发生的事故,其事故的特点可以归纳为如下几点。

1. 群死群伤

制冷作业的事故,虽不是经常发生,但是,发生事故如爆炸、中毒等往往会造成多人伤亡,并造成设备财产的重大损失。从已发生的多起制冷作业用氧气试压导致的爆炸事故看,均造成多人伤亡。另外,氨气泄漏造成多人中毒的事故在制冷作业事故中也占有一定的比例。

2. 财产损失大

制冷作业发生的事故不仅造成人员的伤亡,而且会造成较大的财产损失。根据以往事故来看，造成的直接财产损失都较大，如某冷库发生的漏氨事故，尽管未造成人员伤亡，但所存放的食品均被污染，直接经济损失就达数万元。

3．社会影响大

近些年来，制冷空调装置应用很广泛，特别是公共场所如办公楼、商场、宾馆和文化娱乐场所等多采用大型制冷中央空调，有的采用燃气、燃油的制冷空调装置（溴化锂吸收式制冷机组），一旦发生火灾爆炸事故，其后果不堪设想，而且还会造成较大的社会影响。如氨制冷系统发生漏氨或爆炸事故，往往殃及周围，不仅威胁人员安全，污染周围环境，还会使周围居民产生恐慌心理。

4．违章操作比例大

操作人员违章操作造成的事故在制冷空调事故中所占比例较大，据统计，制冷空调事故中，60％～70％是由于作业人员违章操作造成的。

第二节　制冷与空调作业事故原因分析

制冷与空调作业发生的事故，其原因主要与制冷系统的压力、制冷系统的温度、制冷剂的理化性质、违章操作等因素有关。

一、制冷系统超压引起的危险

（一）冷凝压力超高

冷凝压力超高是制冷空调系统压力超高的主要原因之一，设备超压直接威胁制冷设备的安全运行。制冷设备冷凝压力超高的主要原因是冷凝效果严重下降。

1．故障导致冷凝压力超高

①冷却水泵出现故障，导致冷却水水流不足或中断。

②冷却塔风机故障，如风扇电机皮带折断或松动导致风机转速

减慢；水分布器水眼堵塞，导致水流喷淋分布不均匀而造成冷却塔换热效果不好，冷凝器冷却水进口温度过高。

③冷却水进出管道阀门或过滤器堵塞，导致水流不足或中断。

④冷却水管道内有空气，水泵出水压力不稳定。

⑤冷凝器冷却水管道结垢，导致冷凝器换热效率下降，如铜的导热系数为 302～395 W/(m・K)，而水垢的导热系数仅为 0.7～2.3 W/(m・K)。由此可见，若冷却水管壁结垢将导致冷凝器换热效率大大降低。

2. 冷凝器不凝性气体

制冷空调系统在检修过程中由于抽空不彻底，系统会残留少量空气，另外在充制冷剂或加油过程中因操作不当，也会带入少量空气，这些不凝性气体聚集在冷凝器中，占据冷凝器的气体空间，造成冷凝压力升高。

3. 冷凝器中制冷剂液体过多

过多的制冷剂液体会覆盖传热管，减少制冷剂气体与冷却水管的换热面积，导致冷凝效果降低，制冷剂的气体不能很好地冷凝成液体，而使制冷剂气体压力超高。

4. 冷凝器中润滑油积聚

冷凝器中润滑油积聚，也会降低热交换效率，导致冷凝器冷凝压力上升，产生超压危险。

（二）制冷系统饱和蒸气压力增大

由于不正常的外部热量的干扰，引起制冷系统饱和蒸气压力增大，如用热氨或水对低温蒸发系统溶霜或在高温环境下停机以及周围环境起火时，均会引起制冷系统内饱和蒸气压力增高，产生超压危险。

（三）液体制冷剂充满封闭空间所产生的危险

充满制冷剂液体的管道和容器，因环境温度升高而引起制冷剂体积急剧膨胀，压力骤升。因此，将充满液体制冷剂管道两端的阀门关闭，或在容器和钢瓶中超量充装液体制冷剂都是非常危险的。一旦环境温度过高，如夏季阳光暴晒、起火等原因，容器或管道内的液体制冷剂因吸收外界热量，体积会急剧地膨胀，压力骤升。特别是满液状态下的制冷剂，温度升高1℃，其系统及容器内的压力升高约1.5 MPa，若压力超过其设备强度会产生爆炸或爆裂，通常称为液爆。一般在制冷系统液爆时，大多发生在阀门处，事故的后果是很严重的。

制冷系统运行中，可能发生液爆的部位应特别注意，这些部位有：

①冷凝器与储液器之间的管道；

②高压储液器至膨胀阀之间的管道；

③两端有截止阀门的液体管道；

④高压设备的液位计；

⑤在氨容器之间的液体平衡管；

⑥液体分配站；

⑦汽液分离器出口阀至蒸发器(或排管)间的管路；

⑧循环储液器出口阀至氨泵吸入端的管路；

⑨氨泵供液管路；

⑩容器至紧急泄氨器之间的液体管路等。

这些部位均是有可能造成液封的管道。在制冷系统运行中，曾发生多起液爆事故，应引起足够的重视。下面分析一个氨瓶爆炸的事故案例。氨瓶的容量为66.5 L(66.5×10^{-3} m^3)，充装12℃的液氨41 kg，此时钢瓶内的压力是5.59×10^5 Pa，可是在室温30℃时发生了爆炸，当时钢瓶的压力是多少呢？首先，从液体比容分析，比容为$66.5\times10^{-3}/41=1.62\times10^{-3}$ m^3/kg，由氨的热力性质表查知，在15.5℃时钢瓶已达到满液状态。实际上瓶内氨液的温度从满液状态算起又升高$30-15.5=14.5$℃，因此，瓶内压力随温度的增高而急剧地变化。对充满液体制冷剂的钢瓶，温度升高1℃，相应的压力增加值见表7-1，为17.15×10^5 Pa，可见，瓶内的压力增加值ΔP为

$$\Delta P = 17.15\times10^5\times14.5 = 248.7\times10^5\ \text{Pa}$$

表7-1　充满氨液的容器温升1℃的压力增加值(10^5 Pa)

温度(℃)	0	10	15	20	25	30	35	40	50
压力增加值	18	17.4	17.15	16.85	16.56	16.3	15.88	15.49	14.4

但是，氨瓶的设计压力为29.4×10^5 Pa，按原国家劳动总局气瓶安全监察规程中的规定，其安全系数是设计压力的3.5倍，则氨瓶的破坏应力应为102.9×10^5 Pa。在30℃时该氨瓶内的压力已超过破坏力的两倍之多，所以，发生了爆炸事故。

经实验证明，充满液氨的钢瓶，放在日光照射的场地上，半个小时就能爆炸，爆炸率是百分之百。

(四)起火时制冷系统的超压危险

制冷空调系统周围环境或机房起火是十分危险的，而相当多的制冷空调机房，即使是在制冷空调系统停止运行时，因为制冷剂尚在制冷系统里，起火时的温度会导致系统内的液体制冷剂急剧膨胀，压力骤升，造成超压爆炸和制冷剂大量泄漏的危险。另外，许多设置在地下室的制冷空调系统设备，其容器上的安全阀的排放口设在室内，一旦设备超压，安全阀大量释放制冷剂，会对现场作业人员造成窒息中毒的危险。

二、超温引起的危险

(一)金属在低温下的脆性破坏

制冷设备在低温的情况下应有足够的韧性，否则会因脆性破坏导致事故的发生。如某单位制冷系统冷冻间，在用热氨溶霜时发生漏氨事故，当时热氨溶霜的热氨压力为0.6～0.8 MPa，溶霜2～

3 min，即发现库内严重漏氨，此时人已不能入内，戴氧气呼吸器也无法进入。只能停止供液，加强压缩机吸气，并采用串联多级强力鼓风机排风8～10小时后，勉强进入库内检测和寻找原因。在排除供液管和回气管道无泄漏后，在冷风机的回气集管和翅片连接处有裂纹，即泄漏点。经事故分析，冷冻间冷风机长期处于－23℃，相对湿度在95％的环境条件下工作。受热氨冲击，在温差近百度的条件下，金属材质承受不了内应力300余次的冷热变化，引起开裂。因此，在低温条件下，冷风机应采用耐腐蚀耐低温和潮湿的低温钢材，并具备足够的韧性，让钢材脆性转变温度低于冷风机的工作温度，防止材质脆性破坏。

（二）在封闭空间里载冷剂（水、盐水等）的冻结

在制冷空调系统运行中，载冷剂的冻结是常见事故，如冷水机组冷媒水（也称冷冻水）因水流不足或中断时，导致蒸发器内冷冻水温急剧下降至零度以下，冷冻水管路结冰即冻结，造成水管冻裂的设备事故。氨制冷系统用盐水作为载冷剂时，因盐水浓度配比不当，温度过低发生冻结，此时，若解冻方法不当，还会造成制冷设备破裂，制冷剂泄漏导致人员中毒事故。如某单位盐水制冷机组发生了盐水系统冻结，操作人员用蒸汽加热解冻，结果导致氨管破裂，造成氨泄漏，在场的作业人员急性氨中毒。

（三）热应力产生的危险

制冷系统在运行操作过程中由于温度的变化，会产生热应力的影响，系统温度的突然变化，会使受热器件产生较大的热胀冷缩，特别是设备在低温状态下，遇到温度的突然升高，如热氨溶霜作业等，加之设备材质和安装的质量等问题往往使设备承受不了如此大的温差变化，故在设备的薄弱环节如接口或焊接部位等处发生破裂，造成制冷剂的泄漏事故。

(四)设备下面地基冻胀而损坏建筑

在制冷系统中,因低温设备的温度较低,会将冷量传给地基,造成地基结冻而膨胀变形,如此反复,必定影响建筑物。在冷库建设中,因为没有做好地面的防冻处理,导致冷库内的水分渗入地面,因低温造成地面结冻而膨胀隆起,使建筑物的结构强度受到影响。

(五)低温对人的伤害

作业人员在低温环境下工作,所处的条件与其他工作的环境大不相同,尤其在冷库冻结间及冷藏间里工作就更为艰苦。在低温下工作,人的动作不灵活,往往会感到手指和脚趾麻木,不穿防寒衣服,身体就会散失大量的热量,从而降低和减缓新陈代谢的速率,使热量的损失和热量的产生更不平衡,进一步影响人体正常的新陈代谢,引起人体自身的御寒体系紊乱。

三、制冷剂的危害

(一)制冷剂的相对安全性

制冷剂的安全性能对使用者和公共安全至关重要,在大量使用制冷剂时尤为突出,制冷剂的毒性、燃烧性和爆炸性是评价制冷剂安全程度的主要指标。大部分工业化国家和地区,如欧洲、北美等均规定了最低安全程度标准。在我国,制冷剂的安全问题也越来越受到社会的重视,已有部分法规涉及这个问题。无论是设计、制造,还是使用、维修,都需要对制冷剂的相对安全性有一个基本的了解。

制冷剂对人生理上的影响,较为重要的有中毒、窒息和冷灼伤。引起人中毒的制冷剂有氨和二氧化硫,引起窒息的制冷剂有氟利昂类,所有的制冷剂都会引起冷灼伤。

1. 毒性

美国供暖制冷空调工程师协会标准 ANSI/ASHRAE 34—1997 将制冷剂的相对安全性综合考虑,其中划分为 A、B 两类,A 类为低毒性，B类为高毒性。美国保险商实验室（UL）根据豚鼠在高浓度制冷剂气体作用下造成损害的时间和损害程度来划分毒性等级，将毒性划分为6个基本等级，从1～6毒性递减，在相邻两个等级之间还用a、b、c作了细分，参见表7-2。常用制冷剂毒性划分参见表7-3。

表7-2　UL实验室毒性划分

毒性等级	制冷剂气体在空气中的容积浓度（%）	停留时间（min）	危害程度
1	0.5～1	5	致死或重创
2	0.5～1	30	致死或重创
3	2～2.5	60	致死或重创
4	2～2.5	120	致死或重创
5	20	120	有一定危害
6	20	120	不产生危害

表7-3　部分制冷剂的相对安全性指标

代号	ANSI安全分级	UL毒性分级	燃点（℃）	爆炸极限		最大爆炸压力（bar）①	达到最大压力的时间（s）
				容积浓度（%）	质量浓度（g/m^3）		
R14	A1	6a		—	—	—	—
R21	B1	4～5		—	—	—	—
R22	A1	5a		—	—	—	—
R30	B2	4a		—	—	—	—
R50	A3	5b	645	4.9～15.0	33～93		0.018
R134a	A1			—	—	—	—
R170	A3	5b	530	3.3～10.6	39～156	8.43	
R290	A3	5b	510	2.3～9.5	42～174		
R600	A3	5	490	1.6～6.5	45～203.5	7.4	0.027

续表

代号	ANSI安全分级	UL毒性分级	燃点(℃)	爆炸极限		最大爆炸压力(bar)	达到最大压力的时间(s)
				容积浓度(%)	质量浓度(g/m^3)		
R600a	A3	5b		1.4～8.4	43.5～204		
R717	B2	2	630	16～25	110～192	4.42	0.175
R1150	A3		540	3.0～25	35～298		
R1270	A3		455	2.5～11.1	35～194.5		

注①1 bar=10^5 Pa

2. 燃烧性和爆炸性

制冷剂的燃烧性和爆炸性以如下几个指标来评价。

①燃点，指制冷剂蒸气与空气混合后能产生闪火并继续燃烧的最低温度。

②爆炸极限，有两种表示方法，一种是指制冷剂蒸气在空气中能产生爆炸的容积浓度范围，另一种是指制冷剂蒸气在空气中能产生爆炸的质量含量范围。

③最大爆炸压力，指制冷剂蒸气与空气的混合物，当爆炸前压力为 1 bar，爆炸后可产生的最大压力。

④达到最大压力所需时间，指从爆炸开始到最大压力所经历的时间。

美国供暖制冷空调工程师协会标准 ANSI/ASHRAE 34—1997 将制冷剂的燃烧性分为三级，1 级为无火焰传播，2 级为低燃烧性，3 级为高燃烧性。

3. 制冷剂的热稳定性

制冷剂热稳定性最重要的性能指标是热分解温度与最高使用温度。热分解温度是制冷剂的在热作用下开始产生分解的温度，部分制冷剂的热分解温度见表 7-4。最高使用温度是制冷剂在与润滑油共存的环境中，在有金属存在的条件下，能够长期稳定工作的温度。最高使用温度限制了压缩机的排气温度。部分制冷剂的最高使用温度见表 7-5。

表 7-4 部分制冷剂的热分解温度(℃)

代号	所处条件	分解温度	分解产物
R12	与铁、铜等金属接触	410～430	H_2、F、光气
R22	与铁接触	550	H_2、F、光气
R717		250	N_2、H_2

表 7-5 部分制冷剂的最高使用温度(℃)

代号	最高使用温度	代号	最高使用温度	代号	最高使用温度	代号	最高使用温度
R11	105	R22	150	R123		R502	150
R12	130	R113	105	R134a	130	R507	
R13	150	R114	120	R404a		R717	150

（二）氨的危害

1. 氨中毒的原因分析

制冷系统设备突然的破裂导致氨大量泄漏是致人中毒的主要原因。制冷设备发生破裂的原因，除了由于系统及环境温度升高导致的液爆造成氨的泄漏等原因外，还与以下原因有关。

①振动破坏。由于制冷系统安装、焊接质量较差，采用劣质材料等原因，引起制冷系统运转过程中产生较大的振动，长期振动产生振动疲劳，导致设备强度下降，造成设备薄弱环节的破裂，造成氨泄漏。如某单位低压循环桶出液管在运行中突然断裂，造成大量氨液泄漏事故。其原因是循环桶出液管与氨泵连接时，管道受力，氨泵运转时产生震动，导致焊口断裂。

②充氨作业由于胶管质量问题、老化，或管接头管卡不牢造成脱落、破裂导致的氨泄漏。

③在对制冷系统进行修理前，对修理部位降压抽空不彻底，造成带压拆卸系统设备、部件等导致氨泄漏。

④阀门、阀盖与阀体之间密封不严，操作失误造成泄漏。

⑤压缩机液击产生的设备破裂。

2. 氨对人体生理的影响

空气中氨的含量对人体生理影响见表 7-6。

表 7-6　氨对人体生理的影响

对人体生理的影响	空气中的氨的含量(10^{-6})
可以感觉氨臭的最低浓度	53
长期停留也无害的最大值	100
短时间对人体无害	300～500
强烈刺激鼻子和咽喉	408
刺激人体眼睛	698
引起强烈的咳嗽	1720
短时间内(30 min)也有危险	2500～4500
立即引起致命危险	5000～10000

3. 急性氨中毒

氨中毒主要为急性中毒，氨是具有特殊臭味的刺激性气体，常温常压下为气体，氨通过呼吸道和皮肤侵入人体。氨易溶于水，常作用于眼结膜、上呼吸道及其他暴露于空气中的黏膜组织，附着黏膜后，成为碱性物质，对黏膜产生强烈的刺激作用。氨气被吸入人体后，当即出现咳呛不止、憋气、气急、流泪、怕光、咽痛等病症。如吸入氨气浓度很高时，还可出现口唇、指甲青紫等缺氧症状，伴有头晕、恶心、呕吐、呼吸困难等。有的病人咽部水肿，甚至出现肺炎和肺水肿。皮肤毛囊的皮脂腺均能吸收氨，吸收氨后使人感到烧灼感。中毒后所产生的肺水肿，简单地说，就像被水淹溺的一样，肺泡中充满了呛进的水，但是与淹溺不同的是，其液体是出自受到刺激的肺泡本身渗出的，肺泡中充满了液体，不能进行正常的气体交换，这样就出现了很多严重的病状，如憋气、呼吸困难、咯血等。

典型肺水肿的表现可分为以下四期。

①刺激期：吸入氨气后，即出现呛咳、胸闷、胸痛、气急、有痰、头晕、恶心、呕吐等症状，持续时间短。

②潜伏期：病状减轻或暂时消失，但实际上病情却已继续恶化，此期持续时间为 30 min 至 48 h 之间。

③肺水肿期：潜伏期后，病情又突然加重，剧咳、呼吸困难，烦躁吐粉红色泡沫痰，出现紫绀、面色青灰。医生检查两肺布满湿性罗音，X 射线胸片检查，两肺可有片状大小不等的云絮状阴影。如抢救不及时，可造成死亡。此期可持续 1～3 天。

④恢复期：经积极治疗后，病状逐渐减轻，1～2 周即可痊愈。少数重症病人，可伴发休克昏迷或后遗心肌损害等。

4. 慢性氨中毒

慢性氨中毒常引起慢性气管炎、肺气肿等呼吸系统疾病。

5. 化学烧伤

氨属生碱性物质，当碱性物质与肌体蛋白结合后，形成可溶性碱性蛋白，并溶解脂肪组织，随着碱性物质不断地渗入深部组织，其创伤面不断加深。烧伤的程度分为烧伤的面积和深度。

(1)烧伤面积

烧伤面积的大小，可用手掌法来估计，即以伤员自己的手掌，五指并拢后所示面积为人体表面积的 1%，手指分开则为 1.25%。这样就可估计小面积的烧伤面积。

(2)烧伤深度

烧伤的深度通常按三度区分法来判断。Ⅰ度：外观有红斑，皮肤发红，无水泡，有痛感。浅Ⅱ度：有小水泡，透过水泡壁可见泡内淡黄色的液体，水泡破后，创面一片潮红，感觉很痛。深Ⅱ度：可有或无水泡，有水泡时水泡壁比较厚，水泡破后可见针头大小的红点，疼痛较Ⅰ度和浅Ⅱ度轻。Ⅲ度：皮肤失去弹性，似皮革样有韧性，2～3天后复有痂皮，并可见粗大的树枝状条纹，不感觉疼痛。

6. 化学冻伤

氨液如果溅到人体上，将吸收人体表面的热量汽化，热量失去过多则造成肢体的冻伤。化学冻伤同时伴有化学烧伤。化学冻伤的症状是先有寒冷感和针刺样疼痛，皮肤苍白，继之逐渐出现麻木或丧失知觉，肿胀一般不明显，而在复温后才会迅速出现。

化学冻伤分为三度：

①Ⅰ度损伤在表皮，受冻部位皮肤肿胀、充血，自觉热痒或灼痛，数日后上述感觉消失；愈合后除表皮脱落外，不留疤痕。

②Ⅱ度损伤达到真皮，除上述症状外，红肿更加明显，伴有水泡，水泡内有淡黄色液体，有时为血性液体。

③Ⅲ度损伤达全层皮肤，严重者可深至脂肪肌肉骨骼甚至整个肢体的坏死。

（三）氟利昂制冷剂的危害

1. 氟利昂制冷剂的窒息性

窒息可分为突然窒息和逐渐窒息两类。突然窒息是指在空气中制冷剂含量很高，操作人员立即失去知觉，好像头部受到打击一样而跌倒，可能在几分钟内死亡。这种窒息发生在设备检修中不按照安全技术规程进行操作的情况下。另一类是逐渐窒息，主要是由于制冷剂泄漏，使空气中的氧气含量逐渐降低，而使人慢慢地发生窒息。这种情况通常很容易被人们所忽视，因此对人造成伤害的可能性就更大。要避免逐渐窒息对人员的危害，必须先了解窒息对人体生理的影响。

当空气中的氧气含量降低到14%（体积比）时，出现早期缺氧症状，即呼吸量增大，脉搏加快，注意力和思维能力明显减弱，肌肉的运动功能失调。当空气中的氧气含量降到10%时，仍有知觉，但判断功能出现障碍，很快出现肌肉疲劳，极易引起激动和暴躁。当空气中氧含量降到6%时，出现恶心和呕吐，肌肉失去运动能力，发生腿软，不能站立，直至不能行走甚至不能爬行，这一明显症状往往是第一个也是唯一的警告，然而一经发现为时已晚，严重者窒息已经发生。这种程度的窒息即使经过抢救可能苏醒，也会造成永久性的脑损伤。

氟利昂制冷剂的窒息属于单纯性窒息。氟利昂气体的比重比空气大，它在空气中的含量增加，会造成氧含量相应降低。当氟利昂制冷剂气体在空气中的浓度百分比达到30%以上时，会使人呼吸困难，甚至窒息死亡。

氟利昂制冷剂与80℃以上火焰接触时会产生卤代烃气体和微量的有毒气体如光气及一氧化碳等气体。

2. 化学冻伤

氟利昂制冷剂属于微毒性，因此当液体制冷剂溅到人体肌肤上时，会产生化学冻伤但不伴有化学烧伤。

3. 物理爆炸

氟利昂制冷剂属于低压液化气体，在装瓶运输储存和制冷系统调节不当，或密闭容器中满液状态时，在遇到温度上升时会产生爆炸。

第三节　制冷作业的爆炸危害分析

制冷系统中的工质以高压饱和液体状态或液气混合状态存在，如果设备破裂，其内在的气体首先迅速膨胀，产生爆炸力。同时，压力瞬时降至大气压力，此时系统内的液体处于过热状态，即其温度高于它在大气压力下的沸点。于是气液两相失去平衡，液态介质迅速大量蒸发，液体内部充满气泡，体积急剧膨胀，各种器件受到很高压力(可达到9.8 MPa以上)冲击，导致器件进一步爆破。因此，具有极大的爆炸能量，会造成严重的危害。

制冷设备爆炸造成的危害是多方面的，而且十分严重，主要表现在以下方面。

一、碎片的破坏作用

设备、器件破裂爆炸时，气体高速喷出的反作用力可以把整个壳体向反向推动，造成危害，同时，有些壳体可能裂成大小不等的碎块向四周飞散。这些具有较高速度或较大质量的壳体碎块在飞出过程中具有较大的动能，对人体、厂房有杀伤和破坏力。

碎片对人体的伤害程度主要取决于它的动能。据罗勒的研究，碎片击中人体时，如果它的动能在 25.5J 以上可致外伤；动能达 58.86 J 以上时，可致骨部轻伤；超过 196.2 J 时，可造成骨部重伤。碎片具有的动能与它的质量及速度的平方成正比，即：

$$E = \frac{1}{2}mV^2$$

式中 E——碎片的动能(J)；

m——碎片的质量(kg)；

V——碎片的速度(m/s)。

爆炸时，碎片离开壳体的初始速度通常为 80～120 m/s。当它飞出较远的地方时仍有 20～30 m/s 的速度。假若碎片的质量为 1 kg，它的动能即达 200～450 J，足以使人被击至骨部重伤甚至死亡。有时，碎片较小，但击中人体重要部位，也会伤亡。

破裂爆炸四飞的碎片还可能击破其他设备，造成损失，或者引起连锁爆炸，危害更大。爆炸碎片对材料的穿透量，可按下列公式计算：

$$S = K \times \frac{E}{A}$$

式中 S——碎片对材料的穿透量(cm)；

E——碎片击中时所具有的动能(J)；

A——材料穿透方向的截面积(cm^2)；

K——材料穿透系数：对钢板 $K=1.02\times10^{-3}$；对木材 $K=0.04$；对钢筋混凝土 $K=0.01$。

假如有一爆炸碎片质量为 1 kg，截面积为 5 cm^2，击中另一设备时速度为 100 m/s，则此设备纵然有厚达 10 mm 的钢板，也将会被击穿。

二、冲击波的破坏作用

据估计，设备破裂爆炸所释放出来的能量，有 3%～15%消耗于将设备进一步撕裂和将设备或碎片抛起，其余的能量产生冲击波。

冲击波的产生是在设备破裂时，设备内大量高压气体急速冲出，使它周围的空气受到冲击而产生扰动。其压力、密度、温度等产生突然变化，这种扰动在空气中传播就成为冲击波。冲击波产生时，空气压力会发生迅速且悬殊的变化，危害最大的是压力突然升高，产生一个很大的正压力，即所谓超压△P。在爆炸中心，冲击波的超压△P可以达到几个甚至十几个大气压力，足以摧毁厂房、设备等物。

冲击破自由传播（即无外界能量补充的情况下传播）的过程是以爆炸点为中心，以球面的形状向外扩展，随着半径的增大，波面表面积不断增大，冲击波的正压区也随之增大，这样单位质量空气的平均能量也要下降。同时在传播过程中由于阻力引起能量消耗而又无补充，波的强度就会自然迅速减弱，超压△P 不断下降。

不过，当高压的冲击波在减弱的过程中，超压△P 仍大于零。大于零的超压视其大小将会造成不同程度的伤害作用。当人处于冲击波范围内，其超压大于 0.1 MPa 时，多数会死亡；在 0.05～0.1 MPa 时，人体内脏会严重损伤或导致死亡；在 0.03～0.05 MPa 时，会损伤人的听觉器官或骨折。冲击波除其超压对人的伤害外，它后面的高速气流也不容忽视，因为速度达每秒几十米的气流而且夹杂着砂石杂物，必然加重对人体的伤害。

三、氨的二次危害

制冷系统中如果使用氨作为制冷剂，当系统设备爆炸时，氨必定向四周散发。而氨散发于大气时呈气态存在，对人的器官有强烈的刺激，甚至中毒窒息，称为二次毒害。

同时，氨在空气中的含量为16％～25％时，便成为极易爆燃的混合气体。此时，只要遇到火源（如明火、钢铁零件碰击产生的火花），就会立刻发生燃烧性的爆炸，其爆炸能量往往比设备物理性爆炸的能量更大，而且，这种燃烧性的爆炸，还可能引起火灾，危害更为严重，此现象称为二次爆炸。

第四节　制冷空调循环水水质对制冷系统安全的影响

对循环冷却水系统，特别是敞开式循环水系统，冷却水在不断循环使用过程中，由于水的温度升高，水流速度的变化，水的蒸发，各种无机离子和有机物质的浓缩，冷却塔和冷水池在室外受到阳光照射、风吹雨淋、灰尘杂物的飘落，以及设备结构和材料等多种因素的综合作用，会产生严重的水垢附着、设备腐蚀和细菌藻类微生物的大量滋生，以及由此形成的黏泥污垢堵塞管道等危害，这些危害会威胁和破坏设备长周期地安全生产，造成经济损失。

一、水垢附着

天然水中溶有各种矿物和盐类。水源不同，水质亦不同，如海水与淡水，地表水与地下水，长江水与珠江水的水质都不同。就是同一水系，上游和下游的水质也有变化。除含高钾、钠的软水外，一般天然水中都溶解有重碳酸盐，这种盐是冷却水发生水垢附着的主要成分。

在循环冷却水系统中，重碳酸盐的浓度随着蒸发浓缩而增加，当其浓度达到过饱和状态时，或者在经过换热器传热表面使水温升高时，会发生下列反应：

$$Ca(HCO_3)_2 = CaCO_3 \downarrow + CO_2 \uparrow + H_2O$$

冷却水经过冷却塔向下喷淋时，溶解在水中的游离 CO_2 要放出，这就促使上面反应方程向右进行。

$CaCO_3$ 沉积在换热器传热表面，形成致密的碳酸钙水垢，它的导热性能很差，不同的水垢，其导热系数不同，但一般不超过 1.16 W/(m·K)，而钢材的导热系数为 45 W/(m·K)，可见水垢形成，必然影响换热器的传热效率。

水垢附着的危害，不仅降低换热器的传热效率，降低制冷量，而且导致冷凝压力超高、压缩机功耗增加、耗能增大，危及安全运行，甚至被迫停产。

二、设备腐蚀

循环冷却水系统中，换热设备主要采用铜材或碳钢材料。长期使用循环冷却水，会发生腐蚀穿孔，其腐蚀的原因是多种因素造成的。

1. 冷却水中溶解氧引起的电化学腐蚀

敞开式循环冷却水系统中，水与空气能充分地接触，因此水中溶解的 O_2 可达饱和状态，当碳钢与溶有 O_2 的冷却水接触时，由于金属表面的不均匀性和冷却水的导电性，在碳钢表面会形成许多微电池，微电池的阴、阳极上分别发生氧化还原的共轭反应。

在阳极上：$Fe = Fe^{2+} + 2e$

在阴极上：$O_2 + 2H_2O + 4e = 4OH^-$

在水中：$Fe^{2+} + 2OH^- = Fe(OH)_2$

这些反应，促使微电池上的阳极金属不断溶解而被腐蚀。

2. 有害离子引起的腐蚀

循环冷却水在浓缩中，除重碳酸盐浓度随浓缩倍数增长而增加外，其他盐类如氯化物、硫酸盐等的浓度也会增加，当 Cl^- 和 SO_4^{2-} 离子浓度增高时，会加速碳钢的腐蚀。Cl^- 和 SO_4^{2-} 离子会使金属上保护膜的保护性能降低，尤其是 Cl^- 的离子半径小，穿透性强，容易穿过膜层，替换氧原子形成氯化物，加速了阳极过程的进行，使腐蚀加速，所以氯离子是引起点蚀的原因之一。

对于不锈钢制的换热器，Cl^- 离子是引起应力腐蚀的主要原因，因此冷却水中 Cl^- 离子的含量过高，常使设备上应力集中的部分，如薄板上胀管的边缘迅速受到腐蚀破坏。循环冷却水系统中如有不锈钢制的换热器时，一般要求 Cl^- 离子的含量不超过 50～100 ppm。

3. 微生物引起的腐蚀

循环冷却水中最常见的并能造成危害的微生物大致有细菌、真菌和藻类三类。

冷却水中滋生的微生物会直接参与腐蚀反应，除了这些微生物排出的氨盐、硝酸盐、有机物、硫化物和碳酸盐等代谢物使水质组成发生变化而引起腐蚀，最主要的是由于铁细菌和厌氧的硫酸盐还原菌的存在所引起的腐蚀。

微生物的滋生使金属发生腐蚀是由于微生物排出的黏液与无机垢和泥沙杂质等形成的污泥附着在金属表面，产生氧的浓差电池，促使金属腐蚀，在金属表面和污泥之间缺氧，因此一些厌氧菌，主要是硫酸盐还原菌得以繁殖，当温度为 25～30℃时，繁殖更快。它分解水中的硫酸盐，产生 H_2S 引起碳钢腐蚀，其反应如下：

$$SO_4^{2-}+8H^++8e=S^{2-}+4H_2O+\text{能量（细菌生存所需）}$$

$$Fe^{2+}+S^{2-}=FeS\downarrow$$

铁细菌是金属锈瘤产生的主要原因，它能使 Fe^{2+} 氧化为 F^{3+}，释放的能量供细菌生存需要，反应如下。

$$Fe^{2+}\xlongequal{\text{细菌}}Fe^{3+}+\text{能量（细菌生存所需）}$$

上述各种因素对碳钢引起的腐蚀，常使换热器管壁被腐蚀穿孔，形成渗漏，或工艺介质泄漏入水中，损失介质，或冷却水深入其中，使系统运行受到影响。如某单位制冷机组蒸发器水管腐蚀穿孔，水渗入蒸发器内随制冷剂进入半封闭压缩机造成压缩机电机绝缘破坏，烧毁。

三、微生物的滋生和黏泥污垢

冷却水中的微生物，一般是指细菌和藻类。在新鲜水中，一般来说细菌和藻类都较少，但在循环冷却水中，由于养分的浓缩，水温的升高和日光照射，给细菌和藻类创造了迅速繁殖的条件。大量细菌分泌出的黏液，像黏合剂一样，能使水中的灰尘杂质和化学沉淀物等黏附在一起，形成黏糊糊的污垢，它们黏附在换热器的传热表面上。这种污垢有人称它为生物黏泥，也有人把它叫做软垢。

软垢积附在换热器管壁上，除了会形成氧的浓差电池引起腐蚀外，还会使冷却水的流量减少，从而降低换热器的冷却效率，严重时，这些生物黏泥会将管子堵死。在制冷空调机组中冷凝器冷却水管道堵塞会造成冷凝器换热效率下降、冷凝压力超高、压缩机耗能严重、制冷效率下降等问题。

第五节　氨制冷作业事故与故障处理

一、氨压缩机“湿压缩”的现象、原因及处理方法

（一）氨压缩机“湿压缩”的现象

1. 轻微“湿压缩”

当压缩机吸入湿蒸汽时，汽缸壁处出现结霜，吸气温度和排气温度显著下降，这就是轻微“湿压缩”。

2. 严重“湿压缩”

当压缩机吸入较多液体时，曲轴箱甚至排气口侧都出现结霜，压缩机发出异常的液击声，这就是压缩机的严重“湿压缩”现象。

（二）压缩机发生“湿压缩”的原因

①人工操作时，节流阀开启度太大；或自动控制装置的浮球阀、浮球液位控制器（UQK—40）失灵，造成被控制的容器内液位过高。

②蒸发盘管结霜太厚，造成传热热阻增大，使制冷剂进入蒸发盘管吸热蒸发困难。在盐水制冷系统中，由于盐水浓度过低或蒸发温度过低，造成蒸发管上结有冰衣，使传热效能降低，同样使制冷剂吸热蒸发困难，这时蒸发压力明显下降，吸气过湿。

③蒸发系统中积油过多，特别在重力供液系统的排管、搁架式排管和冰池蒸发器等，由于积油，一方面使传热系数降低，另一方面使制冷剂液体供不进去，造成液体分离器中液体过多，压力降低易引起“湿压缩”。

④压缩机制冷量太大，或库房热负荷较小。由于压缩机的吸气量大于蒸发器内制冷剂的蒸发量，造成蒸发温度（压力）下降，吸气速度增大，这时容易把未蒸发的制冷剂液体吸进压缩机，引起“湿压缩”。主要原因是配车不当，即小负荷开大车，或压缩机运转台数不变突然停止某些库房的供冷时所引起的。

⑤阀门操作不当。例如当压缩机刚开始投入运转时，或系统冲霜后，回气阀门开的过快过猛，使蒸发器内压力突然下降，引起剧烈沸腾和吸气速度增大，这时制冷剂液体就有可能被压缩机吸入。

⑥当氨泵、盐水制冷系统的搅拌器或冷风机的风机突然开动时，由于制冷系统热负荷增加，使制冷剂剧烈沸腾，液体易被压缩机吸入。

⑦设计安装不合理。如放空气器、集油器上的抽气管，直接与压缩机吸气管相连；或几个低压循环贮液器并连于一根总回气管，而未设液体平衡管，由于接受库房回液的不相等，对于接受回液较多的贮液器，易使与其相连的压缩机产生“湿压缩”。

⑧对于下部不设贮油包的低压排液筒，其放油管是从筒体上部插进一根管子，直至筒的底部。安装时错误地把这根管子作为减压

管安装，而且直接与压缩机吸气管相连接，一旦操作减压阀时，贮液器内液体便进入回汽管道，引起压缩机严重“湿压缩”。

⑨在双级压缩制冷循环中当低压级吸气阀门突然关小或开大（或运转台数突然减少及增加），以及中间冷却器中蛇形盘管突然进液，这时易引起高压级压缩机的“湿压缩”。

⑩其他原因：如系统中加入制冷剂过多，或热负荷突然增大等。

（三）压缩机“湿压缩”的处理方法

①当单级压缩机发生轻微“湿压缩”时，只需关小压缩机吸气阀，关闭蒸发系统的供液阀，或设法降低容器液面。并注意油压和排气温度情况，待温度升到50℃时，可以试行开大吸气阀，若排气温度继续上升，则可继续开大，如排气温度下降应再关小。

②当发生严重“湿压缩”时，汽缸壁出现大面积结霜，这时应停止压缩机运转，关闭供液阀，借助其他运转的压缩机进行抽空。在使用其他压缩机进行抽空时，必须将发生“湿压缩”的压缩机的汽缸冷却水套和油冷却器内的冷却水放净或开大水阀，以免因结冰而冻裂。若不能以其他压缩机抽空时，可利用压缩机放油阀和放空气阀将油和氨放出，重新加油和抽真空后再行启动。

③对于双级压缩机的“湿压缩”，低压级“湿压缩”的处理方法与单级压缩机相同。但有大量氨液冲入汽缸时，可利用高压压缩机通过中间冷却器进行降压抽空。抽空操作前应将中间冷却器内液体排入排液桶中，然后再降压抽空。降压前应将汽缸冷却水套和油冷却器内的冷却水放净或开大水阀。

④出现高压级“湿压缩”时，应首先关小低压压缩机吸气阀，关闭中间冷却器供液阀，然后关小高压级的吸气阀。必要时将中间冷却器内氨液排入排液桶，若高压级“湿压缩”严重时，应首先关闭低压级吸气，其后的处理方法与单级相同。

二、制冷装置发生漏氨事故时的处理

漏氨事故时,处理原则为:找准漏氨部位,决定机器开停,关闭截断相关阀门,排空降压修补。

(一)冷库内蒸发器发生漏氨事故的处理方法

①蒸发器发生漏氨事故时,应立即关闭发生泄漏那组蒸发器的供液阀。

②关闭未发生泄漏库房内蒸发器的供液阀、回气阀。

③利用运转中的压缩机集中对泄漏那组蒸发器降压抽氨。

④抢险人员迅速穿戴好防氨服、防毒面具或氧气发生器,携带好抢修工具找准漏氨部位,用夹具将漏氨处卡住。

⑤夹具夹住漏处后,利用压缩机将蒸发器抽至真空,然后停机。

⑥将漏氨这组蒸发器与大气接通。

⑦按压力容器的焊接规定,施行补焊。

⑧补焊完成以后,按制冷管道气密性试验的有关规定,对该管路进行气密性试验,合格后进行真空试验及“氨试”。

⑨全部合格后,重新恢复正常工作。

(二)中间冷却器筒体漏氨事故的处理

①立即关闭中冷供液阀。

②紧急停止压缩机运转。

③迅速将中冷内的氨液排入排液桶。

④启动机车,高压级档位将中冷抽空。

⑤将中冷与大气接通。

⑥按压力容器焊接的有关规定施行焊接。

⑦焊接完成后,按制冷管道气密性试验的有关规定,对中冷进行压力试验,及“氨试”。

⑧合格后进行真空试验。

⑨全部合格后，重新恢复正常工作。

（三）安全阀渗漏失灵的现象、原因及处理方法

1. 安全阀渗漏失灵的现象

①装于压缩机外部带有连接管的安全阀，一旦发生渗漏，其连接管将会出现发热现象（不漏时管子是凉的），当无外部连接管时，可以根据压缩机吸排气压力变化加以判断。

②装于压力容器上的安全阀，如发现阀体和出口端有结露和结霜现象，说明安全阀渗漏失灵。

2. 安全阀渗漏失灵的原因

①长期使用未定期校正使弹簧失灵、锈蚀或密封面损坏。

②安全阀起跳后未及时校正，或起跳后在密封处有异物存在。

③安全阀本身制造质量问题，如材质不合格、装配调试不当等。

3. 安全阀渗漏失灵的处理方法

①安全阀必须定期进行校正，按制冷装置安全阀起跳压力值，进行调试并重新加以铅封标记再使用。

②为了提高安全阀的质量，应选用不锈钢和聚四氟乙烯作为阀座和阀芯密封材料。

（四）洗涤式油氨分离器出气阀门之外至冷凝器进气阀门的连接管路漏氨事故处理

①将所有运转中的压缩机立即紧急停机。

②关闭冷凝器的进气阀和油氨分离器的供液阀。

③利用反向工作装置，将高压氨气放入低压系统。

④开启带有反向工作装置的压缩机，进行反向操作，将发生漏氨管路内的压力抽至“零”位后，停止机车运转。

⑤将压缩机的排空阀打开，将空气放入事故管道内，使内外压力均衡，使管道内充满空气。

⑥按压力容器焊接的有关规定施行焊接。

⑦焊接完成后，按制冷管道气密性试验的有关规定，对管道进行压力试验及“氨试”。

⑧合格后进行真空试验。

⑨全部合格后，重新恢复正常工作。

（五）排液桶桶体发生漏氨事故的处理

①迅速关闭排液桶进液阀。

②打开减压抽气阀。

③启动压缩机为排液桶抽空。

④当排液桶上压力表至“零”位时，关闭排气阀门同时迅速打开排空阀，将排液桶抽至真空。

⑤卸下压力表，将空气放入桶内，使压力均衡。

⑥按压力容器焊接的有关规定施行焊接。

⑦焊接完成后，按制冷管气密性试验的有关规定，对排液桶进行压力试验。

⑧气密性试验合格后，进行真空度试验；真空度合格后，进行氨气试漏。

⑨全部合格后，重新恢复正常工作。

（六）高压贮液器液位计玻璃管破裂事故的处理

①液位计玻璃管破裂后，其上、下弹子阀的钢珠会在压差的作用下，立即封住出口，但不排除轻微泄漏现象。

②排险人员，立即穿好防氨服装，戴上面具和橡胶手套。

③关闭弹子阀时，先关下部、后关上部，都要一气呵成，不得中途停顿。

④阀门关闭后，再行更新玻璃管，玻璃管安装完成后，恢复正常工作。

三、氨压缩机房突然断电的处理

①切断电气线路总开关。

②关闭供液总阀和分调节站上的供液阀。

③关闭排气阀、吸气阀(双级压缩系统先关闭低压级吸、排气阀，后关闭高压级吸、排气阀)。

④将手动能量调节阀手柄拨至零位。

⑤其余按正常停机步骤进行。

⑥做好停电、停机记录。

四、活塞式氨制冷压缩机常见故障和排除方法

活塞式氨制冷压缩机常见故障、主要原因及排除方法见表 7-7。

表 7-7　活塞式氨制冷压缩机常见故障、主要原因及排除方法

序号	故障情况	主要原因	排除方法
1	压缩机不能正常启动运行	1. 供电电压过低，电动机线路接触不良； 2. 排气阀片漏气，造成曲轴箱内压力太高； 3. 能量调节机构失灵； 4. 温度控制器失调或发生故障； 5. 压力继电器失灵	1. 检查电压过低原因，如系电网临时出现降压，待电网电压恢复后再次启动。检修线路及电动机有关连接处； 2. 检查漏气阀片，研磨阀片与阀座的密封线； 3. 检查供油管路是否堵塞、压力过低、活塞卡住等情况，根据查出原因进行修理； 4. 调整温度控制器，检修发生的故障； 5. 检修压力继电器，重新调定压力参数

续表

序号	故障情况	主要原因	排除方法
2	压缩机启动、停机频繁	1. 由于排气阀片漏气，使高低压部分压力平衡，造成进汽压力过高； 2. 温度继电器幅差太小； 3. 由于冷凝器缺水或出液阀关闭，造成压力过高，压力继电器动作	1. 拆卸缸盖，研磨泄漏的排气阀片和阀座的密封线； 2. 调整或更换温度继电器； 3. 检查冷凝器的冷却水量和出液阀
3	压缩机启动后，没有油压或运转中油压过低	1. 油泵管路系统连接处漏油或管道堵塞； 2. 油压调节阀开启过大或阀芯脱落； 3. 曲轴箱油太少； 4. 曲轴箱内有氨液，油泵不进油； 5. 油泵严重磨损，间隙过大； 6. 连杆轴瓦和主轴瓦，连杆小头衬套和活塞销严重磨损； 7. 油压表表阀未打开； 8. 曲轴箱后端盖垫片错位堵塞油泵进油通道	1. 检查通道，疏通油管路，紧固接头； 2. 调整油压调节阀，将油压调至需要数值，属于阀芯脱落的，要重新装好，紧固； 3. 应及时加油； 4. 及时停机，排除氨液； 5. 修理或更换零件； 6. 修理更换严重磨损零件； 7. 打开表阀； 8. 拆卸检查，纠正错位的垫片
4	油压过高	1. 油压调节阀未开或开启太小； 2. 油路系统内部堵塞； 3. 油压调节阀阀芯卡住	1. 调整油压调节阀，使油压达到要求值； 2. 检查疏通油路系统； 3. 检修调节阀，属于阀芯卡住的，要修好

续表

序号	故障情况	主要原因	排除方法
5	油泵不上压	1. 油泵零件严重磨损，致使间隙过大不泵油； 2. 油压表不准，指针失灵； 3. 油泵的部件检修后装配不适当	1. 检修油泵零件，换新零件； 2. 检查更换新油压表； 3. 检查部件装配情况或重新拆卸，再按要求装好
6	油温过高	1. 曲轴箱油冷却器没有供水； 2. 轴与瓦装配不适当，间隙过小； 3. 润滑油中含有杂质，致使轴瓦拉毛； 4. 轴封摩擦环安装过紧或摩擦环拉毛； 5. 吸、排气温度过高	1. 打开供水阀； 2. 调整轴、瓦装配间隙，使之符合要求； 3. 更换新油，把拉毛瓦刮平，瓦片严重拉毛时要换新瓦片； 4. 检查修理轴封或更换摩擦环； 5. 调整系统供液阀
7	油压不稳定，忽高忽低	1. 油泵吸入有泡沫的油； 2. 油路不畅通	1. 消除油起泡沫的原因； 2. 检查疏通油路
8	曲轴箱压力升高	1. 活塞环密封不严造成高压向低压串气； 2. 排气阀片关闭不严； 3. 缸套与机座不密封； 4. 曲轴箱内进入氨液，蒸发后致使压力升高	1. 检查修理； 2. 检查排气阀片与阀座密封线是否严密、平整，阀片如有破裂应更换； 3. 拆下缸套后把接合处清理干净重新装配； 4. 抽空曲轴箱氨液

续表

序号	故障情况	主要原因	排除方法
9	能量调节机构失灵	1. 油压过低； 2. 油管堵塞； 3. 油活塞卡住； 4. 拉杆与转动环安装不正确，转动环卡住； 5. 油分配阀装配不当	1. 增大油压； 2. 清洗疏通油管； 3. 拆卸清洗，换去脏油，按正确要求重新组装； 4. 检查装配情况，修理至转动环能灵活转动； 5. 用通气法检查各工作位置是否适当
10	排气温度过高	1. 冷凝压力太高； 2. 回汽压力太低； 3. 回汽过热； 4. 活塞上死点余隙过大； 5. 缸盖冷却水套水量不足	1. 加大冷凝器的冷却水量，放出空气； 2. 调整调节阀或向系统加氨； 3. 按"下项"1～3办法解决； 4. 按出厂说明书要求调整； 5. 加大缸盖冷却水流量
11	回汽过热度过高	1. 蒸发器中氨液太少，供液阀开得小； 2. 回汽管道隔热保温不良或保温层受潮损坏； 3. 吸汽阀片漏气或破裂	1. 适当开大供液阀，若系统缺氨，应立即补充； 2. 检查保温层或更换隔热材料； 3. 检查研磨阀片或更换阀片
12	排气温度过低	1. 压缩机"湿压缩"； 2. 中冷器供液过多	1. 调节阀开得过大，应关小； 2. 中冷器供液阀应关小
13	压力表指针跳动剧烈	1. 系统内有空气； 2. 压力表指针松动； 3. 表阀开启过大	1. 放掉空气； 2. 检修或更换新压力表； 3. 关小表阀
14	压缩机排气压力比冷凝压力高	1. 排气管管道中的阀门未全开； 2. 排气管道内局部堵塞； 3. 排气管道设计不合理	1. 开足排气管道中阀门； 2. 检查去污，清理堵塞物； 3. 应重新设计计算，改变管径

续表

序号	故障情况	主要原因	排除方法
15	汽缸中有敲击声	1. 活塞上死点余隙过小； 2. 活塞销与连杆小头孔间隙过大； 3. 吸排气阀片固定螺栓松动； 4. 安全弹簧变形，弹力变小； 5. 活塞与汽缸间隙过大； 6. 润滑油过多或不干净； 7. 阀片断裂掉入缸中； 8. 连杆扭曲； 9. 汽缸与曲轴连杆中心线不正； 10. 液氨冲入汽缸产生液击	1. 按规定重新调整； 2. 更换连杆小头衬套或换活塞销； 3. 紧固螺栓； 4. 更换弹簧； 5. 检修更换活塞环或缸套； 6. 清洗换油； 7. 停机检修阀片； 8. 矫正或更换连杆； 9. 检查修理； 10. 调整操作
16	曲轴箱有敲击声	1. 连杆大头瓦与曲拐轴颈的间隙过大； 2. 主轴承与主轴颈间隙过大； 3. 开口销断裂，连杆螺母松动； 4. 联轴器中心不正或联轴器键槽处松动； 5. 主轴承（如采用滚动轴承时）轴承钢球磨损，轴承架断裂	1. 调整或换新瓦； 2. 修理或换新瓦； 3. 更换新开口销，紧固连杆螺母； 4. 调整联轴器或检修键槽或换新键； 5. 换新轴承
17	汽缸壁温度过高	1. 油泵故障，油压过低或油路堵塞； 2. 活塞与汽缸壁间隙太小或活塞走偏； 3. 安全块或假盖密封不严，高低压串气； 4. 吸汽温度过高； 5. 润滑油质量不好，黏度太小； 6. 冷却水套内水垢太厚或水量不足； 7. 吸排气阀片损坏； 8. 活塞环严重磨损	1. 停机检修； 2. 检查修理； 3. 检查修理； 4. 调整操作； 5. 更换新油； 6. 清除水垢后加大冷却水量； 7. 检查更换阀片； 8. 更换新环

续表

序号	故障情况	主要原因	排除方法
18	汽缸拉毛	1. 活塞与汽缸间隙太小，活塞环销口尺寸不正确； 2. 吸气中含有杂质； 3. 润滑油黏度太低或有杂质； 4. 排气温度过高，引起油的黏度降低； 5. 连杆中心与曲轴颈不垂直，活塞走偏	1. 按要求间隙重新装配； 2. 检查吸汽阀处的过滤器，并清洗； 3. 更换润滑油； 4. 调整操作，降低排气温度； 5. 检修校正
19	停机后高压和低压很快达到平衡	1. 阀片漏气或断裂； 2. 阀片安装不平或装歪， 4. 缸套与机体密封不良	1. 更换阀片； 2. 把阀片安放平稳。 3. 垫片破损予以更换
20	轴封漏油严重	1. 装配不良； 2. 动环与固定环摩擦面拉毛； 3. 橡胶密封圈老化或松紧不适当； 4. 轴封弹簧弹力减弱； 5. 固定环背面与轴封压盖不密封； 6. 曲轴箱压力过高	1. 正确装配； 2. 检查研磨密封面； 3. 更换橡胶圈； 4. 更换弹簧； 5. 检查拆卸固定环，把背面清洗干净重新装配好； 6. 调整操作，停机前使用曲轴箱降压，并检查排气阀是否泄漏
21	轴封油温过高	1. 润滑油不足； 2. 润滑油不干净； 3. 动环与固定环摩擦面压得过紧； 4. 填料压盖过紧； 5. 主轴承装配间隙过小	1. 检查油泵与油管路是否堵塞； 2. 清洗过滤器，更换新油； 3. 调整弹簧强度； 4. 均匀紧固压盖螺母； 5. 调整间隙达到正确要求

续表

序号	故障情况	主要原因	排除方法
22	连杆大头瓦熔化	1. 润滑油中杂质太多，致使轴瓦拉毛发热熔化； 2. 油泵不泵油形成干摩擦溶化； 3. 连杆大头轴瓦装配间隙小； 4. 曲轴油孔堵塞	1. 更换新油，装配新瓦片； 2. 检修油泵，更换新瓦片； 3. 正确安装，按规定调整间隙； 4. 检查清洗曲轴中的油路
23	压缩机主轴承发热	1. 主轴承径向间隙过小； 2. 两个主轴承同轴度超差或曲轴翘动； 3. 皮带过紧； 4. 润滑油不足或断油； 5. 主轴瓦拉毛	1. 检查调整间隙； 2. 检查主轴承与曲柄平行度，进行校正； 3. 调整皮带的松紧度； 4. 检查油泵油路或补充新油； 5. 检修换新瓦
24	活塞在汽缸中卡住	1. 润滑油低劣，杂质多； 2. 汽缸缺油； 3. 汽缸温度变化剧烈； 4. 活塞环搭口间隙太小	1. 更换合格润滑油； 2. 疏通油路； 3. 调整操作，避免汽缸温度剧烈变化； 4. 按规定调整装配间隙

五、螺杆式制冷压缩机的常见故障和排除方法

螺杆式制冷压缩机常见故障、原因及排除方法见表7-8。螺杆压缩机中使用工质种类较多，但其故障类同。

表 7-8　螺杆压缩机常见故障、原因及消除方法

序号	故障情况	产生的原因	排除方法
1	压缩机不能启动	1. 排气压力高； 2. 排气止回阀泄漏； 3. 机内积油或液体过多； 4. 能量调节未在零位； 5. 部分机械磨损； 6. 压力继电器故障或调定压力过低	1. 打开吸气阀，使高压气体回到低压系统； 2. 检查止回阀，并修理； 3. 用手盘联轴器，将机腔内积液排出； 4. 卸载复原至0%； 5. 拆卸检修、更换、调整； 6. 同上

续表

序号	故障情况	产生的原因	排除方法
2	压缩机启动后短时间振动，然后稳定	1. 吸入过量的润滑油或液体； 2. 压缩机积存油而发生液击	1. 停机用手盘车将液体排出； 2. 将油泵手动启动，一段时间后再启动压缩机
3	压缩机（机组）启动后连续振动	1. 机组地脚栓未紧固； 2. 压缩机与电动机轴线错位偏心； 3. 联轴器平衡不良； 4. 压缩机转子不平衡； 5. 机组与管道的固有振动频率相同而产生共振	1. 将垫块塞紧垫实，拧紧地脚螺栓； 2. 重新校正联轴器与压缩机的同心度； 3. 重新校正平衡； 4. 检查并重新调整； 5. 改变管道支撑点的位置
4	压缩机无故自动停机	1. 高压继电器动作，切断电路； 2. 油压差继电器动作； 3. 油温继电器动作，切断电路； 4. 精滤器压差继电器动作； 5. 控制电路失灵； 6. 过载	1. 检查并调整高压继电器； 2. 检查并调整； 3. 检查并调整； 4. 拆开并清洗精滤器，然后调整； 5. 检查并修理控制电路元件； 6. 检查过载原因，设法减小负载
5	压缩机在运转中有异常响声	1. 转子内有异物； 2. 止推轴承磨损破裂； 3. 运转连接件松动； 4. 油泵气蚀； 5. 滑动轴承磨损，转子与机壳磨损	1. 检查并修理压缩机和吸气过滤器； 2. 更换； 3. 拆开检查，更换键或紧固螺栓； 4. 检查并排除气蚀原因； 5. 检修或更换滑动轴承
6	能量调节机构不动作或不灵	1. 四通阀不通或控制回路故障； 2. 油活塞间隙过大； 3. 油泵油路或接头不通； 4. 滑阀或油活塞卡住； 5. 指示器故障； 6. 油压不高	1. 检查并修理四通阀或控制回路； 2. 检查并修理或更换； 3. 检查并修理吹洗； 4. 拆卸检修； 5. 检修； 6. 调整油压

续表

序号	故障情况	产生的原因	排除方法
7	压缩机机体温度高	1. 机体摩擦部分发热； 2. 吸入气体过热； 3. 压缩比过高； 4. 油冷却器传热效果差	1. 应立即停机检查； 2. 降低吸气温度； 3. 降低排气压力或负荷； 4. 清洗油冷却器
8	排气温度或油温过高	1. 压缩比过大； 2. 油冷却器传热效果差； 3. 吸入过热气体； 4. 喷油量不足	1. 降低压缩机的压缩比或减少负荷； 2. 清除油冷却器的污垢，增大水量，降低水温； 3. 提高蒸发系统的液位； 4. 查明原因，提高油压，增大喷油量
9	压缩机及油泵油封漏油	1. 磨损； 2. 装配不良造成偏磨振动； 3. “O”形密封环变形腐蚀； 4. 密封接触面不平	1. 运转一个时期，看是否好转，是否应停机检查； 2. 拆卸重新装配检查并调整； 3. 检修或更换； 4. 检修或更换
10	油压不高	1. 油压调节阀调节不当； 2. 喷油过大； 3. 油量过大或过小； 4. 内部泄漏； 5. 转子磨损，油泵效率降低； 6. 油路不畅通； 7. 油量不足或油质不良	1. 调整油压调节阀； 2. 调整喷油阀，限制喷油量； 3. 检查油冷却器，提高冷却能力； 4. 检查更换“O”形环； 5. 检修或更换油泵； 6. 检查吹洗油滤器及管路； 7. 加油或换油
11	油面上升	1. 制冷剂溶于油内； 2. 进入液体制冷剂	1. 继续运转提高油量； 2. 降低蒸发系统液位
12	停机时压缩机反转不停	1. 吸入止回阀卡住，未关闭； 2. 吸入止回阀弹簧弹性不足	1. 修理或更换； 2. 检查或更换

六、制冷系统故障现象和处理方法

制冷系统其他故障、原因和处理方法见表 7-9。

表 7-9　制冷系统其他方面的故障及处理方法

序号	故障情况	产生的原因	排除方法
1	冷凝温度过高	1. 冷凝器有故障； 2. 系统中混有空气； 3. 冷凝器内制冷剂液体过多； 4. 冷凝器内有污物，影响传热效果； 5. 冷凝器水阀或水量调节阀未开； 6. 进入冷凝器的水温过高或水量不足； 7. 冷凝器水管被污垢阻塞； 8. 冷凝器中积油过多降低传热系数	1. 检查修理冷凝器； 2. 放出系统空气； 3. 将多余制冷剂液体放出； 4. 清除冷凝器内的污垢； 5. 检查冷却水系统并排除故障； 6. 清洗冷凝器； 7. 清洗冷凝器； 8. 定期放油
2	吸气压力过高	1. 膨胀阀调节过松； 2. 膨胀阀本身有毛病或感温包安装有错误； 3. 系统中制冷剂过多； 4. 热负荷过大； 5. 吸气阀片漏气，高、低腔间的垫片，能量调节机构故障等原因引起压缩机排气量减小； 6. 油分离器自动回油部分失灵	1. 适当调节膨胀阀； 2. 调换膨胀阀，并正确安装感温包； 3. 回收部分制冷剂到钢瓶； 4. 查明情况进行调整； 5. 换阀片、垫片等； 6. 停止自动回油，采用手动回油，并修理油分离器
3	吸气温度过高	1. 系统中制冷剂不足； 2. 蒸发器内制冷量不足； 3. 冷剂中含水量超过规定； 4. 低压管路绝热层做得不好； 5. 节流阀开度过小	1. 加制冷剂； 2. 开大节流阀； 3. 检查制冷剂的含水量； 4. 检查绝热层并修理之； 5. 调节节流阀开度，使吸气温度高于蒸发温度 5～10℃

续表

序号	故障情况	产生的原因	排除方法
4	压缩机进气压力与蒸发器的压力相差很大	吸气阀门开启不当或开启量不足	检查修理或调整开启量
5	压缩机排气压力与冷凝压力相差甚大	1. 排气阀开启不当； 2. 排气管路不通畅	1. 检查排气阀是否全开； 2. 找出不通畅部位并处理
6	浮球调节阀动作失灵	1. 制冷剂液体中有杂质，将阀芯卡住堵塞； 2. 内部机构发生故障	1. 检查并清洗过滤器； 2. 拆开检查并修理
7	冷凝器安全阀跳开	冷却水中断，蒸发式冷凝器风机停转	立即开启冷却水和风机，若关闭不严应进行研磨
8	立式壳管式冷凝器冷却水温升太小且冷凝压力超高	分水器损坏或被水流冲开，使水流下落时与管内壁无法接触	清理冷凝器进水管口，补充分水器，确保冷却水在管内壁为环状流动
9	壳管式蒸发器水量、水压不稳	启动时，封头盖上的放气阀未开	在开启水泵前先将封头盖上的放气阀门打开，待水泵输水，将蒸发器水路内空气挤出，然后关闭放气阀

七、氨泵常见故障原因及排除方法(见表 7-10)

表 7-10　氨泵故障常见原因及排除方法

序号	故障情况	主要原因	排除方法
1	氨泵启动后不上液	1. 氨泵内有气体; 2. 氨液过滤器脏堵; 3. 进液阀未开启; 4. 系统压力低,有漏氨处	1. 打开抽气阀,抽掉氨气; 2. 清洗过滤器; 3. 开启进液阀; 4. 检修泵轴密封器
2	氨泵排出压力过低	1. 氨液过滤器堵塞; 2. 进液管堵塞; 3. 氨泵损坏; 4. 氨泵供液量小; 5. 氨泵中心与低压循环筒液位差过小	1. 清洗排除; 2. 检查堵塞并予排除; 3. 检查氨泵,若损坏严重应检修更换零件; 4. 调整供液阀的开度,加大液量; 5. 调整低压循环筒的供液量

第六节　氟利昂制冷机组故障处理

一、氟利昂制冷系统故障分析

(一)制冷压缩机启动、停机频繁

1. 温度控制器设定不正确

温度控制器开停温差设定过小,压缩机启动后很快达到停机温度;停机后温度又很快上升到开机温度。

2. 吸气压力过低或压力控制器设定不正确

①吸气压力过低或低压压力控制器调定值太高,压缩机启动后很快达到停机压力。

②由负压停机控制的制冷压缩机组,当供液电磁阀关闭不严时,压力会很快超过启动压力。

③使用具有自动复位功能的高压压力控制器所控制的机组，当高压超高时也会出现这种现象。

（二）制冷压缩机不停机

①冷负荷过大。

②制冷压缩机高、低压端严重泄漏，使排气量大为减少。

③制冷系统缺少制冷剂。

④温控器感温包内的填充剂泄漏，虽然温度已达到要求，但不能控制停机。

⑤电磁阀不能全开，热力膨胀阀开度过小；向蒸发器的供液量严重不足。

⑥冰堵、脏堵或油堵，系统达不到要求的停机温度，使得没有吸入压力过低保护的小型机组不停机。

（三）压缩机卸载装置不动作

①油压不够，推不动压缩机上的油活塞。

②拉杆的位置不对，使阀片的顶杆未落入斜面最低处。

③曲轴箱内有制冷剂液体，但尚能保持油压，待高压油进入油缸后，制冷剂液体立即汽化。

④能量调节阀出油管被堵塞。

⑤能量调节阀出油管或压缩机中的油活塞被阻。

⑥输油管或接头处漏油。

（四）堵塞

1. 冰堵

冰堵指制冷剂在节流时温度降低，所含的水冻结堵塞节流阀孔口。水的来源为：

①系统抽真空不彻底残留的水；

②制冷剂含水过多。

2. 脏堵

脏堵指系统中的固体杂物被制冷剂携带、聚集所造成的液体过滤器、干燥过滤器、膨胀阀前滤网、节流孔口、吸气过滤器堵塞。固体杂物的来源为：

①系统排污不彻底残留的固体杂物；

②制冷剂管路焊接时所用焊剂进入系统内。

液体过滤器、干燥过滤器堵塞时，节流前制冷剂液体管的温度低于蒸发温度；吸气过滤器堵塞时，压缩机吸气管的温度低于蒸发温度。

3. 油堵

油堵指冷冻机油凝固点高于蒸发温度，在节流孔口凝固造成的阻塞。其原因为：

①冷冻机油变质；

②所加入的冷冻机油牌号不正确，凝点过高；

③为同牌号的冷冻机油混合使用。

(五)排气压力过高

水冷式氟利昂系统的故障现象及其引起的原因与氨制冷系统相同，风冷式氟利昂系统与氨制冷系统有所不同。

①环境温度太高。

②制冷系统内充注的制冷剂过多，使部分贮存于冷凝管内，从而降低了冷凝面积的利用率。

③风冷式冷凝器的翅片表面积存了大量灰尘或翅片折倒过多，阻挡了空气的流动。

④风机故障、不转或转速降低。

⑤冷凝器周围有影响通风的杂物或进出风短路。

(六)吸气压力过高

①热力膨胀阀开启度过大，供向蒸发器的供液量过多。

②系统中充注的制冷剂过多,此现象对于用毛细管节流的系统尤为突出。

③油分离器自动回油阀关闭不严,造成高低压短路。

(七)吸气压力过低

①热力膨胀阀感温工质泄漏、电子膨胀阀控制线路故障等。

②冰堵、脏堵、油堵。

③系统中充注的制冷剂不足。

④系统中循环的润滑油太多。

⑤膨胀阀、电磁阀故障,不向蒸发器供液。

⑥蒸发器结霜太厚,封堵了空气流动通道。

⑦压缩机吸气阀关闭。

⑧冷负荷过小。

(八)吸气温度过高

造成吸气压力过低的原因也会造成吸气温度过高,除此之外,尚有低压管路隔热层损坏以及膨胀阀关闭过热度调定值过大。

(九)排气温度过低

除造成吸气压力过低的原因之外,压缩机“湿压缩”也造成排气温度过低。

(十)制冷量不足

除造成排气压力过高、吸气压力过低的原因之外,压缩机磨损以及膨胀阀的阀芯卡死、感温包的位置不正确也会造成制冷量不足。

二、离心式制冷机的故障及排除方法(见表7-11)

表7-11 离心式制冷机常见故障及排除方法

序号	故障情况	主要原因	排除方法
1	压缩机不启动	1. 电动机电源故障； 2. 导叶不能全关； 3. 控制线路熔断器断线； 4. 过载继电器动作	1. 检查电源，恢复供电； 2. 将导叶自动—手动切换开关换至手动位置上，并手动将导叶关闭； 3. 检查熔断器进行更换； 4. 按下继电器的复位开关，或检查继电器的电源设定值
2	压缩机转动不平稳出现振动	1. 油压过高； 2. 轴承间隙过大； 3. 防震装置调整不良； 4. 密封填料和旋转体接触； 5. 增速齿轮磨损； 6. 轴弯曲； 7. 齿轮连轴节齿面污垢磨损	1. 降低油压至给定值； 2. 调整间隙或更换轴承； 3. 调整弹簧或更换； 4. 调整间隙，消除接触； 5. 修理或更换； 6. 修理调直； 7. 调整、清洗或更换
3	电动机过负荷	1. 制冷负荷过大； 2. 压缩机吸入液体制冷剂； 3. 冷凝器冷却水温过高； 4. 冷凝器冷却水量减少； 5. 系统内有空气	1. 减少制冷负荷； 2. 降低蒸发器内制冷剂液面； 3. 降低冷却水温； 4. 增加冷却水量； 5. 开启抽气回收装置排出空气
4	压缩机喘振	1. 冷凝压力过高； 2. 蒸发压力过低； 3. 导叶开度太小	1. 开启抽气回收装置，排出系统内空气； 2. 消除铜管壁污垢； 3. 增加冷却水量，检查冷却水过滤器； 4. 检查冷却塔工作情况； 5. 检查制冷剂量，如不足应增加； 6. 调整导叶风门的开度； 7. 检查浮球阀的开度

续表

序号	故障情况	主要原因	排除方法
5	冷凝压力过高	1. 机组内渗入空气； 2. 冷凝器管子污垢； 3. 冷却水量不足使循环不正常； 4. 冷却水温过高	1. 开动抽气回收装置，排除空气； 2. 清洗冷凝器水管； 3. 增加冷却水量，检查过滤器； 4. 降低冷却水温，检查冷却塔工作情况
6	蒸发压力过低	1. 制冷剂不足； 2. 蒸发器管子污垢； 3. 浮球阀动作失灵； 4. 制冷剂不纯； 5. 制冷负荷小； 6. 水路中有空气	1. 增加制冷剂； 2. 清洗蒸发器水管； 3. 检修浮球阀； 4. 检查或更换制冷剂； 5. 关小进口导叶； 6. 打开铜考克放气
7	蒸发压力过高	1. 制冷负荷加大； 2. 浮球室液面下降，没有形成液封	1. 开足导叶风门； 2. 检修浮球阀
8	压缩机排气温度过低	蒸发器液面太高，吸入了液态制冷剂	取出多加入的部分制冷剂
9	油压过低	1. 油内含有制冷剂，使油变稀； 2. 油过滤器堵塞； 3. 油压调节失灵； 4. 均压管阀开度过大，油箱内压力过低； 5. 油面过低； 6. 油泵故障	1. 提高油温，减少油冷却器水量； 2. 清洗过滤器； 3. 研磨修理调节阀； 4. 减少均压管阀的开度； 5. 补充油到规定液位； 6. 检修油泵
10	油压过高	1. 调节阀失灵； 2. 压力表至轴承间堵塞	1. 检修调节阀； 2. 拆卸清洗

续表

序号	故障情况	主要原因	排除方法
11	油压波动激烈	1. 油压表故障； 2. 油路中有空气或气体制冷剂； 3. 油压调节阀失灵	1. 修理或更换； 2. 打开油路中最高处的管接头放气； 3. 检修或更换
12	轴封漏油，并伴有温度升高现象	1. 机械密封损坏； 2. 油循环不良； 3. 油压降低	1. 更换新元件； 2. 检查、清洗油路系统； 3. 用调节阀增大油压
13	轴承温度过高	1. 轴瓦磨损； 2. 润滑油污染或混入水； 3. 油冷却器有污垢； 4. 油冷却器冷却水量不足； 5. 压缩机排气温度过高	1. 更换轴瓦； 2. 更换新油； 3. 清洗冷却器或更换； 4. 检查冷却器水路系统； 5. 参见序号 5 冷凝压力过高
14	机器严重腐蚀	1. 机器气密性不好，有空气渗入； 2. 冷冻水、冷却水水质不好； 3. 润滑油质不好	1. 检查渗漏部位，修复； 2. 进行水质处理，改善水质，添加缓蚀剂； 3. 更换润滑油

第七节　吸收式制冷机组故障处理

一、主要故障分析

（一）报警指示灯亮或电铃响

1.“循环故障”指示灯亮、电铃响

报警原因主要有：高压发生器出口浓溶液温度超过 165℃；高压发生器出口浓溶液压力超过 0.02 MPa；低压发生器出口浓溶液温度超过 95℃；稀溶液出口温度低于 25℃。

引起故障的原因有：蒸汽压力太高；机组内有空气；冷却水量不足、进口温度太高或传热管结垢；蒸发器中冷剂水被溴化锂污染；高压发生器稀溶液循环量太小；低压发生器稀溶液循环量太小；冷却水进口温度太低；溶液热交换器结晶；高压发生器传热管破裂；低压发生器传热管破裂。

2.“缺冷水”指示灯亮、电铃响

冷水泵停止；冷水量太少，压差继电器因压差小于 0.02 MPa 而动作。引起的原因主要有：冷水泵损坏或电源中断；冷水过滤器堵塞。

3.“冷却水中断”指示灯亮、电铃响

冷却水中断是由于水泵损坏或电源中断后冷却水过滤器阻塞所引起。

4.“蒸发器低温”指示灯亮、电铃响

由于制冷量大于用冷量或冷水出口温度太低，使蒸发器中冷剂水温低于 2℃。

（二）机组内有空气

其现象主要有：机组停机时，机内压力超过在环境温度下时对应的液浓度的饱和蒸汽压；机组运行时冷凝器压力超过对应冷凝温度的饱和蒸汽压；蒸发器压力超过对应蒸发温度的饱和蒸汽压；在运行中，液气分离器的视镜里集聚的空气量不断增加；吸收器液位下降，蒸发器液位上升，并发生溢水现象；机组制冷量降低。

原因有两个方面。一是空气漏入机内，如阀门漏气、法兰漏气、管接头或焊缝在热应力作用下漏气、取样或加溶液时漏入空气、检修时漏气、长期慢性泄漏。二是抽气系统有故障，如真空泵不正常、真空泵油长期未更换、吸收器液位太高、抽气隔膜阀膜片损坏。

（三）机组内溴化锂溶液结晶

1. 启动时溴化锂溶液结晶

机内有空气；抽气不良；冷却水温度太低。

2. 运转时溴化锂溶液结晶

蒸汽压力太高；冷却水量不足；冷却水使热管结垢；机内有空气；冷剂泵或溶液泵不正常；稀溶液循环量太少；喷淋管喷嘴严重堵塞；冷水温度过低；高负荷运转中突然停电；安全保护装置发生故障。

3. 停机时溴化锂溶液结晶

溶液稀释时间太短；稀释时冷剂水泵停下来；稀释时冷水泵和冷却水泵停下来；停机后蒸汽阀未全关闭；稀释时外界无负荷。

(四)其他故障

1. 抽气装置启动，但无法保持机内的真空

机组有泄漏点；真空泵有故障或性能差；各阀门没有正确地开闭。

2. 蒸发器冻结

冷水出口温度过低；冷水量过小；安全保护装置发生故障。

3. 冷剂水被溴化锂溶液污染

稀释溶液液量过大；启动时高压发生器和低压发生器负荷过大；冷却水温度过低，冷凝压力过低。

二、消除故障的方法

(一)机组漏气的排除

将蒸发器上部测压阀与0～0.6 MPa的压力表相连，或与2 m长的水银压差计相接。冷凝器顶部测压阀与氮气瓶减压阀相连。充入氮气至机内，使压力大于0.16 MPa(表压)，然后用发泡剂(如肥皂水)检查法兰、接头等可能引起泄漏的部位。若不能肯定泄漏点，可拆下机组两端的水盖，检查管板胀接管接头有否泄漏。根据泄漏情况进行相应修理后，按上述方法复查，直到不漏为止。然后将机组上通往大气的阀门打开，放掉机组内大于大气压的氮气。将蒸发器测压阀与U形管水银压差计相接，打开冷凝器和蒸发器抽气阀门。启

动真空泵进行抽气，直到机内压力达到环境温度下，相对应的溶液浓度的饱和压力。之后，启动机组，使之正常运行，让吸收器中的液位低于抽气管组的位置，在此状态下继续利用真空泵抽气。关闭冷凝器和蒸发器抽气阀，检查液气分离视镜，直至视镜集聚的气体不再增加为止。关闭抽气阀并停止真空泵，最后停机。

（二）熔晶

机组在运行中结晶，往往发生在溶液热交换器浓溶液侧，如果结晶不严重，可通过溶液经自动熔晶旁道到吸收器去，即自行解除结晶，如果结晶严重，就需用下述方法熔晶。

首先，停止凉风塔风机，调高冷水进口温度，减少冷却水量。关闭冷剂水泵排出阀，打开冷剂水再生阀，将冷剂水导至吸收器。当冷剂水泵开始有噼噼啪啪的声音时，马上将冷剂水泵的开关转向“关”将冷剂水泵停下。发生器泵和溶液泵继续运转，并使溶液温度在60～70℃范围，由于溶液温度升高，可以使结晶熔解。

如果采取上述方法对某些部位结晶仍无法熔解，则可用蒸汽或热水对这部位进行加热，直至熔解为止。

（三）解冻

当蒸发器冷剂水发生冻结时，可按下述方法解冻。

将凉水塔风机停下，冷却水温度调高，冷却水量调小，按正常运转方式启动，一般运行后可解冻。如仍不解冻，可用下法解冻。先将蒸汽调节阀关闭，再将溶液泵排出阀关闭，让冷水继续进入机组加热蒸发器，冷剂水即可解冻。

（四）冷剂水再生

当蒸发器中冷剂水被溴化锂污染，比重超过 1.02 时，应考虑再生，其操作步骤如下：

按正常启动方式将机组启动，把蒸汽调节阀开关转向“手动”，旋转手动电位器旋钮使蒸汽调节阀开度约 50％以下。关闭冷剂水泵的排出阀，打开冷剂水再生阀，将蒸发器中的冷剂水导向吸收器，当开始听到冷剂水泵噼噼啪啪声响时即停下冷剂水泵。让机器继续运行，由冷凝器流到蒸发器来的冷剂水逐渐在蒸发器水盘中积聚。当冷剂水达到正常液位高度时，关闭冷剂水再生阀，打开冷剂水泵排出阀，让冷剂水泵正常运转，这时可抽取少量冷剂水，测量它的比重，如未达到要求，需进行再生，直至达到要求为止。

第八节　循环水系统故障处理

循环水系统包括冷凝器冷凝用水、冷风机冲霜用水和压缩机冷却用水。包括的设备主要有凉水塔、循环水池和循环水泵，较易出现故障的设备是冷却塔和水泵。

一、冷却塔

冷却塔是通过水分的蒸发、水与空气的接触和由于水分蒸发引起周围空气湿度增大、温度降低来达到降温效果的。当有以下问题时，就会出现故障。

（一）布水器或填料故障

布水器在喷水时应能够轻松地旋转，当转速过慢或不能转动时，会引起水流集中，不能形成小的水滴，从而不能有足够大的表面积与空气接触，使换热量下降。

冷却水塔中部的填料，可使下流的水滴体积减小，表面积增大，换热能力增强，但当填料破损、脱落时，会使水滴成柱或水滴体积增大。

（二）冷却水塔飘水严重

飘水是指冷却塔在使用过程中水滴外溅或水滴随空气飘出水塔而外扬。此类故障，往往是风机转速过快、风机反转、塔体顶部较小或四周百叶破损所引起。

（三）运转噪声增大

塔体地脚螺栓松动；风扇叶片失去平衡；叶片或布水器周围有阻碍其转动的杂物；也可能是塔体变形与风扇叶片产生摩擦。

二、水泵

（一）轴封漏水

用填料密封的水泵轴封，当填料磨损严重或封盖过松时都会出现漏水现象，此时若更换填料或压紧封盖可减少漏水量，但封盖不宜过紧，否则会引起轴封温升，烧毁轴承。

（二）水系统流量减少

水系统流量减少有两方面的原因，一是水系统的管路严重结垢，使管径减小，阻力增大。二是水泵叶轴转速降低或进出口有短路现象。

思考题

1. 化学爆炸必须满足的三个必要条件是什么？制冷系统可能会发生哪些化学爆炸？
2. 制冷系统可能会发生哪些物理性爆炸？
3. 可能会有哪些制冷剂引起的中毒、冻伤事故？
4. 制冷系统超压而引起的危险，其原因主要有哪些？
5. 制冷系统直接由温度引起的危险，其原因主要有哪些？
6. 哪些指标是评价制冷剂安全程度的主要指标？
7. 氨的危害主要有哪些？
8. 氟利昂制冷剂的危害主要有哪些？
9. 制冷设备爆炸造成的危害主要表现在哪些方面？
10. 制冷空调循环水水质对制冷系统安全有什么影响？

11. 氨压缩机“湿压缩”有哪些现象？是什么原因造成的？怎样处理？

12. 制冷装置发生漏氨事故怎样处理？

13. 氨压缩机房突然断电怎样处理？

14. 活塞式氨制冷压缩机有哪些常见故障？各有哪些排除方法？

15. 螺杆式制冷压缩机有哪些常见故障？怎样排除？

16. 离心式制冷机有哪些常见故障？怎样排除？

17. 制冷系统故障有哪些常见现象？怎样处理？

18. 氟利昂制冷机组故障怎样处理？

19. 吸收式制冷机组故障怎样处理？

20. 循环水系统故障怎样处理？

第八章 制冷与空调作业安全管理

第一节 安全管理制度

一、安全生产责任制

“安全生产，人人有责”是安全生产工作的基本方针。企业各级领导和管理人员在组织生产的时候要负安全责任，每个职工在进行安全生产的时候，同样要负安全责任。各级人员及各部门人员的职责，应根据其工作性质用条文规定，即安全生产责任制，每个人、每个部门按照安全生产责任的规定，认真负起自己的职责，安全生产才会有保证。

安全生产责任制包括干部管理安全责任制和工人岗位安全责任制。其内容一般包括岗位安全职责、为完成专责必须进行的工作和基本方法，以及应该达到的基本安全要求。

（一）企业安全职责的原则要求

(1)企业法定代表人对本企业安全生产负全面责任，推动企业认真贯彻实施国家有关制冷空调安全规范。

(2)制冷空调装置使用单位安全技术负责人（主管副厂长或总工程师）必须对制冷空调装置的安全技术管理负责。

(3)企业管理部门（动力、设备）负责实施国家制冷空调安全规范。

(4)根据实际情况在安全技术管理机构中,配备相应的制冷安全技术管理人员。

(5)企业安全技术部门负责对制冷作业操作、维修人员的安全技术培训管理工作,并负责对本企业发生伤亡事故按国家有关规定处理。

(二)制冷空调站负责人岗位安全职责的原则要求

(1)掌握国家有关制冷空调安全规范,熟悉设备技术性能、操作及维护方法,掌握运行状况。

(2)负责制冷空调安全运行,建立健全正常运行工作秩序,做好班中巡回检查工作,对设备隐患整改负责组织落实。

(3)对职工不按规定穿戴防护用品,违章作业行为,应进行批评教育,并责令其改正。

(4)组织班组开展安全学习活动,贯彻落实制冷空调安全规范,教育职工遵章守纪。安全活动应有文字记载,并且要填写教育卡片。

(5)负责对新调入的工人进行上岗前安全教育。

(6)对重大设备检修、抢修等要进行现场监护。

(7)发生工伤事故,应立即报告上级部门,并保护好现场。

(三)制冷作业人员岗位安全职责原则要求

(1)严格执行安全操作规程及有关安全制度,做好安全运行。

(2)按时巡视检查设备,认真填写各项报表和值班记录。

(3)根据主管领导安排,认真做好机组(库)开车准许工作和现场监护。

(4)负责当值异常情况和事故处理,并立即向主管领导报告,配合电气及检修人员工作及时处理故障。一旦发现检修人员危及人身和设备安全时有权制止,待符合安全条件后方可重新工作。

(5)按照规定做好交接班工作。

(6)做好各种安全用具及防护用品的管理工作。

二、安全制度

(一)安全教育制度

为了不断提高广大职工对安全生产的认识,组织职工学习安全技术知识,加强对职工安全教育,特制订安全教育制度,它包括对新工人上岗前的教育、特种作业人员的安全教育和经常性的安全教育等。

(二)安全检查制度

制冷空调设备运行过程中,为了能及时发现问题,堵塞不安全漏洞,就必须进行安全检查。检查方法有定期和不定期的,有季节性检查、全面检查和专业性的安全检查等。这些检查在企业内应采用制度的形式固定下来,以便遵照执行,保障安全生产。

(三)专业性的安全管理制度

这种安全管理制度,主要是针对某种设备、某种物品、某种工艺过程、某种场所保证安全管理,如易燃易爆物品的安全管理制度、压力容器安全管理制度、变电所安全管理制度等。

三、操作规程

(一)制订制冷作业安全操作规程的意义与依据

在企业和事业单位里,每个工种都制定了安全操作规程,如车工安全操作规程、焊工安全操作规程等。这些安全操作规程的目的就是保证操作安全。它的内容包括了生产工艺上的安全技术要求、使用这些设备的安全要求、设备安全维修保养要求等。

制冷工的工种操作规程是制冷空调设备安全操作规程。由于制冷空调装置运行过程中的复杂性及工艺过程的危险性,因此在制冷作业操作过程中，因操作失误等原因，有可能发生人身伤亡事故，如制冷剂的泄漏、爆炸及机械伤害等。从制冷系统发生的爆炸、泄漏的重大事故的原因分析来看，大部分是由于违章操作或无章操作造成的。因此安全操作规程是制冷空调装置安全运行，防止发生事故，保证制冷作业安全的重要保证。安全操作规程用以规范操作者的安全操作程序、步骤和方法，其中许多条文基本上是从事故教训中得来的。因此，它是生产操作保证安全的规范性文件。只有认真按安全操作规程规范操作，才能保证不发生事故。

安全操作规程的依据是国家有关制冷空调安全技术规范、规程及标准。其内容结合本单制冷空调系统的工艺运行操作特点，与具体的制冷空调系统有关，与具体的设备有关，是具体的、可执行性强的规定。

（二）安全操作规程的内容

制冷作业安全操作规程主要包括：制冷空调装置机组的开机准备，开、停机安全操作；加油安全操作；制冷系统放油安全操作；制冷空调系统放空气安全操作；制冷剂充注和回收安全操作；辅助设备如水泵等安全操作与检修安全操作等。

四、制冷作业事故紧急预案制度

制冷系统在运行过程中由于种种原因可能导致爆炸及制冷剂的泄漏等事故，危及设备及人员安全，针对出现的事故采取及时有效的处理措施能够避免事故的扩大，防止灾难性事故的发生，减少国家财产和人员伤亡损失。制冷作业发生的事故，往往是由于现场操作人员缺乏经验，出现问题则手忙脚乱，使本来可以避免的事故扩大，导致重大的人员伤亡和设备损坏事故。因此，为防患于未然，企业应建立事故预案制度。针对制冷作业可能发生的事故，预先制定防范和紧急抢险措施，做到心中有数，并定期进行事故预防演练，使操作人员能够掌握事故紧急处理方法，在发生事故时才能够沉着应对，妥善处理。对氨制冷系统的事故预案包括：氨机房突然断电的处理，油氨分离器出气管路爆裂处理，氨机房火险处理，贮液器液位计玻璃管破裂处理，制冷系统漏氨事故处理及作业人员急性中毒的处理等。

制冷作业事故应急预案举例：

氨制冷系统事故应急抢险预案

冷库制冷系统的安全事关员工生命和财产安全，一旦发生事故也会对周边群众安全和环境造成影响，为保证事故发生时，及时、有序、高效的进行控制，防止事故蔓延和扩大，最大限度降低人员伤亡和财产损失，降低大气污染程度，特制订本预案。

一、本企业基本情况

（包括企业概况、周边环境、生产工艺、人员情况、安全措施等，附单位厂区平面图及周边环境图）

二、事故救援组织

（一）公司总经理为安全生产第一责任人，公司事故应急抢险、救援领导小组由总经理任组长。

（二）事故救援机构及职责、人员组成

1. 事故抢救组

职责：负责组织专业技术人员针对事故性质进行有秩序的抢救工作，制定抢救方案并加以实施，有权调动一切抢救物资。

人员组成：（具体略，原则应由多年从事氨制冷作业、熟悉制冷系统工艺、了解设备设施状况、心理素质高的专业技术人员和熟练的操作人员组成，由制冷车间主任作组长）

2. 后勤服务组

职责：负责急救物资供应工作，抢险、抢救时需要的物资应及时组织到现场，应注意必备：氧气呼吸器、小氧气罐、充氧工具、过滤式防毒面具、过滤罐的更换等并设专业人负责管理。

人员组成：(略)

3. 伤员救护组

职责：接到抢险、抢救通知后，立即赶赴事故现场，时刻准备抢救伤员，备好担架及急救药品等。

人员组成：(略)

4. 治安维护组

职责：维护事故现场秩序，疏导无关人员和车辆，要求在事故发生接到通知后，立即赶赴现场，根据事故现场的风向，控制好一定范围的安全区，禁止无关人员进入事故现场，以保证其他人员安全，疏导无关人员及车辆离开事故现场，保证抢救车辆、物资畅通无阻。

人员组成：(略)

5. 事故调查处理组

职责：保护现场、配合安全生产监督管理部门调查分析事故发生的原因，并提供相关资料。

人员组成：(略)

三、事故应急救援人员联系方式

姓名：×××职务：×××联系电话：×××(移动)；×××(固定)

四、事故抢救设施、设备

水源：消防栓　　　　位置：
水源：循环水池　　　位置：
通风机：　　　　　　位置：
灭火器柜：　　　　　位置：
防护用品柜：　　　　位置：
抢修工具柜：　　　　位置：
抢救药品柜：　　　　位置：

五、事故报告程序(略)

(事故报告程序根据本单位制订的事故报告制度编制。)

六、事故应急预案启动程序

任何员工发现事故即将发生或已经发生时,均应立即按事故报告程序上报,接报领导应立即赶赴事故现场,并同时根据事故发生及发展情况,确定启动全部预案或部分预案,即使启动部分预案时,也应要求救援组织进入预备状态,随时投入抢险。

七、事故现场管理

区域划分:

(1)制冷机房、设备间

(2)库房

(3)防扩散隔离区(略)

八、事故抢救方案

(一)制冷机系统漏氨的处理

①操作人员发现氨压缩机发生漏氨事故后,先切断制冷压缩机电源,马上关闭排气、吸气阀(双级氨压缩机应关闭高、低压级排气阀和吸气阀),如正在加油,应及时关闭加油阀。

②机房运行的机器全部停止运行。

③如漏氨严重,无法靠近事故机器,应到配电室断电停机,停机后立即关闭所有油氨分离器进气阀及与事故机器吸气管相连接的低压循环桶(汽液分离器)进、出气阀门。

④迅速开启机房所有的事故排风机。

⑤用水喷淋漏氨部位。

(二)容器漏氨事故的处理

1. 油氨分离器漏氨

①如压缩机正在运行工作中,应立即切断压缩机电源。

②关闭该油氨分离器的出气阀、进气阀、供液阀、放油阀、混合气

体阀，并关闭冷凝器进气阀、压缩机至油氨分离器的排气阀。

③用水喷淋漏氨部位。

2. 冷凝器漏氨

①如压缩机处于运行状态，应立即切断压缩机电源。

②关闭所有高压贮液桶均压阀和其他所有冷凝器均压阀、放空气器阀，然后关闭冷凝器的进气阀、出液阀。系统工艺允许时可以对事故冷凝器进行减压。

③用水喷淋漏氨部位。

3. 高压贮液器漏氨

①立即关闭高压贮液桶的进液阀、均液阀、放油阀及其他关联阀门。

②如氨压缩机处于运行状态，迅速切断压缩机电源。

③条件及环境允许时，立即开启与低压容器相连的阀门进行减压、排液、尽量减少氨液外泄；当高压贮液桶压力与低压压力平衡时，及时关闭减压排液阀门。

④用水喷淋漏氨部位。

4. 中间冷却器漏氨

①当压缩机处于运行状态，应立即切断该电源。

②关闭低压级压缩机的排气阀、高压级压缩机的吸气阀以及中间冷却器与其他设备相通的阀门，开启排液阀和放油阀进行排液、放油减压。

③用水喷淋漏氨部位。

5. 低压循环贮液器漏氨

①立即切断该系统处于运行中的压缩机电源。

②关闭压缩机吸气阀，关闭低压桶的进气、出气、均液、放油、抽气及液位阀门，开启氨泵进液、出液阀，启动氨泵，将低压循环贮液器内氨液送至库房蒸发器内。

③低压循环贮液器内无液后关闭氨泵进液阀，停止氨泵运行，切

断氨泵电源。

④用水喷淋漏氨部位。

6. 排液桶漏氨

①立即关闭排液桶的所有与其他设备相连阀门。

②根据排液桶的液位多少进行处理。如液量较少，开启减压阀进行减压；液量较多时，应尽快将桶内液体排空，减少氨的外泄量。

③用水喷淋漏氨部位。

7. 集油器漏氨

①立即关闭集油器的进油和减压阀。

②用水喷淋漏氨部位。

8. 空气分离器漏氨

①立即关闭混合气体进气阀、供液阀、回流阀、蒸发回气阀。

②用水喷淋漏氨部位。

9. 设备玻璃管、油位指示器漏氨

①当上、下侧弹子失灵，应立即关闭指示器上、下侧的弹子角阀，尽早控制住氨液大量外泄。

②用水喷淋漏氨部位。

10. 氨罐、氨瓶漏氨

①在加氨的过程中漏氨，立即关闭其出液阀、加氨站的加氨阀。

②用水喷淋漏氨部位。

③迅速将氨罐、氨瓶推离加氨现场。

11. 加氨装置漏氨

①立即关闭加氨装置最近的阀门和氨瓶(罐)的出液阀。

②用水喷淋漏氨部位。

(三)库房设备漏氨

1. 蒸发器漏氨的处理

①在库房降温过程中漏氨，关闭蒸发器供液阀、回气阀，停止氨泵运行。

②在冲霜过程中漏氨，关闭冲霜热氨阀、关闭排液阀、开启回气阀进行减压。

③确定漏氨部位，用管卡紧固，减少氨的外泄量。

④开启移动的事故排风扇，尽量降低库房氨气浓度。

⑤根据漏氨情况，在条件和环境允许情况下，可采取适当的压力热氨冲霜的方法，将蒸发器内氨液排回排液桶，减少氨液泄漏和库房空气及商品污染。

2. 气液分离器漏氨

①立即关闭进液阀。

②用压缩机抽气、减压，尽快将气液分离器内氨液排空，减少氨的外泄量。

③无液后关闭氨泵回气阀，停止氨泵运行，切断氨泵电源。

(四)阀门、管道漏氨的处理

1. 系统管路上氨阀门漏氨

①立即关闭事故阀门两边最近的控制阀。

②用管卡紧固，减少氨的外泄量。

③开启事故排风进行通风换气。

④必要时切断机房电源。

④条件许可时，用水喷淋漏氨部位。

2. 容器上的控制阀门漏氨

①关闭事故控制阀前最近的阀门。

②关闭容器的进液、出液、进气、出气、均液、均压、放油、供液、减压等阀门。

③如为高压容器，在条件和环境允许时，应迅速开启排液阀，进行减压排液，减少氨液泄漏量。

3. 管道漏氨

①关闭事故管道两边最近的控制阀门，切断氨液的来源。

②用管卡坚固、封堵漏口和裂纹。

③进行事故部位抽空。

④开启事故排风扇进行通风换气。

⑤必要时切断机房电源。

⑥条件许可时，用水喷淋漏氨部位。

（五）处理漏氨事故时氨的排放

1. 系统内排放

用漏氨设备的排液管及放油管排放，将漏氨容器的氨液排至排液桶内。

2. 系统外排放

通过紧急泄氨器与耐压胶管放入循环水池中。注意阀门不要开启过猛，防止胶管连接处脱落，造成次生事故。

（六）氨中毒人员的急救

1. 进入事故区抢救受伤人员

①佩戴好氧气呼吸器或防毒面具、防护衣、橡皮手套。

②将被氨熏倒者迅速移至温暖通风处，注意伤员身体安全，不能强拖硬拉，防止给中毒人员造成外伤。

③将中毒者颈、胸部纽扣和腰带松开，保持中毒者呼吸畅通，注意中毒者神态、循环系统的功能及心跳变化。

④用2%硼酸水给中毒者漱口，少量喝一些柠檬酸汁、3%的乳酸溶液或食醋；对中毒严重不能自理的伤员，应让其吸入1%～2%柠檬酸溶液的蒸汽；对中毒休克者应迅速解开衣服进行人工呼吸，并给中毒者饮用较浓的食醋。

⑤当眼睛沾有氨液，用水或2%的硼酸水冲洗眼睛并迅速开闭眼睛，使水充满全眼，洗后立即送医院治疗。

⑥皮肤沾的氨液，应剪开沾氨液的衣、裤，用大量清水或2%硼酸水冲洗受伤部位。

⑦中毒伤员严禁饮用白开水。

2. 送医院

经过直接处治的中毒人员应迅速送往医院进行抢救。

急救电话:120

九、报警

发生严重漏氨、火灾、爆炸事故时,现场负责人应立即报警(电话:110、119),视情况严重程度决定是否立即撤出作业人员,同时引导消防队进入事故现场扑救。

十、实施

本应急抢险预案于××××年××月××日发布,于××××年××月××日开始执行。

第二节　制冷与空调设备运行安全管理

制冷作业伤亡事故大部分发生在设备运行过程中,因此,搞好制冷空调设备运行安全管理十分重要。除有关制冷作业各级岗位安全责任制外,应建立健全保障制冷空调设备安全运行的各项安全管理制度。

一、日常工作制度

(一)交接班制度

它是一项使上下班之间衔接生产,交托责任,互相检查,保证安全生产连续进行的一项重要制度。它所规定的交接事项一般有:完成任务的情况、质量情况、设备情况;工具、用具、各种仪器仪表安全装置情况,以及安全生产及预防措施;为下一班生产所进行的准备情况;上级指示和注意事项等情况。可简述为以下内容。

①交接班值班人员应按规定时间进行交接班。交接班人员必须提前15分钟到现场做好交接班准备工作。交接人员应办理交接手

续签字后方可离开。

②交班时系统运转记录必须完整。设备、环境卫生良好,交班班长应向接班班长介绍运转情况和注意问题,设备检修、改进等工作情况及结果;当值已完成和未完成的工作及有关措施。交接班人员应分别到各环节进行详细交接。

③遇事故处理时,不得进行交接班。应由交班人员负责处理,接班人员可在站(库)长指挥下协助工作。

④接班人员应认真查看各项记录,巡视检查设备及各部安全装置,仪表安全运行状况是否正常,了解上班设备异常及事故处理情况;核对防护用品、安全用具等是否齐全;检查工作现场环境、清整等状况。

(二)巡回检查制度

巡回检查制度是对所控设备的要害部位进行检查的制度。即根据安全生产和工艺流程特点,确定检查点,规定检查内容和要求,选用最科学的检查路线和顺序实行定时、定点对生产的重要部位进行全面检查,掌握情况,记录资料,发现问题,排除隐患,这是确保制冷作业安全生产的一项重要制度。可简述为以下内容。

①除交接班巡视外,应定时进行巡视。

②对新设备投入运行后,以及设备异常、试验、检修、事故处理后,应适当增加巡视次数。

③值班巡视人员巡视检查中必须遵守安全操作规程,确保人身安全。

④巡视检查中遇有严重威胁人身和设备安全情况,应进行紧急处理,并立即报告主管领导。

二、设备维护与检修制度

(一)压力容器及安全装置、仪表定期检测制度

TSGR 7001—2004《压力容器定期检验规则》(即《检规》)规定了

压力容器的年度检查和定期检验。

1. 年度检查

年度检查包括使用单位压力容器安全管理情况检查、压力容器本体及运行状况检查和压力容器安全附件检查等，检查方法以宏观检查为主。

检查前检查人员应当首先全面了解被检压力容器的使用情况、管理情况，认真查阅压力容器技术档案资料和管理资料，做好有关记录。

压力容器安全管理情况检查的主要内容为：

①压力容器的安全管理规章制度、安全操作规程、运行记录是否齐全、真实，查阅压力容器台账（或者账册）与实际是否相符；

②压力容器图样、使用登记证、产品质量证明书、使用说明书、监督检验证书、历年检验报告以及维修、改造资料等建档资料是否齐全并且符合要求；

③压力容器作业人员是否持证上岗；

④上次检验、检查报告中所提出的问题是否解决。

压力容器本体及运行状况的检查内容中，与制冷与空调设备相关的主要有：

①压力容器的铭牌、漆色、标志及喷涂的使用证号码是否符合有关规定；

②压力容器的本体、接口（阀门、管路）部位、焊接接头等是否有裂纹、过热、变形、泄漏、损伤等；

③外表面有无腐蚀，有无异常结霜、结露等；

④保温层有无破损、脱落、潮湿、跑冷；

⑤压力容器与相邻管道或者构件有无异常振动、响声或者相互摩擦；

⑥支承或者支座有无损坏，基础有无下沉、倾斜、开裂、紧固螺栓是否齐全、完好；

⑦排放(疏水、排污)装置是否完好;

⑧运行期间是否有超压、超温、超量等现象。

安全附件的检验包括对压力表、液位计、测温仪表、爆破片装置、安全阀等的检查和校验。制冷空调系统的压力(压差)控制器、温度显示控制器、液位控制器、流量保护装置、安全报警装置等也在安全附件所包括的范围内。

2. 定期检验

压力容器定期检验工作包括全面检验和耐压试验。全面检验是指压力容器停机时的检验。全面检验应当由检验机构进行。其检验周期为:

①安全状况等级为1、2级的,一般每6年一次;

②安全状况等级为3级的,一般3～6年一次;

③安全状况等级为4级的,其检验周期由检验机构确定。

(二)制冷空调维修管理制度

制冷空调系统维护和修理工作,对设备可靠、安全运行,延长使用寿命是十分重要的,企业应针对制冷空调装置系统的运行工艺特点制定完善的维护检修制度,使维护保养修理工作形成制度化。制冷空调设备的维护保养工作包括两种,一种是预防性维护保养,即为使机组保持良好安全的运行状态而进行的定期检查和保养,另一种是检修。检修分为故障检修和定期检修两种,故障检修是在设备发生故障后,根据情况加以检修;定期检修是根据设备腐蚀损坏的情况定期检查和修理。制度中有关原则要求为:

①制订维护和检修计划,确定大中小修时间,明确维护保养检修内容。

②建立维修保养记录制度,制定相应的记录表格,将维修过程存在的问题,维修的方法、质量及结果等进行记录,做好维护修理工作记录。

③制定维护修理作业安全操作规程与管理制度,加强作业过程

的安全监护管理。对有可能发生危险的维修作业，如对压力容器管道及有毒、易燃介质的设备系统进行拆卸、动火焊接等作业前，要进行安全审批，以保证作业安全。

④加强对制冷空调安全装置及安全附件定期维护和保养，安全阀和压力(差)控制器、温度显示控制装置、液位显示控制装置、断水保护器等应定期检查校验，制定检查校验方法，保障制冷空调安全装置的正常可靠。

⑤制定设备维护与检修作业的工艺质量标准。

(三)制冷空调机房防火管理制度

制冷空调机房火灾的主要危险隐患有：

①电器设备负荷电流过大，电缆发热。

②电气短路如对地短路故障等。

③动火或吸烟及使用明火设备。

④易燃物品如填料、塔体及泡沫塑料等。

⑤直燃式溴化锂吸收式制冷空调机组的燃油、燃气系统输送与使用等。

制冷空调机房内发生火灾会导致压缩式制冷空调系统受热超压爆炸或制冷剂大量泄漏的危险。因此，必须加强制冷空调机房的防火安全管理，建立防火安全管理制度，其原则要求简述如下：

①空调必须保证防火阀与空调主机间相应的灵活可靠，在发生火情后保证先切断主机电源再自动断掉防火阀。

②制冷机房严禁吸烟，严禁存放易燃易爆危险品。

③开机前检查电源，无隐患后方可开机，工作时间不得离岗。

④机房内严禁闲杂人员入内，需进机房时进行登记并签字。

⑤维修时使用的油棉不得乱扔，及时清理到指定地点。

⑥班后停机，要有专人检查、断电、关窗、锁门。

⑦制冷空调机房人员要坚持检查制度，发现异常或火情应立即报告有关部门。要熟练掌握岗位设备情况，发现火情立即切断电源。

⑧必须经有关上级部门批准并填写动火证并落实安全防范措施后方可动用明火。

⑨制冷作业区内应配备消防灭火器材,存放于指定地点,应设专人保管,不得乱堆乱放。定期检查,发现损坏、腐蚀时应及时更换,作业人员必须掌握使用方法。

(四)防护用品与安全用具管理制度

在制冷作业中,企业必须根据制冷空调系统的特点及制冷剂的危害特性配置一定数量的安全防护用品和必要的安全用具,以保证作业人员在运行操作和(检)抢修过程中的安全与健康。但是,一些企业对防护用品与安全用具在安全生产中的重要性认识不足,配置不全或疏于管理的现象较为普遍,使防护用品和安全用具不能有效地发挥作用。因此,必须制定并认真执行安全防护用品与用具的管理制度。其内容可简述如下:

①防护用品、安全用具可根据情况设兼职保管员并由制冷站(机房)负责人负责。

②防毒面具等防护用品及治疗药品应存放便于使用的固定地点的箱柜中,并设专人保管,禁止用于其他用途。

③防护用品、安全用具须按照规程规定定期检验,并有检验记录。对不合格的应予以报废,补足新用品(具)置于原处存放。

④防护用品、安全用具使用后应送回原处存放,不得随意搁置。

⑤企业应组织制冷作业人员学习防护用品与安全用具的使用要求,并进行必要的使用演练,使作业人员熟练正确地掌握使用方法。

(五)制冷空调系统水质管理制度

制冷空调系统主要采用循环水系统进行冷却或输送冷量,循环水起着冷热交换的作用,在制冷空调装置使用过程中,因水质问题导致设备结垢、腐蚀、污物堵塞,致使制冷空调系统运行过程中制冷量下降,运转压力过高及能耗提高,运行工况恶化,影响着制冷空调系统的正常与安全运行。因此，加强制冷空调系统循环水的管理是机房运行安全管理的重要内容。应建立循环水质管理制度，其原则要求可简述为：

①应定期检验冷却水和冷冻水的水质情况，如水中钙、镁离子浓度、pH 值及电导率。

②定期向水中添加适量化学药剂，使冷却水和冷冻水的离子浓度保持相应平衡。

③机组运行前应对冷水系统和冷却水系统进行清洗，季节停机前，应把冷冻水和冷却水全部放净，打开换热器水盖检查管板及传热管的表面积泥、结垢以及腐蚀情况，如发现结垢等情况应进行清除，以保证热交换质量。

④检修期内应对冷却水用蓄水池进行清洗，并对水循环过程中产生的杂物进行彻底的清除以保证循环水管路的畅通。

⑤严格管理循环水管路，防止跑冒滴漏，发现隐患及时排除。注意节约用水。

（六）制冷设备档案制度

制冷空调设备成套文件是在购置或制造设备这一环节中形成的，反映设备结构、外貌及使用的全部文件。购置制冷空调设备，必然同时购进一套随设备装箱的文件。这套文件是设备制造厂为方便用户对设备的安装、使用和维修而编制的。由于这套文件只供安装、使用、维修，不供制造使用，所以不会有全套制造图。一般有使用说明书和维护保养说明书，有关系统图，如电气、液压、传动等系统图，易损零件加工图等。如果需要安装后才能使用，还要有安装图或说明书。由于设备的繁简程度不一，设备制造厂的经营方针不同，设备文件没有千篇一律的成套范围，检查这类设备成套文件完整与否，主要以设备装箱单中所附的装箱文件目录为依据，同时还要注意国家有关特殊要求，如压力容器的出厂文件应符合国家有关安全监察的规定。

设备档案以正式使用时间为界限，可分前期档案与后期档案。前期档案是指制冷设备的设计资料，产品合格证，安装、调试中的各种数据、报告，是设备正式使用前形成的档案。后期档案是指使用、维修过程中产生的新的文件，如设备使用维护记录，设备及安全装置、仪表等的检验记录等。应补充到相关的设备档案中去，设备更新以及各种设备事故可与其并列入设备档案之中，永久保存。

（七）作业人员安全培训管理制度

制冷与空调作业是国家确定的特种作业，其作业类别涉及制冷空调机组设备的安装、使用和修理作业的操作人员。保障制冷空调系统安全运行，空调作业人员的安全技术水平是重要的因素。因此，必须加强对制冷作业人员的安全操作技术的培训，提高作业人员的安全操作水平。

国家安全生产监督管理总局 2010 年第 30 号令发布的《特种作业人员安全技术培训考核管理规定》中对特种作业人员的培训、考核发证及管理做出了具体规定和要求。要求特种作业人员应当接受与其所从事的特种作业相应的安全技术理论培训和实际操作培训。

制冷作业属于特种作业。所以，从事制冷作业操作、安装和修理的人员，必须进行专门的安全技术培训、考核，取得安全生产监督管理部门颁发的操作许可证后，持证上岗。

企业应依据国家有关特种作业人员的培训管理规定，建立制冷作业人员培训考核管理制度，内容应包括：

①建立持证上岗制度，无制冷作业操作证者不得独立操作。

②做好申报、培训、考核、复审的组织工作和日常的检查工作，以提高作业人员的安全意识和安全技术操作水平，保证安全生产。

③建立健全特种作业人员培训、复审档案。

思考题

1. 制冷作业人员岗位安全职责有哪些原则要求？

2. 安全操作规程的主要内容是什么？

3. 制冷作业事故紧急预案的主要内容是什么？

4. 交接班制度的主要内容是什么？

5. 巡回检查制度的主要内容是什么？

6. 压力容器及安全装置、仪表定期检测制度的主要内容是什么？

7. 制冷空调维修管理制度的主要内容是什么？

8. 制冷空调机房防火管理制度的主要内容是什么？

9. 防护用品与安全用具管理制度的主要内容是什么？

第九章 制冷与空调作业典型事故案例分析

在制冷与空调作业中，发生过各种各样的事故，产生事故的技术原因也是多种多样，但根本原因是违反安全生产法规和安全操作技术要求。这些事故都是血的教训，了解并分析这些事故，从中总结经验教训，才能防止在以后的工作中出现类似事件。

一、运行维护作业事故分析

（一）冲霜操作不当，导致蒸发器集气管封头爆裂案例

某冷库在进行融霜时，突然发生冷风机内部爆裂、氨泄漏事故。经采取人员撤离、蒸发器减压、库内强制通风等紧急措施，事故得到控制，没有造成人员伤亡，但库内食品被污染报废。

经现场勘察、调阅操作记录，并了解操作工的具体操作过程，发现操作人员在融霜前将供液、回气阀关闭后，未开启热氨、排液阀的情况下用水冲霜，致使蒸发器内部压力急剧升高，从而导致蒸发器集气管封头焊缝爆裂。

事故分析：

①这是一起典型的违章操作导致的事故，冷库安全管理制度和操作规程齐全、完整，但操作人员未按操作规程操作。

②未坚持定期安全培训，操作人员按习惯操作，遵章意识淡薄。

（二）液氨泄漏事故案例

2009年某肉类屠宰加工厂的一台氨制冷机运转中液氨管道法兰盘处突发泄漏，大量液氨漏出，氨蒸汽扩散。事故发生后约25分钟，厂负责人报警，消防人员赶往现场对制冷机泄漏处进行喷水和现场处置；15分钟后，泄漏的液氨制冷设备总阀成功关闭，液氨泄漏被封堵。3小时后，空气中氨气浓度下降到危害极限以下，液氨泄漏事件得到控制，险情成功排除。事故发生后，上百名员工和附近居民紧急疏散，多人中毒，28人被送往医院救治，所幸无人员死亡。

发生事故的氨制冷机是2008年购置安装的，2009年3月才投入使用。

事故分析：

①氨泄漏极易酿成重大公共安全事件，发生事故之后一定要在第一时间报警，及早喷水处置，及早封堵。

②使用单位不能证明事故设备安装单位的资质，而氨制冷设备安装一定要具备安装资质。

（三）缺油造成压缩机爆炸案例

某机械厂的车间内，一台运行中的R12压缩机出现异常情况，机体温度升高，有烟冒出并有焦糊气味，机体油漆出现变色。制冷操作工停机检查，发现曲轴箱缺油，就进行加油。加油过程中，发现吸油管中无油时，油桶已经完全空了。实际上加油前桶中冷冻机油仅剩200余克。因生产任务紧，就马上继续开机。数分钟后压缩机发生爆炸，造成一名工人重伤。

事故分析：

①制冷操作工未按操作规程正常巡检，压缩机油位下降未能及时发现，且油压差控制器失灵。等出现冒烟、有焦糊气味、油漆变色时，温度已达300℃左右，超过冷冻机油闪点。

②加油时未按操作规程操作，系统内进入空气。

③安全附件未按规定检查、校验。

④新加入的冷冻机油在高温作用下会气化;压缩机运转时,在曲轴、连杆的搅动下,有一部分为雾状,更加快气化。压缩机机体温度达300℃左右时,运动部件温度更高,曲轴、主轴承、连杆、连杆轴瓦、活塞、气缸等均已损坏,压缩机内原有冷冻机油已经炭化;此时再开机,运动部件摩擦产生火花,引燃油气,发生爆炸。

(四)氨泄漏隐患案例

某冷库液氨管路一个阀门的阀体上出现轻微漏氨,位置在库房后面外部,经制冷操作人员检查,阀体上有一极小的孔。冷库负责人认为当时正为生产旺季,检修会影响生产,且氨味可以随风飘散,可以拖到冬季再修理,后漏氨逐步加快。一日数十客户正在库前面月台装货,因风向变化,突然闻到较大氨味,部分客户产生恐慌,有客户报告管委会。管委会与企业共同进行检查,发现漏氨处为长约3 mm的裂缝。据制冷操作人员介绍,最初裂缝长不足1 mm,为逐步增大的。管委会当场责令停产检修,未造成事故。

事故分析:

出现轻微漏氨是发生漏氨事故的前兆,随时有可能发生大量漏氨,酿成重大公共安全事件。决不能放过。冷库负责人违反安全生产法律法规,只顾效益不顾安全,形成重大事故隐患。管委会采取断然措施,避免了事故发生。

二、安装修理作业事故分析

(一)氨制冷系统贮液器爆炸造成操作人员死亡案例

2000年6月16日晚,某冷冻厂在厂长的主持下,对厂里的制冷机进行检修,检修后由几名工人进行试车。试车过程中,液氨罐发生爆炸,当场致一名工人重伤,经医院诊断为重度烧伤、重度吸入性损伤、休克、肺水肿、双眼烧伤,经救治无效于2000年7月31日死亡。

此外,在场人员中另有一名工人轻伤。

事故分析:

①对安全生产不重视,在场所有人员均未进行过安全培训和安全教育,不懂安全技术即上岗,这是事故发生的根本原因。

②不懂必须执行安全操作规程,试车时的几名工人想当然地进行操作是造成事故的直接原因。

③厂里没有较严格的安全规章制度,没有安全技术负责人,没有安全责任制是造成事故的深层次原因。

④操作无记录,发生事故后厂方讲不清事故经过,也不知事故原因。

(二)制冷压缩机爆炸事故造成人员死亡案例

某冷库采用氟利昂制冷系统,有速冻、冷藏、制冰等设置,库址处于居民区和商品市场区。1999 年冷库改建,新蒸发器已焊接管后,于上午 8 时上班开始对新蒸发器进行耐压和气密性试验。企业负责人与焊工、制冷工等 4 人围着蒸发器检漏。10 时 30 分左右听到放气声音,20 分钟后,市场上的人们听到震耳的爆炸声。数秒钟后,机房又传出一声沉闷的爆炸声,并有一股灰色的浓烟从窗户窜出。

事故造成 2 人当场死亡;2 人全身被烧伤,经抢救无效死亡。

经事故现场勘察:现场没有氮气瓶、没有空气压缩机和干燥器,机房的制冷压缩机无法替代空压机,现场 2 个氧气瓶的氧气全部耗尽;蒸发器排气阀、放气阀未打开,压缩机曾启动。

经调查得知:因氮气要到离现场 40 公里外的地方才能买到,路途远、费用高;被调查者听闻电焊工贪图方便省费用,曾有多次用氧气试压的做法。根据以上情况判断,蒸发器气密性试验,使用的是氧气,而不是氮气。

事故分析:

①冷库为承包经营,负责人原为本企业制冷工,但未经安全培训,安全生产观念淡薄,不懂安全生产技术。

②焊工没有相应资质。

以上两个方面违反安全生产法律法规，是造成事故的根本原因。

③排气阀、放气阀未打开之时，启动压缩机进行抽空，蒸发器剩余的氧气吸入气缸被压缩，压力和温度不断升高，产生爆炸；

④压缩机爆炸后，排气阀炸飞，使贮液器中的 R22 经冷凝器倒流向机房喷出；机房里氧气管和乙炔管被炸断，大量氧气和乙炔气体排入机房，且机房通风状况很差，高浓度氧气和乙炔又产生再次燃爆；燃爆瞬间形成高温使 R22 分解成有毒气体。

违反安全操作规程，不了解安全生产技术，使用氧气作为气密性试验的气体是造成事故的直接原因。

其他不安全因素：

①机房本身不符合作为制冷机房的安全要求，整个机房只有一个小门，而且三面实墙无窗，只有一面墙有 2 扇窗子，光线很差，通风不良；没有逃生通道，只有一条小走廊通向外面，出事故时人员无法逃离现场。

②气密性试验应保持压力 24 小时，而当日上班开始进行气密性试验，至抽空只用 2.5 小时左右，即使当时不出事故，也给以后留下重大事故隐患。

(三)充制冷剂冻伤案例

刘××带领徒工戴××、王××修理一座小型装配式冷库，充注制冷剂时，因压缩机吸气阀多用口螺纹损坏，与软管脱开，已充入系统中大约 4kg 的制冷剂 R12 喷出。戴××慌乱中用手去堵，刘××制止时，戴××的手已被冻在阀上。待刘××关闭阀门回温后阀才解冻，但戴××的手被轻度冻伤。

事故分析：

①制冷剂快速流出时，因系统内压力高，外界压力低，制冷剂节流制冷温度下降，戴××用手去堵是造成冻伤的直接原因。因 R12 不燃不爆无毒，但压力较高，泄漏时应关闭阀门，切断泄漏源，不可用手或用其他物体堵。

②戴××不懂安全知识，未掌握任何安全技术，制冷空调基础知识也很贫乏。刘××采用师傅带徒弟的方式传授技术，从未对戴××进行安全培训和技术培训，这才是造成事故的根本原因。

（四）试机造成压缩机报废案例

某公司安装修理人员在安装多台 R404a 压缩机并联机组后，进行试机。负荷试机时，将其中一台压缩机完全开启吸气阀的操作，误操作成关闭排气阀，造成连杆折断、机体破损，压缩机报废。

事故分析：

①该安装修理人员未经安全培训，无作业资格，违反操作规程。

②该安装修理人员认为修理技术含量不高，不认真学习掌握安全操作规程是其思想根源。

三、其他作业事故分析

（一）制冷剂违法运输案例

范×违法将装有 5 kg R22 制冷剂的制冷剂容器带上乘有 28 人的运营大客车，放在最后排座位下。车在 310 国道行驶中，容器阀螺纹滑丝损坏，R22 全部泄漏。因满车白雾，司机紧急刹车疏散旅客，造成三名乘客擦伤、撞伤等轻微伤。

事故分析：

①造成事故的原因是制冷剂在车中受颠簸发热，同时车内温度较高，致使压力上升，超过容器可以承受的压力造成容器损坏。

②事后发现损坏的容器为一进口容器，但系 1980 年出厂，使用达 8 年之久，从未进行过检验。这样的容器本身就是一颗小炸弹，在贮存、运输和操作时都非常危险，随时有可能出问题。

③任何制冷剂在常温下均为高压气体，必须按危险品运输，绝不可违法带上客车或运输一般货物的货车。范×违法违规，酿成事故。

（二）中央空调火灾事故案例

浙江省某影剧院中央空调系统在冬季采用金属组装式空调器，后进行改造,在其中加设电热加热器 228 kW。该组装式空调前后挡水板为 $\delta=1$ mm 的 PVC 塑料折流板;喷嘴是 PVC 硬质塑料逆喷多孔扩散式,喷嘴出口热水工作温度 60℃左右;电热排管与前挡水板距离 20 cm。

改造后的第一个冬天,由于该剧场演出时间较长,为保证观众厅和舞台供暖空气温度,关小了可调多叶新风调节阀,致使金属壳组装式空调箱内温度升高,使 PVC 前挡板和 PVC 喷嘴产生塑性变形,喷水量和循环风(出风量)减少。箱内温度迅速、持续升高,使其中的传动装置、电器及 PVC 塑料局部开始发热燃烧。PVC 塑料、橡胶件等散发出的有毒物质直接通过送风道进入观众厅。幸亏事故一出现,当班人员迅速切断通风机电源和电加热器电源,并及时疏散场内观众等,避免了人员伤亡事故。

事故分析:

①擅自改造设备,加设大功率电加热器是造成事故的根本原因。

②改造设备达不到技术要求,加热时与风量不匹配是造成事故的技术原因。

(三)水过滤器堵塞引发的空调机组压缩机报废事故案例

某高层建筑采用中央空调系统,共有离心式冷水机组 2 台、风冷热泵机组 5 台,运行时间仅半个月,发现 5 台全封闭涡旋式压缩机损坏。拆机检查发现风冷热泵机组蒸发器破损,制冷剂系统与水系统联通造成电机绝缘破坏,电机烧毁。

事故分析:

①直接的技术原因是冷媒水很脏,系统被机械杂质严重淤塞,Y 型水过滤器滤网多数破损,大量杂质进入蒸发器,阻塞水流通道,蒸发器局部结冰被胀破。

②安装单位管理不严格、使用单位水质管理不严格是其根本原因。

参考文献

戴永庆.1996.溴化锂吸收式制冷技术及应用.北京:机械工业出版社.

国家用电器维修管理中心.1994.家用制冷设备原理与维修技术.北京:人民邮电出版社.

韩宝琦,李树林.1995.制冷空调原理及应用.北京:机械工业出版社.

黄良辅.1995.电冰箱空调器零部件实用手册.北京:人民邮电出版社.

金苏敏.1999.制冷技术及其应用.北京:机械工业出版社.

刘胜利,赵先美,曾秀兰.2000.新型无氟冰箱及冷藏柜原理与维修技术.北京:电子工业出版社.

邱兴永.1999.家用制冷设备维修与实例.北京:人民邮电出版社.

荣起.1996.制冷设备维修工:初级、中级、高级.北京:中国劳动出版社.

时阳等.2007.制冷技术.北京:中国轻工业出版社.

吴宝志等.1992.汽车空调.北京:宇航出版社.

吴业正,韩宝琦等.1997.制冷原理及设备(第2版).西安:西安交通大学出版社.

徐传宙,时阳,湛清平.1996.制冷器具原理与技术.北京:中国轻工业出版社.

张祉祜.1995.制冷原理与制冷设备.北京:机械工业出版社.

周子成.1999.房间空调器的原理和安装维修.北京:机械工业出版社.